EXPOSITION COLONIALE DE M.
❧ 1906 ❧

NOS RICHESSES COLONIALES 1900-1905

❧

L'Industrie des Pêches

AUX COLONIES

PAR

G. DARBOUX
Professeur à la Faculté des Sciences de Marseille

J. COTTE
Docteur ès sciences, professeur à l'Ecole de Médecine

P. STEPHAN
Docteur ès sciences,
Sous-Directeur du Laboratoire de Zoologie Marine

F. VAN GAVER
Préparateur de Zoologie
à la Faculté des Sciences de Marseille

TOME I

MARSEILLE
BARLATIER, IMPRIMEUR-ÉDITEUR
17-19, Rue Venture, 17-19
—
1906

L'INDUSTRIE DES PÊCHES
AUX COLONIES

TOME 1

GÉNÉRALITÉS. — LES PRODUITS DE LA PÊCHE

EXPOSITION COLONIALE DE MARSEILLE 1906

Commissaire général :

Jules CHARLES-ROUX,

Ancien député

Délégué des Ministres des Colonies, des Affaires étrangères et de l'Intérieur

Commissaire général adjoint :

Dr Edouard HECKEL,

Professeur à la Faculté des Sciences, Directeur-Fondateur de l'Institut colonial

Secrétaires généraux :

Paul GAFFAREL, Albert PONSINET,

Professeur à la Faculté des Lettres Chef du Service colonial

Paul MASSON,

Professeur à la Faculté des Lettres

Directeur :

Victor MOREL,

Directeurs adjoints :

Auguste GIRY Clément DELHORBE

COMMISSION DES PUBLICATIONS ET NOTICES

Président :

Ernest DELIBES,

Président de la Société de Géographie de Marseille

Vice-Présidents :

Michel CLERC, Paul MASSON,

Professeur à la Faculté des Lettres Professeur à la Faculté des Lettres

Secrétaires :

De GÉRIN-RICARD, Raymond TEISSEIRE,

Secrétaire général de la Société Secrétaire de la Société
de Statistique de Géographie

EXPOSITION COLONIALE DE MARSEILLE

❧ 1906 ❧

NOS RICHESSES COLONIALES 1900-1905

❧

L'Industrie des Pêches

AUX COLONIES

2726

PAR

G. DARBOUX	**J. COTTE**
Professeur à la Faculté des Sciences de Marseille	Docteur ès sciences, professeur à l'École de Médecine
P. STEPHAN	**F. VAN GAVER**
Docteur ès sciences,	Préparateur de Zoologie
Sous-Directeur du Laboratoire de Zoologie Marine	à la Faculté des Sciences de Marseille

TOME I

MARSEILLE

BARLATIER, IMPRIMEUR-ÉDITEUR

17-19, Rue Venture, 17-19

—

1906

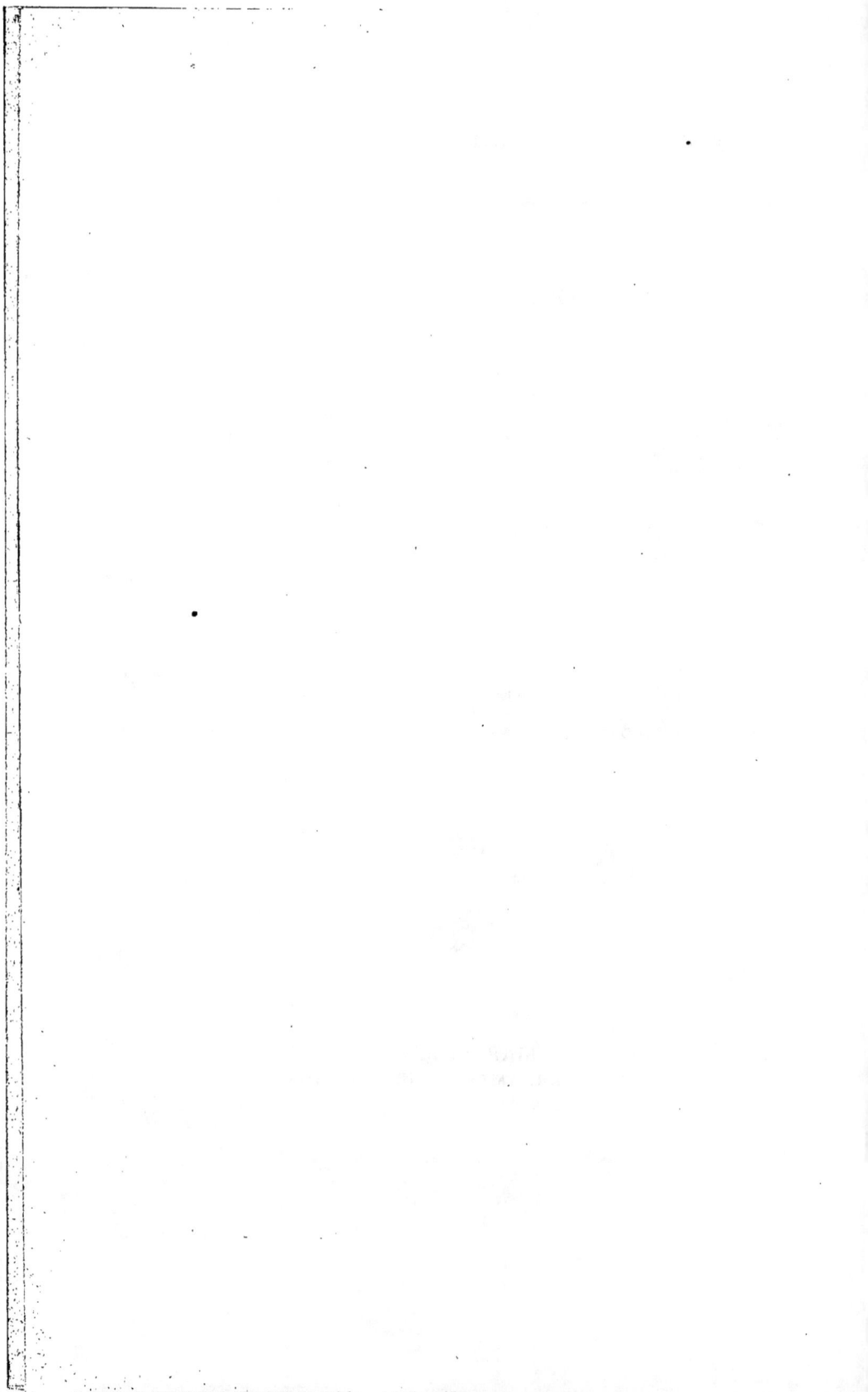

PRÉFACE

Les renseignements, d'ordres très divers, que nous possédons sur l'industrie de la pêche dans les colonies françaises sont malheureusement disséminés dans un grand nombre de périodiques dont quelques uns au moins sont assez peu répandus dans les milieux scientifiques, tandis que d'autres sont généralement peu connus des économistes. Il nous a paru qu'il y aurait avantage à rassembler ces documents épars et à les coordonner en un ensemble, dont la lecture, tout en demeurant accessible au grand public, pourrait présenter aussi quelque intérêt pour ceux qui s'adonnent à l'étude scientifique de nos richesses coloniales ou qui s'occupent de leur utilisation économique.

Les circonstances nous ont largement servis quand nous avons voulu réaliser cette idée : la Société de Géographie et la Chambre de Commerce de Marseille possèdent toutes deux de riches bibliothèques que nous avons pu mettre largement à contribution pour nous procurer les renseignements d'ordre technique ou économique qui nous étaient nécessaires. Notre documentation serait cependant demeurée incomplète si nous n'avions trouvé auprès de MM. les Gouverneurs des différentes colonies un accueil bienveillant dont nous leur témoignons ici notre profonde reconnaissance. Par l'intermédiaire de M. Delibes, président de la Commission des Publications et Notices de l'Exposition coloniale, nous avons fait parvenir à tous les Gouverneurs un questionnaire, auquel beaucoup d'entre eux ont bien voulu répondre. Nous renouvelons ici l'expression de notre vive gratitude à M. le Résident général de la République française à Tunis, à MM. les Gouverneurs généraux de l'Algérie, de l'Indo-Chine et de Madagascar, à M. le Commissaire général du Gouvernement dans les possessions du Congo français et dépendances, à MM. les Gouverneurs de la Côte des Somalis, de la Réunion, de Mayotte et dépendances, des Établissements français de l'Inde, de la Nouvelle Calédonie, à M. le Lieutenant-Gouverneur de la Cochinchine, à MM. les Résidents supérieurs au Cambodge, en Annam et au Tonkin. Nous devons aussi adresser nos remerciements aux diverses personnes qui ont bien voulu entrer en relations avec nous et qui nous ont ainsi fourni, par lettres ou verbalement, sur la Tunisie, l'Algérie, le Sénégal, la Côte des Somalis, Madagascar, l'Indo-Chine, la Réunion et les Antilles, des documents intéressants dont nous avons fait largement usage.

L'ouvrage que nous publions aujourd'hui est le résultat d'une collaboration permanente, aussi étroite que possible, entre quatre zoologistes que leurs fonctions rassemblent quotidiennement au laboratoire Marion. Nous avons tous plus ou moins collaboré aux différentes parties du travail ; chacun de nous suivait au jour le jour les progrès de l'œuvre commune, dont le plan d'ensemble avait été tracé d'un commun accord. On conçoit qu'il faille, dans ces conditions, n'accorder qu'une valeur relative aux renseignements que nous croyons néanmoins devoir donner ici sur la répartition du travail entre les auteurs.

G. Darboux a rédigé dans le tome I l'Introduction et les chapitres suivants : Crustacés, Mollusques, Echinodermes. Dans le tome II, il s'est plus spécialement occupé de l'Inde, de la Nouvelle-Calédonie, des Établissements français de l'Océanie et de Saint-Pierre et Miquelon.

P. Stéphan a écrit dans le premier volume les chapitres qui traitent des Poissons, des Mammifères, des Reptiles et du Corail. L'Afrique occidentale, le Congo, la Côte des Somalis, Madagascar, Mayotte et dépendances, la Réunion, Saint-Paul et Amsterdam, Kerguelen constituent sa contribution au second volume.

J. Cotte a donné au tome I le chapitre Éponges, au tome II les pages sur la Tunisie, l'Algérie, la Guyane et les Antilles.

Enfin, F. Van Gaver a traité la partie du tome II qui est relative à l'Indo-Chine.

Marseille, le 3 Janvier 1906.

GÉNÉRALITÉS

LES PRODUITS DE LA PÊCHE

INTRODUCTION

On sait quel parti l'homme tire journellement des richesses que lui offrent, souvent à profusion, les eaux douces et marines ; les poissons, les crustacés, les mollusques et, dans certains pays tout au moins, les échinodermes entrent pour une large part dans son alimentation ; il utilise aussi l'huile des cétacés et des poissons, les coquilles des mollusques, le squelette corné de certaines éponges ; et il recherche pour leur beauté le corail, les perles, les coquillages nacrés, l'écaille des tortues.

De tant de richesses empruntées aux eaux de la mer ou des fleuves il n'en est pas une qui ne puisse nous être fournie, en quantité souvent considérable, par l'une au moins de nos colonies. On ne songera guère d'ailleurs à s'en étonner si l'on pense à l'extrême diversité des conditions climatériques et biologiques qui se trouvent réalisées dans nos diverses possessions, puisque celles-ci se trouvent réparties dans toutes les régions du globe, sur les bords de la Méditerranée et dans le Pacifique, sur l'un et l'autre rivage de l'Atlantique et sur le pourtour de l'Océan Indien.

Il nous a paru qu'avant d'examiner les conditions de l'industrie des pêches dans chacune de nos colonies il convenait de passer en revue les différents produits dont nous devions être amenés à parler à cette occasion. Et nous avons été ainsi conduits, en fait, à faire, de façon plus générale, l'étude de toutes les richesses que l'homme dérobe aux eaux douces ou marines pour la satisfaction de ses besoins ou de son goût du luxe.

Notre travail s'est ainsi trouvé tout naturellement divisé en deux parties, d'importance très inégale d'ailleurs, et dont chacune forme un volume.

Nous tenons à répondre par avance à un reproche que l'on ne manquerait certainement pas de nous adresser. Nous nous rendons parfaitement compte qu'il existe, dans chacune de ces parties, un certain défaut d'équilibre entre les divers chapitres qui la composent. Les causes de ce défaut sont différentes, suivant qu'il s'agit de l'un ou de l'autre volume. En ce qui concerne l'étude particulière des diverses colonies, nous n'avons pu malheureusement nous procurer, sur certaines de nos possessions, tous les renseignements qui nous auraient été nécessaires pour traiter complètement le sujet. Pour la Guinée, pour les Antilles, pour la Guyane, en particulier, ce que nous savons est bien peu de chose au regard de ce qu'il y aurait sans doute à dire, si ces pays avaient été mieux étudiés au point de vue qui nous intéresse ici. Nous avons utilisé les rares documents venus à notre connaissance et ne pouvons que souhaiter de voir rapidement combler des lacunes dont nous sommes les premiers à déplorer l'existence.

Il n'en est plus de même en ce qui concerne la première partie, pour laquelle nous ne pouvions, en effet, disposer que d'un espace relativement limité. Nous nous trouvions ici placés dans l'alternative ou bien de ne faire qu'effleurer chacun des sujets si nous désirions les traiter tous dans le même esprit, ou bien de sacrifier certains chapitres pour traiter avec un peu plus de développements ceux dont le sujet est généralement moins bien connu, en raison des difficultés plus grandes que présente la documentation. C'est cette dernière méthode d'exposition que nous avons cru devoir préférer. Un exemple fera comprendre les raisons qui ont déterminé notre choix. Il eût fallu 300 pages au moins pour traiter des poissons avec le développement que mérite un pareil sujet ; encore n'aurions nous pas été complets ; nous nous sommes donc décidés à ne dire que les choses absolument essentielles, les condensant en quelques dizaines de pages et choisissant encore, pour y insister quelque peu, les questions qui sont généralement le moins connues. Nous avons pu dès lors traiter avec plus de développement et d'une façon plus complète d'autres chapitres, comme celui qui est consacré aux éponges, pour lesquelles il est peut-être plus malaisé, à l'heure actuelle, de se faire l'idée d'ensemble, scientifique et pratique à la fois, que nous nous proposons de donner au lecteur. Nous n'avons certes pas la prétention d'avoir épuisé le sujet. Du moins nous ne nous sommes pas bornés, comme dans le cas des poissons, à de simples indications.

Il demeure d'ailleurs bien entendu que nous ne pensons naturellement pas avoir fait œuvre complète et définitive. Nous nous estimerions heureux si l'esquisse que nous présentons aujourd'hui, assez poussée dans certaines de ses parties, indiquée seulement à grands traits ailleurs, mais toujours sincère et fidèle, était jugée digne de servir d'introduction à des recherches plus approfondies.

Comme on le verra, beaucoup de nos colonies sont favorisées au point de vue faunique ; sans même parler des merveilleuses richesses ichthyologiques de Tahiti, de la Nouvelle-Calédonie, de l'Indo-Chine et de l'Inde, Madagascar, la Côte des Somalis, les eaux du Sénégal et du Congo offriraient sans doute des ressources abondantes. Il semble bien qu'on n'ait pas toujours tiré tout le parti possible de tant de richesses offertes. En Indo-Chine, si le rendement de la pêche en eaux douces ne parait pas pouvoir être augmenté dans de très notables proportions, l'exploitation des eaux marines donne par contre des résultats beaucoup moins satisfaisants. A Tahiti les indigènes se bornent à pêcher le poisson nécessaire à leur nourriture et aucun Européen n'a entrepris la fabrication des conserves ; les nacres sont sans doute activement pêchées ; mais il faut regretter qu'elles soient en majeure partie expédiées sur les marchés de l'étranger où nos industriels métropolitains doivent aller les racheter avec une forte majoration ; le trépang est à peine exploité. Les sociétés et les particuliers qui se sont fait accorder des concessions pour la pêche des nacres à la Nouvelle-Calédonie ne paraissent pas avoir réussi dans leurs entreprises ; la cause de ces échecs nous demeure inconnue ; il y aurait encore à étudier, en Nouvelle-Calédonie, la création d'usines pour la mise en conserves du poisson, si abondant entre l'île et la barrière récifale qui l'entoure ; l'industrie du trépang a périclité en 1904. Les Antilles sont loin aussi de donner tout ce

qu'elles pourraient fournir en produits de pêche et l'on s'étonnera
certainement qu'elles soient obligées d'importer des quantités considérables de poisson séché. Mais à quoi bon prolonger une énumé-
ration qui deviendrait fastidieuse? Mieux vaut dire une bonne fois
qu'il n'est peut-être pas une seule de nos colonies où le rendement
de la pêche ne puisse être amélioré de façon plus ou moins sensible.
Et la seule question qui se pose est de savoir comment ce résultat si
désirable pourrait être obtenu. Nous indiquerons, en étudiant
chacune de nos possessions, les mesures qui nous paraissent les plus
propres à y favoriser le développement de l'industrie des pêches;
mais nous voudrions ici insister sur quelques uns des desiderata que
nous serons ainsi conduits à formuler, sur ceux qui présentent un
caractère d'intérêt général. Dans chaque colonie, tout en se laissant,
comme il convient, guider dans une large mesure par la considération des habitudes et des besoins locaux, des conditions particulières à cette colonie, l'Administration doit, dans ce qu'elle entreprend
pour le développement de l'industrie des pêches, s'inspirer cependant
de quelques principes généraux et régler son action en tenant compte
des résultats antérieurement acquis ailleurs. Cette action adminis-
trative peut du reste se traduire sous des formes très diverses : la
réglementation de la pêche, la création d'écoles de pêche, l'ouverture
de débouchés nouveaux pour les produits de la colonie, la vulgari-
sation dans le monde des pêcheurs indigènes de certains engins
jusqu'alors inconnus d'eux, de procédés de conservation qu'ils
ignorent ou ne pratiquent que d'une façon défectueuse, l'introduction
dans la colonie d'éléments ethniques étrangers familiarisés avec la
pratique de la pêche, voilà toute une série de moyens d'action qu'un
administrateur éclairé pourra avec profit employer, soit isolément,
soit en les combinant entre eux. Son attention sera aussi attirée et
retenue par la possibilité d'établir des concessions, par l'examen du
régime qu'il y aura lieu d'imposer aux concessionnaires, par les
graves questions des rapports entre Européens et indigènes, entre
patrons et salariés. Et sur tous ces points il importe, avant de
prendre une décision dont la portée et le retentissement peuvent
être considérables, de savoir ce qui a déjà été fait dans d'autres
colonies et quels ont été les résultats obtenus. C'est ce que nous
nous proposons de dire sommairement ici, en groupant sous un
certain nombre de titres les faits qui nous paraissent mériter de fixer
plus spécialement l'attention.

Hydrographie. -- Il suffit d'un rapide coup d'œil jeté sur la plupart de nos cartes marines pour s'apercevoir, quand bien même on ne s'en douterait point par avance, que la confection de ces documents, confiée en général à des ingénieurs hydrographes ou à des officiers de notre marine militaire, a été entreprise uniquement en vue d'assurer la sécurité et la commodité de la navigation au voisinage des côtes. Sauf de rares exceptions, les opérations de sondage sont arrêtées dès que l'on a définitivement atteint les fonds de 20 mètres ; ou du moins on ne trouve plus, en dehors de la zone comprise entre le rivage et l'isobathe de 20 mètres, que de rares indications, insuffisantes dans la majorité des cas pour que l'on puisse se faire une idée exacte du relief sous-marin. On peut encore noter la rareté, sur ces cartes, des renseignements relatifs à la nature du fond ; la plupart d'entre elles ont été en effet établies à une époque où l'on ne soupçonnait pas que de semblables renseignements, combinés avec ceux qui concernent la profondeur, pouvaient être d'un grand secours pour les navigateurs eux-mêmes et permettre, dans certains parages, à un capitaine expérimenté de conduire son navire avec tout autant de sûreté qu'il le ferait dans une passe soigneusement balisée.

Il n'est certes pas dans nos intentions de faire ici le procès des documents cartographiques édités par les soins du Ministère de la Marine. Nous voulons seulement constater que, dressés pour les besoins des navigateurs, ils ne sauraient, en général, être d'aucune utilité pour les pêcheurs, ni fournir aucune indication précise à ceux que l'idée séduirait d'engager des capitaux dans une entreprise ayant pour but l'exploitation rationnelle des richesses de nos eaux coloniales.

Parmi les très nombreuses cartes consultées par nous, il en est trois ou quatre, peut-être, qui échappent au reproche que nous formulons ici. La carte des Bancs de Terre-Neuve (N° 3.855 du Dépôt des cartes et plans de la Marine) est de celles-là. Nous y avons compté sur le seul Banc de Saint-Pierre, lequel mesure il est vrai plus de 20.000 kilomètres carrés de superficie, près de 170 sondages, dont 50 au moins sont accompagnés de renseignements sur la nature du fond, et qui ont permis de tracer, outre l'isobathe de 100 mètres qui limite le Banc, celle de 50 mètres ; les autres Bancs ne sont pas moins bien traités sous le double rapport du nombre des sondages effectués et des indications fournies sur la constitution du sol ; et pourtant les personnes compétentes discutent encore sur la possibilité théorique de trainer le chalut sur ces Bancs !

Que serait-ce donc s'il s'agissait de savoir si les arts trainants peuvent être pratiqués dans les parages de Madagascar ou de l'Indo-Chine, parages pour lesquels nous n'avons que des cartes à échelle réduite, beaucoup moins complètes à tous égards que celle dont il vient d'être question ?

Pouvons-nous, dans ces conditions, nous étonner d'entendre déclarer, en ce qui a trait à Madagascar, par exemple, que « tout est à faire et à organiser en ce qui concerne la pêche maritime ? ». Evidemment non ! Nous sommes, en particulier, hors d'état de dire à l'heure actuelle quels pourraient être les résultats d'une exploitation des hauts-fonds de la côte occidentale de la grande île. La première mesure qui s'impose ici, pour sortir enfin de l'ignorance où nous sommes à cet égard, c'est l'exploration méthodique de ces immenses étendues sur lesquelles nous n'avons aujourd'hui que des données notoirement insuffisantes.

Si les essais de la mission Gruvel nous ont mieux documentés en ce qui concerne les parages de pêche de la côte du Sénégal, nous sommes par contre sans aucune espèce de renseignement sur la possibilité d'exploitation des côtes indo-chinoises par les arts trainants, si peu pratiqués par les pêcheurs annamites.

Nous souhaiterions vivement que l'exemple donné par M. le Gouverneur général de l'Afrique occidentale, subventionnant la mission Gruvel, fût suivi par MM. les Gouverneurs généraux de l'Indo-Chine et de Madagascar. La première de ces deux colonies s'impose, à l'heure actuelle, des dépenses assez élevées pour l'entretien d'une mission scientifique permanente, placée sous la direction de M. Boutan. Le moment parait propice pour entreprendre une étude d'ensemble sur la question des pêcheries, étude à laquelle nos ingénieurs et nos officiers de marine pourraient collaborer par une revision des cartes marines ou mieux par une réfection complète de ces cartes, dressées cette fois en vue de fournir aux pêcheurs toutes les indications qui leur sont nécessaires sur la nature et les accidents du fond, sur les courants, tandis que les membres de la mission procéderaient, de leur côté, à un recensement aussi complet que possible des richesses ichthyologiques des différentes parties de la côte indo-chinoise.

A Madagascar, l'apathie des indigènes a, jusqu'ici, singulièrement limité le rendement de leur pêche. Et, d'autre part, les Européens, insuffisamment renseignés, ne sauraient en conscience être blâmés de n'avoir rien entrepris. Nous verrons plus loin combien timides avaient été jusqu'en 1904 les essais entrepris chez nous pour nous assurer une part dans les richesses du Banc d'Arguin ; et cependant on savait de source certaine qu'il y avait là des richesses à exploiter. Quelle difficulté n'y aurait-il pas, dès lors, à trouver des capitaux pour une entreprise sur le Banc de Pracel, par exemple? Nous ignorons tout de la nature des fonds, de leur population ichthyologique. Des particuliers ne sauraient évidemment songer à s'imposer, en pure perte peut-être, les dépenses considérables qu'exigerait une étude suffisamment complète de ces diverses questions. S'ils avaient cependant le courage d'exposer quelques capitaux, ils borneraient certainement leurs recherches à une région limitée et ne pourraient ainsi nous donner l'idée d'ensemble qu'il serait désirable que nous eussions. C'est donc au Gouvernement à intervenir ici ; c'est sur le budget de Madagascar que devraient être prélevées les sommes nécessaires à une étude complète des « possibilités économiques » du Banc de Pracel et, de façon plus générale, des eaux marines sur le pourtour de l'île. La tâche est considérable sans doute, et les dépenses seraient certainement élevées ; mais il serait possible de récupérer plus tard, sous la forme d'impôts sur les produits de la pêche, une partie des sommes engagées.

Nos colonies de l'Inde exportent déjà des produits de pêche pour des sommes assez considérables ; peut être pourrait-on développer beaucoup un commerce déjà prospère le jour où il serait démontré qu'il est possible de traîner le chalut sur les fonds du vaste plateau à la surface duquel émerge la péninsule transgangétique.

On peut donc affirmer que, de façon générale, l'étude méthodique et approfondie des fonds de pêche au voisinage immédiat de nos colonies est à conseiller comme l'un des premiers moyens propres à favoriser le développement d'une industrie qui, trop souvent, n'a pas pris encore toute l'importance qu'on serait en droit d'espérer.

Etude de la faune. -- A diverses reprises nous avons été amenés, dans les pages qui précèdent, à exprimer le vœu de voir compléter les données que nous possédons actuellement sur la faune

de quelques unes de nos colonies; l'étude scientifique de cette faune
est sans doute, en général, assez avancée; encore reste-t-il, à ce point
de vue, bien des lacunes à combler. Mais nous manquons surtout de
renseignements sur le côté pratique de la question en ce sens que,
dans bien des cas, nous serions fort embarrassés de mettre en regard
des noms vulgaires locaux les noms scientifiques des espèces
auxquelles ils s'appliquent. Il n'est pas besoin d'insister sur les inconvénients qui résultent du fait que nous signalons ici. C'est presque un
truisme de dire que toute étude de zoologie appliquée doit être
précédée d'une détermination absolument exacte des espèces sur
lesquelles elle doit porter. Malheureusement, les voyageurs sont le
plus souvent hors d'état de faire semblable détermination, et les
zoologistes se préoccupent médiocrement, dans la plupart des cas, de
l'importance économique que peut avoir l'espèce qu'ils déterminent
scientifiquement. Il est presque inutile de faire remarquer ici que, de
façon générale, il y a naturellement lieu de n'accorder qu'une confiance
des plus limitées à la pseudo-détermination faite par les colons qui,
dans les différentes colonies, baptisent du même nom les poissons les
plus divers : les « carpes » de l'Afrique occidentale sont des *Labeo ;*
les « carpes » de la Nouvelle-Calédonie sont très vraisemblablement
des *Dules ;* sous le nom de Tazar on désigne à la Réunion un Serra-
nidé du genre *Aprion*, et à Madagascar un *Cybium* (Scombéridés). On
pourrait multiplier ces exemples ; bornons-nous à rappeler encore
que la dénomination d' « anguilles » est parfois appliquée à des
Siluridés.

L'étude systématique de la faune de nos colonies devrait donc être
reprise parce qu'elle est le préliminaire indispensable de toutes
recherches d'une portée plus pratique sur la biologie des espèces
utiles, et que de semblables recherches peuvent seules permettre
d'établir une réglementation rationnelle des pêches, parce que, aussi,
cette étude systématique pourrait nous révéler l'existence de richesses
inexploitées jusqu'ici.

Nous avons vu déjà qu'il existe en Indo-Chine une mission scientifique permanente, à laquelle, d'ailleurs, les disponibilités budgétaires
de la colonie n'ont pas encore permis de donner toute l'importance
prévue et nécessaire. Il ne semble pas que, jusqu'ici du moins,
l'attention des membres de cette mission se soit sérieusement portée
sur les produits de la pêche. Il serait cependant très désirable que

fussent complétées et précisées, sur bien des points, les esquisses que
Tirant nous a données sur l'ichthyologie et l'herpétologie de la région
indo-chinoise.

On ne peut que se réjouir de l'initiative prise il y a quelques
années par M. le Gouverneur des Établissements français de l'Océanie
lorsqu'il a appelé dans la colonie M. Seurat, naturaliste du Museum
de Paris. Installé à Rikitea (Gambier), M. Seurat s'y est livré principalement à des recherches sur la biologie des méléagrines, dont la
nacre est une des principales richesses de Tahiti. Et ses avis éclairés
ont été le point de départ de mesures administratives destinées à
assurer, à la fois, la conservation des bancs nacriers et une exploitation aussi intensive que possible de ces bancs.

Il est plus d'une colonie qui trouverait profit à s'inspirer de
cet exemple. A la Guyane, par exemple, si la faune d'eau douce est
assez bien connue, on ne saurait en dire autant de la faune marine et
peut-être l'étude de cette dernière nous réserve-t-elle d'agréables
surprises. A la Guadeloupe il faudrait, entre autres choses, savoir
quelle est l'étendue des bancs d'éponges dont on a signalé l'existence,
mais dont l'exploitation n'a même pas été tentée. Quelles sont les
espèces qui forment ces bancs? Quelle est, par suite, la valeur marchande des produits que l'on pourrait obtenir? Nous ne savons rien
là dessus, et pourtant l'exemple de certains pays voisins (Cuba, la
Floride, les Bahamas) est là pour nous montrer qu'il y aurait peut-
être quelque chose à faire.

Nous avons déjà signalé l'imprécision vraiment regrettable de
nos connaissances sur la faune des hauts-fonds de la côte occidentale
de Madagascar ; les espèces de fond et les espèces pélagiques nous y
sont à peu près également inconnues. Des recherches nouvelles s'imposent aussi, à Madagascar, en ce qui concerne les huîtres comestibles,
les méléagrines et avicules perlières ou nacrières, en ce qui a trait
encore aux éponges. L'importance de ces études justifierait sans doute
la création d'un organisme analogue à celui que constitue la mission
dirigée en Indo-Chine par M. Boutan.

Même dans les colonies où la faune nous est le mieux connue,
l'organisation de missions en vue de l'étude spéciale de certains
produits est éminemment désirable. La carte complète des bancs de
corail de l'Algérie est encore à faire et les avis d'un naturaliste
connaissant bien la biologie de ce zoophyte permettraient sans doute

d'établir une réglementation définitive de cette pêche spéciale. En Tunisie, des essais ont déjà été faits par le dressement d'une carte des bancs spongifères, carte qu'il serait nécessaire de compléter et de tenir à jour. Nous esquissons plus loin le programme des recherches qui s'imposent sur la biologie des éponges tunisiennes. La création du laboratoire de biologie marine de Sfax, ouvert depuis 1903, répond à un véritable besoin ; il faut espérer que le Gouvernement tunisien, après avoir créé ce laboratoire, aura à cœur d'en assurer l'existence et trouvera les fonds nécessaires pour améliorer son installation matérielle et augmenter son personnel scientifique.

En dehors des recherches sur la faune de nos colonies et sur son utilisation économique possible, un service scientifique tel que ceux dont nous préconisons ici la création serait tout naturellement désigné pour entreprendre des études sur la possibilité d'acclimater quelques espèces intéressantes. Dans certaines de nos colonies, tout au moins, cette partie de sa tâche serait relativement facile ; il est très vraisemblable, par exemple, que le gourami et la carpe pourraient être acclimatés sans trop de peine à Madagascar, surtout si l'on s'appliquait en même temps à faire disparaitre le poisson rouge, si malheureusement introduit. A la Guyane, il est tout indiqué aussi de tenter l'acclimatation du *piracuru (Vastres arapaima* C. V.) très abondant dans le Contesté.

Le peuplement des eaux douces de l'Algérie paraît chose plus difficile à réaliser, en raison de la qualité de ces eaux, généralement trop magnésiennes. Tout au moins faudrait-il s'appliquer à protéger la truite contre la pêche trop active qu'en font les indigènes; on pourrait aussi reprendre les expériences faites en 1858 et 1868 pour introduire d'autres salmonidés, en choisissant pour ces expériences des eaux plus limpides et moins calcaires que celles du Rummel. La carpe a été introduite aux environs de Constantine et dans la province d'Alger et pourrait sans doute l'être ailleurs.

Les cours d'eau de Tahiti et de la Nouvelle-Calédonie ne contiennent que quelques *Dules* et *Gobius*, auxquels il y aurait avantage à substituer des espèces plus estimées. La difficulté consiste ici à amener jusque dans la colonie des œufs fécondés et en bon état.

En raison même de l'importance des recherches à entreprendre et de la diversité si grande des sujets sur lesquels elles doivent porter, en raison aussi de la répartition géographique de nos colonies, il semble impossible d'adopter ici une solution qui apparaît cependant comme très séduisante au premier abord et qui consisterait à confier à une personnalité unique l'étude des diverses questions qui se posent tout naturellement. Nous pensons au contraire qu'il faudrait répartir nos colonies en un certain nombre de groupes naturels, constituer pour chacun d'eux une mission dont les membres seraient choisis en tenant compte des conditions particulières au groupe considéré et placer les chefs de mission sous l'autorité et le contrôle d'un Comité constitué dans la métropole, qui serait chargé de préciser le sens des recherches à accomplir par chaque mission, de centraliser et de systématiser les résultats obtenus, et aussi d'étudier les mesures propres à développer les relations commerciales entre les colonies et l'Europe. On pourrait par exemple concevoir un groupe qui comprendrait la Nouvelle-Calédonie et les Établissements français de l'Océanie, un groupe de l'Indo-Chine auquel on rattacherait nos établissements de l'Inde et de la Côte des Somalis ; dans un troisième groupe rentreraient Madagascar, Mayotte et ses dépendances, la Réunion avec Saint-Paul et Amsterdam. Il y aurait encore lieu de prévoir un groupe de l'Afrique occidentale et du Congo et un groupe Antilles-Guyane. A Saint-Pierre et Miquelon on pourrait, en s'inspirant de l'exemple donné par nos voisins de Terre-Neuve, créer une station aquicole sur le modèle du laboratoire de Dildö.

Réglementation. — Il serait désirable que dans chaque colonie un contact aussi étroit que possible fût établi entre le Gouverneur d'une part et le chef de la mission ou ses représentants d'autre part, et que ces derniers fussent toujours consultés sur l'opportunité des mesures administratives concernant la pêche. Si l'on peut, en effet, établir en ces matières quelques règles générales applicables à toutes nos possessions indistinctement, il se pose un peu partout des questions dont la solution dépend étroitement des contingences locales. Il est évident, par exemple, que l'on peut toujours préconiser les mesures qui tendent à interdire l'emploi, pour la pêche en eaux douces ou en mer, des explosifs, des poisons chimiques (chlorure de chaux, pétrole, etc.) et des sucs enivrants de certaines plantes (*Tephrosia, Desmodium, Cerbera, Euphorbia, Phyllanthus, Barringtonia*, etc.). Il est même regrettable que ces pratiques ne soient pas encore interdites dans toutes nos colonies et que parfois l'application des arrêtés qui les déclarent délictueuses ne soit pas assurée avec toute la sévérité nécessaire. Il semblerait aussi très naturel que les alevins fussent toujours protégés contre les causes de destruction qui les menacent; pourtant, tandis que la pêche du *titiri* est sévèrement prohibée (mais néanmoins très pratiquée) à la Guadeloupe, elle semble être autorisée à le Martinique ; et celle des *béchiques* n'est pas interdite à la Réunion.

C'est encore en se basant sur les données acquises en ce qui concerne la biologie des diverses espèces que l'on peut établir la réglementation relative aux engins, aux époques de pêche et aux cantonnements.

Pour les engins flottants on estime, en général, qu'il n'y a pas lieu de réglementer leur emploi. En France le décret du 10 mai 1862 ne les a assujettis à aucune dimension de maille, à condition cependant qu'ils ne pourront s'arrêter ou traîner sur le fond. Et Gourret estimait qu'il n'y a pas nécessité de modifier sur ce point les termes du décret, parce que, d'une part, l'action de ces filets est nulle sur le fond et ne se produit sur les eaux que lentement, suivant l'impulsion des courants et parce que, d'autre part, leur récolte ne consiste qu'en espèces erratiques adultes. Dans nos diverses colonies la dimension des mailles des filets dérivants n'est pas réglementée, en général du moins. En Algérie cependant, pour le lampare et le rets volant, on a fixé les caractéristiques du filet, dimension des deux ralingues, lestage de la ralingue inférieure, hauteur de nappe, ouverture des mailles dans les diverses parties. En Tunisie les filets flottants ne sont autorisés que si leurs mailles ont au moins $10^{m/m}$ en carré. Quoi qu'on en ait dit, il y aurait peut-être lieu de prévenir par une réglementation convenable certains abus en établissant pour les filets flottants une limite au-dessous de laquelle les dimensions des mailles ne pourraient descendre dans aucun cas. On éviterait par là, du moins, l'énorme destruction des alevins et des jeunes de certains poissons migrateurs qui se fait chaque année, destruction qui cause, sans aucun profit pour personne, des dommages irréparables.

Les filets fixes devraient toujours être établis avec des mailles de dimensions telles qu'elles puissent livrer passage aux poissons de petite taille. En France le décret de 1862 prescrit que ces filets auront des mailles de $25^{m/m}$ au moins et certains auteurs estiment qu'il conviendrait de porter à $30^{m/m}$ la limite inférieure de dimension des mailles. La Tunisie et l'Algérie ont seules, pensons-nous, édicté sur ce point des réglements qui fixent à 20^m/m la dimension minima des mailles. Il serait désirable de voir modifier ces réglements.

Enfin l'emploi des arts traînants devrait toujours, en tout état de cause, être interdit jusqu'à trois milles des côtes, parce qu'ils exercent une influence des plus fâcheuses sur les fonds dans lesquels ils sont remorqués, en capturant des poissons trop jeunes pour pouvoir être utilisés, en coupant et déracinant les herbes et enfin en tuant les Invertébrés qui vivent sur ces fonds et constituent la nourriture habituelle de la plupart des poissons. Il est absolument illusoire de songer à pallier le mal causé par les filets traînants en assujettissant ces engins à avoir des mailles de 20^m/m, ainsi qu'on le fait en Algérie, ou même d'une dimension plus considérable : pendant le remorquage les mailles du filet, sous l'effort de la traction, se déforment de façon telle que la paroi de la poche constitue un obstacle infranchissable, même pour les plus petites espèces. Le mieux serait donc, nous le répétons, d'interdire rigoureusement l'usage des arts traînants dans toute l'étendue des eaux territoriales, sans aucune exception ; la mesure est toutefois trop radicale pour qu'on puisse espérer qu'elle soit jamais intégralement appliquée. En tout cas il serait absolument nécessaire d'interdire l'emploi des filets traînants au voisinage des centres de pêche un peu importants, déjà suffisamment exploités par les autres engins.

On peut aussi songer à empêcher le dépeuplement des fonds en interdisant la pêche à certaines époques de l'année ; mais l'interdiction totale pendant une période plus ou moins longue ne saurait évidemment être préconisée, parce qu'elle léserait trop d'intérêts respectables. Et ce serait cependant la seule mesure pleinement efficace. Il est absolument inutile d'édicter des règlements interdisant pour une période donnée la capture de certaines espèces, parce qu'il serait impossible dans la pratique d'appliquer une semblable réglementation. La seule méthode dont on pourrait user ici consisterait à rechercher quels sont les engins les plus nuisibles à une espèce donnée que l'on voudrait protéger et à interdire l'emploi de ces engins pendant une période comprenant l'époque de la fraie, époque qui varie beaucoup, naturellement, suivant l'espèce considérée et suivant le climat. Inutile d'ajouter aussi que l'interdiction d'un engin déterminé doit être étendue à tout le littoral d'une colonie et qu'il est profondément regrettable de voir prendre des mesures revêtant un caractère absolument arbitraire, comme celle qui, en Algérie, a été appliquée au lampare et au rets volant, autorisés en tout temps en certains points, interdits ailleurs pendant les mois de février, mars et avril, sans que rien justifie une semblable différence de traitement entre des quartiers voisins.

Reste enfin la question des cantonnements. Jusqu'ici, il n'y a guère lieu de s'en occuper qu'en ce qui concerne l'Algérie et la Tunisie. Ailleurs, la richesse de la faune marine est si grande ou la pêche est si peu active qu'il n'y a pas à craindre sérieusement le dépeuplement des fonds tant que l'on continuera à n'employer que les méthodes de pêche actuellement en usage. En Algérie, la création de cantonnements ne pourrait être entreprise que le jour où la surveillance de la pêche serait assurée par un nombre de bâtiments beaucoup plus considérable que celui qui est actuellement affecté à ce service. En Tunisie, la pêche côtière n'est pas actuellement dans une situation telle qu'il faille songer à apporter des entraves à son développement.

Mais c'est surtout à propos de la réglementation applicable aux pêches spéciales que l'intervention d'un naturaliste pourrait avoir d'heureux effets. La biologie des méléagrines perlières ou nacrières, celle des éponges et du corail sont souvent mal connues des administrateurs et l'on trouve dans les règlements la trace de l'incertitude dans laquelle ils sont en ce qui touche à quelques points importants.

Il est évidemment regrettable de voir un arrêté interdire la pêche des méléagrines adultes sans rien dire, et pour cause, des caractères extérieurs auxquels on peut reconnaître qu'une méléagrine est adulte. On trouve aussi dans quelques documents officiels la preuve que l'Administration n'établit pas toujours la distinction nécessaire entre les huîtres comestibles et les « huîtres » à nacre ou perlières ; trompée par la similitude des noms vulgaires, elle semble parfois vouloir encourager l'application aux mollusques des genres *Avicula* et *Meleagrina* des procédés de l'ostréiculture proprement dite, ce qui serait une erreur absolue. Insuffisamment renseignée sur la biologie des pintadines, elle hésite à autoriser ou à proscrire l'emploi de certains engins et se décide parfois pour des raisons qui n'ont rien de scientifique, et dans un sens fâcheux. Elle ne peut, faute de renseignements précis, interdire la pêche pendant la durée de la fraie, l'époque de la maturité sexuelle des méléagrines semblant varier dans des limites très étendues d'un pays à un autre.

On pourrait faire des remarques analogues en ce qui concerne les éponges. En Tunisie, il ne semble pas que l'on ait encore d'idées définitives sur les dégâts que peuvent causer dans les bancs spongifères les différents engins employés. L'Administration continue à autoriser l'emploi de la gangave sur tous les fonds, malgré la nocivité de cet engin ; par contre, elle a voulu, en 1902, interdire le scaphandre ; elle a, d'ailleurs, dû rapporter cette dernière mesure, si préjudiciable à tous égards aux intérêts bien entendus de la pêche. Elle n'a pas examiné encore de façon sérieuse la question des cantonnements qu'il y aurait pourtant lieu d'établir.

Pour le corail, nous avons laissé dévaster par une exploitation abusive les bancs de l'Algérie, si riches jadis et qu'il faut aujourd'hui songer à reconstituer ; la réglementation de 1899 paraît de nature à assurer le repeuplement de ces bancs ; toutefois, l'application qu'on en a faite est encore trop récente pour que l'on puisse porter à cet égard un jugement définitif. En Tunisie où, depuis 1832, nous avons affermé à perpétuité la pêche du corail, les bancs n'ont pas été mieux protégés et, si l'on peut à l'heure actuelle escompter leur repeuplement, la cause en est simplement à ce que les corallines, ne faisant plus de récoltes suffisantes, ont été successivement désarmées, accordant ainsi aux bancs un repos qu'une réglementation appropriée eût dû leur assurer depuis longtemps, en créant, par exemple, des cantonnements alternatifs.

En ce qui concerne l'ostréiculture et la mytiliculture, il ne semble pas que l'on ait rien entrepris dans la plupart de nos colonies et les quelques tentatives faites en Algérie et en Tunisie n'ont pas donné des résultats bien brillants. On est cependant ici en possession de méthodes dont l'efficacité est démontrée par le développement qu'ont pris, en France et ailleurs, les industries ostréicole et mytilicole. Et il est bien vraisemblable qu'en appliquant ces méthodes, dans des localités convenablement choisies, à des espèces indigènes ou à quelques unes des races d'huîtres élevées en France, on pourrait arriver à constituer

— 24 —

des parcs dont l'exploitation laisserait, sans doute, de beaux bénéfices, car, dans presque toutes nos colonies, une semblable entreprise serait assurée de trouver sur place des débouchés suffisants. L'Algérie, la Tunisie et le Sénégal importent, aujourd'hui, des huîtres fraîches venues de France. A Madagascar, l'Administration paraît disposée à favoriser de tout son pouvoir la création d'établissements ostréicoles. La côte des Somalis trouverait, sans doute, à écouler une partie des produits sur les nombreux bateaux qui font escale à Djibouti et Aden, une autre vers l'Abyssinie. En Indo-Chine, enfin, l'huître est très appréciée des indigènes et les Chinois pratiquent depuis longtemps des procédés d'élevage un peu primitifs auxquels il y aurait, certainement avantage à substituer les nôtres pour développer une industrie qui, à l'heure actuelle, ne peut suffire aux demandes des grands centres de population.

Mesures destinées à favoriser le développement de la pêche. — De façon absolument générale, on peut dire que l'Administration, dans nos différentes colonies, doit présentement se préoccuper plutôt de développer la pêche que d'en entraver l'exercice. Sans doute, il est bon d'établir, dès le début, une réglementation, d'ailleurs aussi simple et aussi peu tracassière que possible, basée sur une exacte connaissance de la biologie des espèces utiles et étudiée de façon à empêcher le dépeuplement des fonds. Mais, sous la réserve qui précède, il faut aussi, il faut surtout, pourrait-on dire, que des mesures soient prises pour organiser une exploitation aussi intensive que possible des ressources que peuvent renfermer la mer ou les eaux douces.

Amodiations et concessions. - - L'expérience faite en Tunisie et qui a si brillamment réussi montre que de tous les systèmes que l'on peut employer c'est incontestablement celui de l'amodiation qui assure à une superficie d'eau déterminée son rendement le plus fort. Dans plusieurs de nos colonies, il semble bien qu'il y aurait possibilité d'établir ce système. A Madagascar, par exemple, les lagunes de la côte orientale pouraient ainsi être amodiées. Au Gabon, à la Côte d'Ivoire et au Dahomey, il semblerait difficile de priver les indigènes du droit, dont ils ont jusqu'à présent joui, de pêcher sans entraves dans les lagunes côtières et dans les lacs du bas Ogooué et de Fernan-Vaz; cependant, en exigeant des indigènes qui voudraient s'y livrer à la pêche une petite redevance, peut-être pousserait-on ceux-ci à pratiquer plus activement une industrie qu'ils négligent un peu en certains points et qui pourrait pourtant devenir rémunératrice, puisque les produits de la pêche ne sont, par ailleurs, grevés d'aucun droit et se trouvent assurés d'un écoulement facile. Il faudrait alors, si l'on désirait employer le système de l'amodiation, établir un lotissement tel que des indigènes, en plus ou moins grand nombre, puissent s'associer pour se rendre solidairement adjudicataires d'un ou plusieurs lots qu'ils exploiteraient eux-mêmes. Ce que l'on devrait par dessus tout éviter c'est de renouveler ici l'erreur commise au Cambodge, où les adjudicataires des « groupes » réalisent sans aucune peine de beaux bénéfices en sous-louant aux patrons pêcheurs les parcelles qu'ils établissent dans leur lot. A la vérité, il s'agirait ici, comme au Cambodge et en Cochinchine du reste, d'affermages ou de concessions à titre onéreux bien plutôt que d'amodiations au sens propre du mot.

Le système des concessions paraît, d'ailleurs, appelé à rendre lui aussi des services, surtout lorsqu'il s'agit de créer ou de développer dans une colonie une industrie nouvelle comme la pêche des éponges ou encore celle des huîtres perlières ou nacrières. Il est bien évident, en effet, qu'une entreprise privée ne peut engager les dépenses considérables que nécessitent les recherches préliminaires et la mise en train de l'exploitation sans être assurée que le bénéfice des découvertes qu'elle pourra faire lui sera exclusivement réservé pendant quelques années, ce qui lui permettra d'amortir le capital primitivement engagé.

Au reste, le régime des concessions est déjà appliqué dans d'autres pays. En 1899, le Gouvernement vénézuélien a concédé pour 25 ans le droit exclusif de pêcher la nacre, les perles, les éponges et tous autres produits de la mer, les poissons exceptés, entre la côte, l'île Margarita et les îles adjacentes. Le concessionnaire doit verser au Gouvernement 10 o/o des bénéfices réalisés par lui. Par ailleurs le Portugal vient, en 1904, de diviser la côte de sa colonie du Mozambique en zones de 50 kilomètres de longueur en moyenne et concède pour trois ans le droit exclusif de pêcher dans une de ces zones les coquillages nacrés et le corail moyennant une redevance annuelle de 11 fr. 25 par kilomètre; l'Etat prélève en outre 2 o/o sur les bénéfices de l'exploitation.

Chez nous, deux sociétés et cinq particuliers se sont fait concéder pour 10 ans le droit de pêcher les huîtres perlières en différents points des côtes de la Nouvelle-Calédonie ou de ses dépendances; l'Administration ne paraît pas très satisfaite des résultats obtenus. A la Guyane, M. de Fitz-James avait obtenu, en 1902, l'autorisation de rechercher et de pêcher les huîtres perlières sur les côtes de la colonie. Nous ignorons ce qu'il en est advenu. Il y aurait, sans doute, avantage à accorder des concessions pour la pêche des éponges à la Guadeloupe, d'une part, et sur divers points de la côte occidentale de Madagascar, d'autre part, pour la pêche des nacres à Madagascar et à Djibouti, et, un peu partout, pour la création d'établissements d'ostréiculture. Il semble que le système auquel on devrait accorder la préférence soit celui qui a été appliqué par le Portugal, la concession étant consentie moyennant le paiement d'une redevance fixe très faible, mais avec cette clause que l'Etat percevra une part sur les bénéfices de l'exploitation, ce qui sauvegarde évidemment les divers intérêts en présence.

Mais ici se pose une question dont la solution ne dépend pas de nous seuls ; les conventions internationales fixent en général à trois milles (5.556 mètres environ) la largeur de la zone constituant, le long du rivage, ce que l'on appelle les eaux territoriales ; et c'est dans cette zone seulement que sont normalement applicables les règlements édictés par la puissance à laquelle appartient le rivage. Or, dans bien des cas, des bancs d'huîtres, de méléagrines, d'éponges, de corail, dont il importe d'assurer la conservation et qu'il y aurait intérêt à mettre en valeur, sont situés en dehors de la limite des eaux territoriales. Le fait se produit, notamment, en Algérie et en Tunisie pour beaucoup de bancs de corail, en Tunisie pour la plupart des bancs spongifères. Doit-on néanmoins admettre que l'exploitation de semblables bancs soit livrée à l'insouciante avidité des pêcheurs, sans qu'aucun règlement puisse arrêter ceux-ci dans leur œuvre de dévastation ? Evidemment non ! Et il est à désirer qu'une entente intervienne entre les Gouvernements afin d'étendre la limite des eaux territoriales pour les pêches toutes les fois qu'il y a lieu, sur quelque point du littoral, de protéger une espèce utile. Au surplus quelques pas ont été faits déjà dans cette voie : les Beys semblent avoir admis depuis longtemps qu'ils ont des droits sur les bancs d'éponges du golfe de Gabès et sur les bancs de corail du Nord de la Tunisie et ils ont manifesté leur

sentiment sur ce point en affermant ces droits. L'Angleterre, l'Italie, la Grèce et la France ont reconnu par des actes divers la légitimité des prétentions beylicales et confirmé, en 1870 et 1875 notamment, le Gouvernement tunisien dans l'exercice de ces droits.

Encouragements à donner aux industries annexes de la pêche. — *Conserves.* Quelques unes seulement de nos colonies fabriquent à l'heure actuelle des conserves de poisson et la Tunisie n'a commencé à en préparer aussi qu'à une époque relativement récente. Il semble cependant que l'on pourrait, dans bien des cas, mettre à profit les ressources, jusqu'ici trop dédaignées, offertes par une mer prodigieusement riche. Le Gouverneur de la Nouvelle-Calédonie signale l'intérêt qui s'attacherait à la création sur les côtes de cette île de fabriques de conserves dont les produits pourraient être en partie expédiés au dehors. Il est bien vraisemblable aussi qu'il serait possible de créer à Tahiti des usines analogues. A la Réunion il n'existe à l'heure actuelle qu'une petite entreprise, préparant surtout des conserves de béchiques, dont l'exportation donne lieu à un faible mouvement commercial. L'on pourrait sans doute faire plus et mieux si, par exemple, des armateurs de la colonie installaient à l'île Saint-Paul une usine pour la mise en boîtes des langoustes et de certains poissons. M. Gruvel préconise, entre autres mesures, la création sur la côte du Sénégal d'usines pour la préparation et la mise en boîtes du poisson conservé. Il semble, dans certains cas tout au moins, qu'il y aurait avantage pour une colonie à favoriser la création de semblables établissements, en accordant à ceux qui se proposeraient de les installer des concessions de pêche plus ou moins étendues, des primes sur les produits et, le cas échéant, l'exonération de tous droits sur les matières premières nécessaires. En Tunisie, la question se pose d'une façon un peu spéciale ; les négociants, désireux de s'ouvrir des débouchés nouveaux, demandent que la France abaisse ou même supprime complètement la barrière douanière qui défend aujourd'hui l'entrée de notre territoire à leurs produits, frappés d'un droit d'entrée de 25 o/o *ad valorem*. Il est bien certain que le jour où leurs vœux seraient exaucés ces négociants pourraient donner plus d'extension à leur industrie ; mais il est impossible de leur donner satisfaction tant qu'ils continueront à employer la main-d'œuvre étrangère ; ce serait encourager une concurrence directe à nos nationaux et aux indigènes.

Salaisons. — L'Administration peut aussi encourager l'industrie du séchage du poisson après salaison ; elle pourrait d'abord vulgariser l'emploi de ce procédé dans certaines régions où le poisson est simplement séché au soleil, ce qui n'en assure la conservation que d'une façon imparfaite ; ailleurs, quand la salaison est déjà pratiquée, nos efforts doivent tendre à la développer en facilitant aux pêcheurs l'achat du sel nécessaire. C'est ce que fait, en Tunisie, l'Administration des monopoles : le sel, normalement vendu 45 francs la tonne, est cédé aux pêcheurs au prix de 20 francs seulement. Il serait à souhaiter que l'exemple ainsi donné fût suivi par nous en Algérie : tandis que, dans la région orientale, nous admettons en franchise le sel italien, déclaré en entrepôt fictif, nous n'exonérons d'aucun droit les sels français et les sels d'Arzew, employés dans le centre et l'Ouest de notre colonie nord-africaine. En Indo-Chine, où l'industrie du poisson salé a l'admirable développement que l'on sait, nous avons fait mieux... ou pis. L'Administration des Douanes et Régies a pris, en 1899, le monopole de la vente du sel ; elle a imposé aux sauniers des formalités vexatoires dont le premier effet a été d'amener un ralentissement très sensible de la production ; et, en outre, elle a établi sur le sel une taxe de consommation, manifestement exagérée, qui en porte le prix à plus de 5 francs par 100 kilogrammes.

Dans une conférence faite à la Coopération des idées le 17 novembre 1905, M. Félicien Challaye, membre de la mission de Brazza nous a appris qu'au Congo les noirs fabriquaient autrefois du sel, s'installant dans de petites cases au bord de la mer. L'Administration a d'abord prohibé cette industrie ; puis, levant la prohibition, elle a mis un impôt de 200 francs, ramené aujourd'hui à 100 francs sur les cases à sel. Or, les noirs sont trop pauvres pour avoir 100 francs à eux ; l'impôt a pour objet, en leur interdisant la fabrication du sel, de les obliger à acheter ce produit indispensable aux compagnies concessionnaires. Ainsi que le dit M. Challaye, c'est à la fois scandaleux et absurde.

Produits secondaires. — Il est enfin regrettable de voir souvent les pêcheurs perdre, par ignorance ou par apathie, une partie des bénéfices que pourrait leur fournir l'industrie qu'ils exercent. A Terre-Neuve, nos marins rejettent à la mer les têtes de morue, avec lesquelles ils pourraient, à l'exemple des Norwégiens, fabriquer un excellent guano de poisson ; et, pendant longtemps, les petits pêcheurs saint-pierrais n'ont pas fabriqué d'huile de foie de morue ; c'est seulement depuis 1896 qu'ils se sont décidés à installer des foissières. A l'île Saint-Paul une faible partie seulement des déchets est utilisée. Il en est de même en Indo-Chine, où la plupart des pêcheurs du Tonlé-Sap rejettent à l'eau des détritus de toutes sortes qui pourraient être employés à fabriquer de l'huile de poisson ou des engrais.

La pêche du corail est maintenant si peu importante chez nous qu'on ose à peine demander ici que l'Algérie renouvelle aujourd'hui les tentatives qu'elle a déjà faites en 1862, sans aucun succès, pour favoriser la création d'ateliers de taille ; et il faudra sans doute, pendant longtemps encore, nous résigner à voir expédier à l'état brut vers l'Italie, pour y être travaillé, le corail pêché dans nos eaux.

Engins et procédés de pêche. — L'étude des engins employés par les indigènes nous montrera d'abord qu'il existe à cet égard des différences très notables entre les diverses colonies. Les pêcheurs du Niger, du Chari, et surtout du Dahomey et du Congo, ont des engins sinon très perfectionnés, du moins fort ingénieux ; de même, dans nos possessions d'Indo-Chine, l'ingéniosité des Annamites, qui sont des pêcheurs émérites, s'est donné carrière dans la construction des innombrables types de nasses et de pièges employés un peu partout, dans l'agencement, varié à l'infini suivant les circonstances, des filets qu'ils emploient. Soit dit en passant, il est assez curieux de trouver à la fois chez les peuplades de l'Afrique occidentale et chez les Annamites un même engin très spécial, manœuvré de la même façon dans les deux cas ; nous pensons ici aux claies montées sur pirogue, employées sur le Congo et dans les rivières du Tonkin. Ailleurs, au contraire, nous trouvons des populations qui, malgré qu'elles soient depuis longtemps en contact avec les Européens, continuent à employer des engins des plus primitifs. A Tahiti la pêche au harpon et la pêche à la ligne à main sont de beaucoup les plus en honneur ; et, quelle que soit l'adresse des indigènes, il faut bien croire que ces procédés, et le premier surtout, ne peuvent donner des résultats à peu près satisfaisants qu'en raison de la prodigieuse richesse d'une mer que les auteurs ont bien souvent comparée à un véritable vivier. Les procédés de pêche des Malgaches nous étonnent aussi bien souvent par leur simplicité. Les Antilles et la Guyane manquent de tout maté-

riel de pêche un peu perfectionné : les nasses, les lignes et la senne y
sont à peu près les seuls engins employés. Nous ne parlerons pas ici
de l'Algérie et de la Tunisie, où les Espagnols, les Italiens, les Maltais
et les Français ont depuis longtemps introduit les divers engins en
usage dans l'Europe occidentale.

Mais de façon générale on peut déplorer l'absence, pour la pêche
en mer, de bateaux de grandes dimensions, armés d'engins modernes.
Si les arts traînants sont un peu employés au large des côtes indo-
chinoises, ils sont à peu près inconnus dans nos autres colonies ;
l'Algérie seule et, avec elle, la Tunisie les pratiquent assez activement, mais avec des balancelles et des bateaux-bœufs seulement ; en
1903 l'Algérie tout entière ne comptait que onze vapeurs armés pour
la pêche et, en Tunisie, les hauts-fonds de la région Nord et ceux qui
s'étendent au Sud du cap Bon n'ont été qu'occasionnellement exploités
par des chalutiers à vapeur, en 1899. Bien timides ont été les essais
entrepris jusqu'ici pour pratiquer le chalutage à vapeur sur les Bancs
de Terre-Neuve.

Pour arriver au but que nous devrions chercher à atteindre,
c'est-à-dire à la mise en valeur aussi complète que possible du
riche domaine constitué par les eaux douces et marines de nos
colonies, il faut, de toute nécessité, perfectionner les instruments
employés jusqu'ici à l'exploitation de ce domaine, en même temps
que l'on offrira aux produits de la pêche des débouchés nouveaux.
Il faut, en un mot, industrialiser la pêche pour lui assurer son rendement maximum.

L'Administration devrait s'appliquer à faire connaître dans les
diverses colonies les engins perfectionnés qui leur manquent et dont
l'absence seule maintient souvent la pêche dans l'état peu prospère
où nous la voyons aujourd'hui. Il faudrait enseigner aux indigènes
les conditions d'emploi et le maniement de ces engins, en mettant
bien en relief les avantages de diverses sortes qu'ils présentent par
rapport à ceux qui sont actuellement en usage. Mais, dira-t-on, ce que
vous demandez-là c'est, somme toute, la création d'écoles de pêche
pour les indigènes. Sans doute ! Et nous nous bornerons à rappeler
ici, pour justifier cette demande, que l'expérience a déjà été tentée à
diverses reprises et que les résultats en ont été encourageants. A Sfax,
M. Capriata avait organisé des cours d'hydrographie qui furent suivis
par des Kerkenniens. A Philippeville, M. Layrle avait fondé une

Ecole de pêche dans laquelle il avait réuni jusqu'à vingt-huit audi-
teurs. Et, dans ces deux cas, le succès fut complet. Les résultats ont
été moins satisfaisants à Madagascar, dans l'école de Belo. Mais nous
sommes convaincus que dans certaines tout au moins de nos colonies, où les indigènes ont de tout temps manifesté de très grandes
aptitudes pour la pêche, on pourrait, par la création de cours élémen-
taires et pratiques, vulgariser chez eux les méthodes nouvelles propres
à augmenter le rendement de leur industrie. Il est à peine besoin
d'indiquer, en passant, que de semblables institutions serviraient de
façon indirecte les intérêts français, en facilitant la diffusion chez les
indigènes des produits métropolitains. Au Sénégal, dans les Établissements français de l'Inde, en Indo-Chine, à la Nouvelle-Calédonie
l'essai pourrait être fait avec de sérieuses chances de succès. En
Tunisie il faudrait développer par une éducation appropriée les
aptitudes naturelles des indigènes. En Algérie, il serait peut-être déjà
plus difficile de ramener vers le littoral et de dresser à la pêche
l'élément berbère, actuellement réfugié dans les montagnes de la
Kabylie et qui pourrait peut-être fournir de bons pêcheurs, si l'on en
juge par ce qui se passe en Tunisie ; les autres indigènes algériens
paraissent n'avoir aucun goût pour le métier de pêcheur, du reste
assez peu rémunérateur dans cette colonie. Ailleurs enfin, il faudrait
s'attendre à un insuccès plus ou moins complet de la méthode préconisée ici. Il sera sans doute très difficile et très long de triompher de
l'apathie naturelle de la plupart des indigènes de Madagascar, du
manque d'initiative et de hardiesse des gens de couleur de la Guadeloupe et de la Martinique, de la cupidité des habitants de la Guyane,
fascinés par les mines d'or. Mais il n'en résulte pas nécessairement
qu'il faille pour cela renoncer à exploiter les fonds de pêche qu'offrent
ces possessions et si les habitants actuels d'une colonie se révèlent
décidément inaptes à assurer l'exploitation de ses eaux, l'idée qui se
présente naturellement à l'esprit c'est d'introduire dans cette colonie
des éléments ethniques nouveaux, déjà familiarisés avec la pratique
de la pêche, afin qu'ils mettent en valeur les richesses dédaignées par
les indigènes.

Colonisation maritime. — Ainsi se trouve posée la question
de la colonisation maritime, sur l'importance de laquelle il est à
peine besoin d'insister.

Y a-t-il lieu de conseiller ou d'encourager l'exode de nos pêcheurs vers nos colonies? Il nous semble que la chose est en général impossible, et cela pour plusieurs raisons.

Sans nous appesantir sur cette constatation que ce ne sont pas d'ordinaire les bons pêcheurs qui consentent à émigrer, il faut tenir compte de ce que plusieurs de nos possessions lointaines ne peuvent pas être considérées comme des colonies de peuplement, surtout dans leur zone littorale, particulièrement insalubre; ailleurs les débouchés pour les produits de la pêche sont trop insuffisants et trop aléatoires encore pour que l'on puisse engager nos compatriotes à s'établir comme pêcheurs dans ces régions. Enfin là où un courant commercial existe déjà dans le sens qui nous intéresse et où le séjour serait possible à nos nationaux, l'existence même de ce courant commercial indique à elle seule que des entreprises de pêche y sont déjà commencées. Les Français s'y trouveraient donc en concurrence avec d'autres pêcheurs, soit Européens (Afrique du Nord), soit indigènes (Indo-Chine).

Pourraient-ils lutter avec les indigènes ? Ceux-ci ont plusieurs points de supériorité : leur résistance au climat, à la fatigue, la modicité des bénéfices dont ils peuvent se contenter, leur frugalité, ainsi que, souvent, leur esprit de passive obéissance qui pourrait les faire préférer par les directeurs éventuels des entreprises de pêche à créer. Les mêmes avantages à peu près se retrouvent au bénéfice des Européens qui concurrencent victorieusement en Tunisie les pêcheurs français et qui les concurrençaient aussi en Algérie avec le même succès avant qu'on ne les eût obligés à devenir eux-mêmes Français.

Depuis soixante-quinze ans l'élément maritime de nos côtes n'a pas encore pu prendre pied d'une manière appréciable dans l'Afrique du Nord ; cependant les conditions de distance et de climat, la présence de nombreux colons français, de villes prospères offrant de vastes débouchés semblaient devoir exercer une attraction puissante sur les pêcheurs français et rendre leur établissement particulièrement facile. Il n'en a rien été. Les tentatives privées pour la fixation en Tunisie de Français vivant des produits de la mer ont échoué aussi complètement que les tentatives gouvernementales en Algérie, et il ne semble pas que l'on ait encore trouvé les moyens de renouveler les essais dans ce sens avec chances de succès. C'est là une indication des plus précieuses et dont il faut tenir grand compte. Si nous nous appuyons sur l'expérience du passé aussi bien que sur l'état actuel de nos colonies, il ne nous paraît pas qu'une colonisation maritime durable puisse être tentée à l'heure actuelle. Insistons sur le mot durable, car nous avons foi, au contraire, dans l'avenir des expéditions de pêche temporaires, telles que celles des Terre-Neuvas actuellement et celles qui demain, nous l'espérons, utiliseront les richesses de la côte occidentale d'Afrique.

Il est bien entendu aussi que par les mots de colonisation maritime nous désignons seulement l'établissement à demeure de pêcheurs pratiquant eux-mêmes la pêche. Nous exceptons le cas où des capitalistes français, soit par eux-mêmes directement, soit à titre d'actionnaires, feraient preuve d'une initiative hardie qui leur fait bien souvent défaut et chercheraient à exploiter les ressources considérables que recèlent les eaux de nos colonies. C'est une des idées qui nous ont guidés dans la rédaction de cet ouvrage que d'indiquer à nos compatriotes comment et en quels lieux ils pourraient employer leurs capitaux dans l'industrie des pêches. On pourra utiliser aussi comme directeurs ou comme surveillants, comme capitaines d'embarcations, etc., les bons pêcheurs de nos côtes ou les élèves de nos écoles de pêche, possesseurs d'utiles connaissances hydrographiques. Mais, nous le répétons une fois de plus, il serait trop hasardeux et sans doute trop inhumain d'envoyer nos nationaux dans nos colonies pour y exercer la pêche par eux-mêmes.

Mais aux colons français qui voudraient commanditer une entreprise de pêche ou la diriger effectivement, il faut s'occuper de procurer la main-d'œuvre nécessaire. Nous avons dit plus haut comment la création d'écoles de pêche pourrait, dans bien des cas, développer les aptitudes naturelles des indigènes reçus comme élèves et faire de ceux-ci des auxiliaires précieux. Ailleurs, là où les indigènes se montreraient décidément réfractaires à la pêche, on pourrait introduire dans la colonie des pêcheurs empruntés à nos autres possessions. Les résultats d'une semblable mesure peuvent être des plus heureux, ainsi que le montre l'exemple de la Guyane. Des Annamites, condamnés à la déportation, avaient été amenés dans cette colonie où l'on pensait qu'ils pourraient être employés dans les exploitations agricoles ; ils ont fondé près de Cayenne un village de pêcheurs qui fournit tout le poisson consommé dans cette ville. On a aussi transplanté à la Guyane quelques uns des pêcheurs martiniquais que la catastrophe de 1902 avait privés de leurs moyens d'existence. Mais nous sommes sans renseignements sur les résultats de ce nouvel essai. Madagascar est au nombre des colonies où il y aurait avantage à introduire des pêcheurs étrangers car, en trop de points, les populations du littoral se montrent inaptes à en exploiter les richesses ; on pourrait amener dans la grande île des Annamites ou encore des Macouas de l'Inde ou enfin des créoles de la Réunion.

Il faut aussi que les colons français engagés dans les entreprises de pêche soient protégés dans nos possessions contre la concurrence étrangère ; et malheureusement il n'en est pas toujours ainsi.

Nous verrons quel rôle les Chinois jouent actuellement en Indo-Chine, où ils se livrent à un trafic très profitable pour eux, mais désastreux pour les Annamites. Il importe, dans l'intérêt des indigènes aussi bien que dans celui de nos colons, que ces voisins dangereux soient petit à petit écartés des centres de pêche. Si, par exemple, des Français affermaient la pêche dans les « groupes » du Cambodge ils pourraient certainement, en employant à l'exploitation de ces groupes la main-d'œuvre indigène, réaliser de fort beaux bénéfices, actuellement encaissés par les Chinois, tout en faisant aux Annamites une situation bien préférable à celle qu'ils ont aujourd'hui.

En Tunisie, les Italiens, les Grecs et les Maltais concurrencent les sujets du Bey et les Français. En ce qui concerne les premiers, de beaucoup les plus nombreux, d'ailleurs, on s'explique difficilement pourquoi le traité italo-tunisien de 1896 a stipulé qu'ils seraient traités en Tunisie comme les nationaux et les Français. Il est anormal que les marins siciliens qui viennent pêcher sur les côtes tunisiennes le poisson de passage et remportent chez eux tous les bénéfices de leur pêche soient placés dans une situation favorisée. Il faudrait pouvoir leur imposer des charges assez lourdes pour qu'ils soient amenés à se fixer en Tunisie, comme l'ont déjà fait d'ailleurs beaucoup de leurs compatriotes et la plupart des Maltais. Cette fixation des pêcheurs nomades, nous ne pouvons pas espérer l'obtenir tant que la convention de 1896 sera en vigueur. Et nous ne pouvons pas non plus, sous le régime de ce traité, mettre les pêcheurs sédentaires dans l'obligation de se faire naturaliser s'ils veulent continuer à exercer leur métier. On voit trop quel préjudice le traité italo-tunisien porte à nos intérêts en accordant aux Italiens des droits dont les indigènes et les Français devraient être seuls à jouir.

Création de débouchés nouveaux. -- Il ne suffit pas que l'Administration encourage et facilite, par les divers moyens que nous venons d'indiquer, l'exploitation aussi large que possible des richesses qu'une réglementation bien comprise doit, en même temps, protéger contre l'incurie de pêcheurs trop avides de gains immédiats. Il faut encore que cette Administration se préoccupe d'assurer aux pêcheurs l'écoulement facile des produits qu'ils ont recueillis ; et diverses voies peuvent la conduire à ce but.

Débouchés dans la colonie et dans les pays limitrophes. — C'est une vérité généralement admise que l'abaissement du prix d'une denrée amène à brève échéance un accroissement du débit de cette denrée. On ne saurait donc nier que toute mesure qui permettra de vendre à plus bas prix le poisson apporté sur le marché des grandes villes sera favorable aux pêcheurs qui, par le fait de cette mesure, trouveront sur place des débouchés plus abondants. Dans cet ordre d'idées on pourrait exprimer le vœu de voir diminuer autant que possible le taux des taxes municipales et des droits de commission alloués à certains intermédiaires dans quelques grands ports et, tout particulièrement, dans quelques villes de l'Algérie, où ces droits divers finissent par constituer une charge assez lourde, supportée, en dernier analyse, par le consommateur.

Mais il demeure bien certain que, quelles que soient les mesures prises pour développer la consommation locale, il est vain d'espérer, en ce qui concerne au moins quelques centres autour desquels les pêcheurs constituent des agglomérations particulièrement denses, que l'on pourra trouver sur place l'écoulement de tout le poisson jeté journellement sur le marché ; il est d'ailleurs désirable que les populations éloignées des centres de pêche puissent se procurer facilement l'aliment excellent à tous égards que constitue le poisson frais. Dès maintenant la Tunisie et l'Algérie sont pourvues de voies de communication qui permettent de transporter vers l'intérieur une partie importante du poisson pêché sur la côte. On ne peut que souhaiter, au point de vue qui nous intéresse ici, que le réseau de leurs voies ferrées s'accroisse encore et que les compagnies qui exploitent ces voies ferrées favorisent de tout leur pouvoir, par de sages modifications des horaires, par l'accélération de la marche de certains trains et aussi, plus tard, par la mise en service de wagons frigorifiques, le développement d'un trafic également profitable aux pêcheurs et aux habitants de l'intérieur.

En Indo-Chine il serait désirable, dans le même ordre d'idées, de voir créer sur les fleuves des services de bateaux rapides amenant sur le marché des grandes villes du littoral, insuffisamment alimentées en poisson de mer, les produits de la pêche pratiquée dans les eaux douces de l'intérieur.

Pour le moment, cette question des voies de pénétration ne paraît pas se poser à Madagascar et il est bien vraisemblable que, sur les marchés de l'intérieur, la demande en poisson frais ne serait pas suffisante pour justifier la création d'un service de transports à grande vitesse. Au surplus la pêche côtière est exercée dans des conditions telles qu'elle suffit à peine aux besoins des habitants du littoral.

La Côte des Somalis est encore, parmi nos colonies, une de celles qui peuvent espérer voir s'ouvrir dans leur voisinage immédiat de très larges débouchés pour le poisson capturé dans leurs eaux. L'Abyssinie fera certainement bon accueil à un produit qu'elle ne peut guère prendre ailleurs qu'à Djibouti, le jour où sera terminé l'aménagement de la voie ferrée dont la construction est projetée entre ce port et Addis-Abbaba et entreprise déjà sur le parcours de Djibouti à Harrar.

Actuellement la Côte des Somalis doit, semble-t-il, se borner à développer son commerce d'exportation de poisson salé en cherchant surtout à s'assurer le marché abyssin dont elle apparaît comme le fournisseur naturel. C'est aussi vers l'extension du commerce du poisson salé, séché ou fumé, avec les pays contigus que devraient se porter les efforts des Administrateurs dans les pays où les voies de communication rapide font défaut et dans ceux aussi où le climat trop chaud ou trop humide, ou trop chaud et trop humide à la fois, ne permet pas d'espérer que le transport du poisson frais puisse jamais devenir une entreprise rémunératrice. Nous pensons ici surtout à nos colonies de la côte occidentale d'Afrique et plus particulièrement au Dahomey, qui semble d'ailleurs être définitivement entré dans la voie que nous indiquons.

Débouchés lointains. Poisson frais. — Mais, pour quelques unes au moins de nos colonies il y a lieu, après avoir envisagé la possibilité de fournir, sous une forme ou sous une autre, aux populations de l'intérieur et des pays limitrophes le poisson qu'elles peuvent consommer, de s'occuper aussi des facilités que présente ou pourrait présenter l'exportation vers l'Europe et vers la France en particulier d'une partie du poisson frais. La Tunisie et l'Algérie, reliées à Marseille par des services de paquebots rapides, nous envoient déjà une partie du produit de leur pêche. La Tunisie exporte encore du poisson frais sur Malte et, par Naples, sur l'Italie. La question de l'amenée sur le marché français des produits de la côte du Sénégal peut aussi être examinée.

En ce qui concerne la Tunisie, on peut se demander si le mouvement actuel d'exportation est susceptible de s'accroître dans de larges proportions. Les progrès du peuplement européen de la Régence augmentent naturellement la demande locale de poisson frais et il est à prévoir qu'un jour viendra où, le réseau des voies ferrées tunisiennes se développant, les pêcheurs pourront à peine fournir le poisson nécessaire à la consommation locale. Déjà dans le voisinage des grands centres reliés à Marseille par des services rapides, les demandes des exportateurs de poisson frais ont amené un renchérissement très sensible de cette denrée. Il faut, par contre, reconnaître que la pêche côtière est pratiquée en Tunisie dans des conditions telles qu'elle est loin de donner tout ce que l'on en pourrait attendre et que son rendement est sans doute appelé à s'améliorer dans de très notables proportions le jour où les arts traînants seraient employés sur les riches fonds exploitables dans le Nord de la Régence. Mais nous ne pensons pas, malgré cela, que le mouvement actuel d'exportation de poisson frais puisse s'étendre beaucoup, quand bien même on supprimerait, ce qui serait bien désirable, le droit de sortie de 2 francs par 100 kilos qui frappe aujourd'hui ce produit.

Ce que nous venons de dire de la Tunisie, nous pourrions le redire de l'Algérie ; un moment viendra sans doute où la consommation locale de notre colonie nord-africaine fournira des débouchés plus que suffisants aux produits d'une pêche qui ne peut s'exercer que dans une zone restreinte, le long d'une côte somme toute très courte ; mais en 1904, Marseille a reçu d'Algérie 435 tonnes de poisson frais, et ce chiffre est légèrement inférieur à la moyenne quinquennale 1899-1903, laquelle s'élève à 496 tonnes.

En ce qui concerne enfin le Sénégal, il serait probablement possible d'amener dans les ports français, en bon état de conservation, le poisson pêché sur le banc d'Arguin ; on ne saurait, en effet, considérer comme fournissant des indications définitives l'échec des tentatives faites dans ces parages en 1882 par la société dite « Marée des deux Océans » et, en 1890, par la société « Trident ».

Dans l'ensemble la situation est donc celle-ci : les pêcheurs algériens et tunisiens ne trouvant pas jusqu'ici sur place de débouchés suffisants, expédient en France une partie du poisson pêché par eux; il faut toutefois prévoir que le courant actuel de cette exportation se ralentira. Au Sénégal, tout est à entreprendre.

Si l'on veut développer le mouvement qui amène aujourd'hui à Marseille une partie du poisson pêché sur les côtes de l'Algérie et de la Tunisie, si l'on désire pouvoir utilement, dans un avenir plus ou moins éloigné, amener dans nos ports le poisson du Sénégal, il faut d'abord faire en sorte que ce poisson arrive en France dans un état de fraîcheur parfaite et ensuite s'arranger pour permettre, à partir des ports d'introduction, le transport rapide de ce poisson vers l'intérieur ; ce transport devra se faire naturellement en wagons réfrigérants et dans des conditions de bon marché telles qu'elles permettent à nos produits de lutter avantageusement, sur les marchés de l'étranger et de la Suisse en particulier, avec ceux des autres nations.

Or nous en sommes encore à employer les procédés de conservation par la glace, dont le moindre défaut est de ramollir la chair du poisson et de lui enlever une bonne partie de sa saveur. Nos grands vapeurs de commerce reliant l'Algérie et la Tunisie à la métropole sont dépourvus des cales frigorifiques où le poisson, conservé jusqu'au moment de l'embarquement dans des entrepôts frigorifiques, pourrait être maintenu pendant toute la traversée à une température de —4° ou —5°, ce qui permettrait de l'amener à Marseille dans l'état de fraîcheur parfaite exigé par les consommateurs. Marseille — ou tout autre port d'entrée — devrait de même avoir des chambres frigorifiques permettant de constituer, le cas échéant, d'importantes réserves et, par là, d'obtenir une régularisation bien désirable des prix de vente. La chose est faisable commercialement parlant, puisque les Américains l'ont réalisée depuis longtemps et qu'une compagnie norwégienne qui, en 1890, a établi des entrepôts frigorifiques à Vardö, en Norwège, construit des vapeurs pourvus de cales frigorifiques qui transporte le poisson de Vardö à Hambourg et créé à Hambourg d'autres entrepôts frigorifiques où elle peut conserver jusqu'à 330 tonnes de poisson congelé, est aujourd'hui dans une situation des plus prospères. Il faut d'ailleurs reconnaître que le développement de son entreprise a été favorisé par l'ensemble des mesures prises par les compagnies allemandes de chemin de fer pour assurer le transport

rapide du poisson congelé à des prix très réduits. La société dont nous parlons peut ainsi amener à Leipzig, à Munich et à Vienne (Autriche) du poisson dans un état de conservation parfaite. Nous sommes malheureusement bien en retard sur ce point. Il faudrait que nos compagnies de chemin de fer se décident à construire des wagons réfrigérants du type de ceux qui sont depuis longtemps en service sur les lignes étrangères. Il faudrait aussi qu'elles abaissent dans une large mesure les prix de transport et qu'elles diminuent très notablement les délais de livraison. En 1900, et nous ne pensons pas que la situation se soit modifiée depuis lors, le temps accordé aux compagnies pour certains transports leur eût permis de faire voyager le poisson à raison de neuf kilomètres à l'heure ! La plupart de nos compagnies (Nord, P.-L.-M., Orléans, Ouest, Etat) ont fait homologuer pour le transport à grande vitesse du poisson un tarif spécial dit T. S. G. V. n° 14 ; mais, ainsi que le constatait M. Altazin au Congrès international d'aquiculture et de pêche de 1900, les conditions auxquelles est subordonnée l'application de ce tarif sont telles que, dans toute une région au centre, à l'Est et au Sud de la France (réseaux du Midi et de l'Est tout entiers, une partie du réseau de l'Orléans) il y a pour le consommateur impossibilité matérielle de recevoir le poisson dans des conditions avantageuses de prix et de fraîcheur. Encore faut-il remarquer que les prix du T. S. G. V. n° 14 lui-même demeurent notablement supérieurs à ceux que les compagnies étrangères, mieux outillées cependant et offrant des trains plus rapides, arrivent à consentir. C'est ce que montrent les quelques chiffres suivants empruntés au travail de M. Altazin et qui indiquent en centimes le prix de la tonne kilométrique pour divers parcours, dont la longueur est évaluée en kilomètres. En Angleterre les prix varient suivant la qualité du poisson transporté, qui est réparti en deux catégories, (a) et (b).

Longueur du parcours...	50	200	600	1.100
Tarif général commun français.	24 »	23,20	22,20	18,60
T. S. G. V. n° 14, Orléans.	— —	20 »	18 »	— —
— Etat.........	24 »	20,80	18,70	— —
— Ouest.......	24 »	18,10	15 »	— —
— Nord.	24 »	18 »	— —	— —
— P.-L.-M.....	18 »	17,50	16,80	14,40
Chemins de fer allemands......	17,24	14 »	11,60	9,30
— hollandais.....	22,40	13,90	8,50	— —
— anglais (a).. ...	— —	10,50	8,43	— ·
— — (b).....	— —	6,64	5,70	— —

Conserves de poissons ou autres. Produits divers — Nous allons enfin examiner une dernière question, celle des débouchés qui s'offrent ou pourraient s'offrir pour divers produits de pêche que leur mode de préparation ou leur nature même permettent d'expédier au loin.

La Tunisie et l'Algérie fabriquent à l'heure actuelle des salaisons de sardines, d'allaches et d'anchois, des conserves de sardines et d'allaches dont la vente n'est pas toujours assurée dans les meilleures conditions et dont la production pourrait sans doute être notablement accrue. En ce qui concerne d'abord les salaisons nous nous contentons souvent, en Algérie comme en Tunisie, de saler grossièrement le poisson, ne lui donnant qu'une préparation sommaire qui permet de le conserver un an au plus ; la plupart de ces salaisons, sont ensuite expédiées en Italie où on fait subir aux poissons une nouvelle préparation assurant alors sa conservation presque indéfinie et c'est surtout en Italie que Tripoli de Barbarie, la Grèce et les pays du Levant vont chercher les barils d'anchois, d'allaches et de sardines salées nécessaires à leur consommation. Nous abandonnons ainsi aux Italiens, outre le bénéfice moral de l'exportation, une part importante du bénéfice matériel que cette exportation pourrait permettre de réaliser. Pour les conserves, il semble aussi que leur fabrication ne nous procure pas tous les bénéfices que l'on en pourrait attendre ; les conserves algériennes et tunisiennes ne sont pas assez soignées et ont en général une mauvaise réputation, assez justifiée, il faut le reconnaitre. L'allache tient trop souvent, dans les boites, la place de la sardine. Par ces pratiques fâcheuses, les fabricants algériens et ceux aussi de Tabarca risquent fort de se fermer leurs débouchés actuels ; ils sont de plus à peu près certains de ne conquérir aucun marché nouveau tant que la présentation de leurs produits demeurera ce qu'elle est aujourd'hui. Il serait désirable qu'ils se décident enfin à faire soigneusement le tri des sardines et des allaches et à présenter loyalement des produits mieux préparés, en marquant d'un signe extérieur qui les rende faciles à distinguer les deux catégories de conserves (sardines ou allaches) qu'ils pourraient alors fabriquer. Il faudrait aussi que certains ateliers de salaison algériens consentent à renoncer à la détestable pratique qui consiste à « coiffer » les barils de quelques beaux poissons et à tromper ainsi l'acheteur qui ne trouve sous ce premier lit que des produits de moindre valeur. Le jour où, ces améliorations seraient réalisées, le jour aussi où la préparation des salaisons s'effectuerait tout entière sur place, l'Algérie et la Tunisie auraient avantage à s'entendre pour installer dans quelques grands centres, en Grèce et dans le Levant plus particulièrement, des magasins d'exposition dans lesquels les producteurs feraient débiter leurs conserves et leurs salaisons et arriveraient sans doute ainsi à amener à eux une clientèle que l'Italie accapare aujourd'hui, à leur grand détriment.

C'est encore dans le Levant, où nous importons dès maintenant des quantités assez fortes de morues, que nous pourrions peut-être chercher d'abord à accroître nos importations. A Rhodes, l'Angleterre nous distance, bien que ses produits ne vaillent pas les nôtres, parce qu'elle peut les livrer à meilleur compte ; la chose paraît incroyable, mais se trouve affirmée dans un rapport de notre Consul. Nous pourrions aussi, si le besoin se faisait sentir de trouver des débouchés nouveaux pour les produits de nos pêcheries de Terre-Neuve, d'Islande et du Doggers-Bank, essayer de développer nos importations en Italie et en Espagne et de prendre une place plus large sur l'important marché du Portugal. L'accroissement de notre commerce de morue serait sans doute facilement obtenu le jour où nous modifierions quelque peu dans le sens convenable la préparation donnée à nos produits, qui devraient être alors moins salés et plus secs.

Les Établissements français de l'Inde préparent actuellement des salaisons et des conserves de poisson. Depuis quelques années seulement Pondichéry a commencé à exporter un peu de poisson salé sur la Réunion, où ce genre de produits fait, comme l'on sait, l'objet d'une consommation très importante. Le nombre de pêcheurs que l'on compte dans nos Établissements de l'Inde est assez grand pour que la production de Karikal, de Pondichéry et de Mahé puisse être accrue dans de notables proportions si les demandes de la Réunion devenaient plus considérables. Il semble bien que le poisson salé de l'Inde pourrait être livré à la Réunion à meilleur compte que la morue de Terre-Neuve ou d'Islande. Peut-être aussi les Établissements français de l'Inde pourraient-ils expédier sur Saint-Denis du poisson salé au vert, comme l'est celui de Saint-Paul et Amsterdam. Pour les conserves de Mahé, la production, jadis très forte, a sensiblement baissé depuis quelques années, malgré que, pour éviter le paiement des droits de douane à l'entrée sur le territoire anglais, l'usine ait été transportée sur ce territoire.

Parfois il s'agit moins de créer des débouchés nouveaux que de modifier pour le bien des intérêts français la direction d'un courant d'exportation qui existe déjà dans une colonie.

Les Établissements français de l'Océanie produisent chaque année un quantité considérable de nacre. Malheureusement le commerce de ce produit dans la colonie est pour une bonne part entre les mains d'étrangers qui dirigent leurs achats vers Hambourg ou, surtout, vers Londres. Marseille n'a reçu pendant longtemps qu'une fraction insignifiante de la production nacrière des Tuamotu et des Gambier. Or, on n'ignore pas que dans le Nord et l'Est de la France et dans le département de l'Oise, en particulier, existent de nombreuses usines où la nacre est travaillée. La majeure partie de la matière première utilisée dans ces usines devait être achetée à Londres et les négociants anglais, simples intermédiaires entre les producteurs de notre colonie et les industriels de la métropole, réalisaient de ce fait un bénéfice élevé. On a déjà sensiblement amélioré la situation en mettant sur les nacres exportées de nos Établissements de l'Océanie, un droit de sortie de 150 francs par tonne, droit remboursable quand la nacre est expédiée et vendue en France. Les résultats eussent sans doute été plus satisfaisants encore si le droit avait été fixé à 250 francs, comme le demandait le Conseil général de la colonie. On peut aussi espérer qu'une nouvelle amélioration se produirait le jour ou les compagnies françaises de navigation consentiraient à abaisser le prix du fret sur leurs paquebots, prix qui est aujourd'hui sensiblement plus élevé que celui des compagnies anglaises.

Il y a dans notre législation douanière des dispositions qui entravent parfois le développement de notre commerce. La France ne produit pas d'éponges et, jusqu'ici du moins, aucune de ses colonies n'est en mesure de lui en fournir. On voit mal, dans ces conditions, ce que peut protéger le droit de 35 francs où de 70 francs par 100 kilogrammes qui frappe les éponges brutes ou travaillées à l'entrée de notre territoire. On voit par contre très bien comment ce droit place les acheteurs français dans une situation difficile lorsqu'ils ont à lutter sur les marchés d'éponges de la Tunisie, pays de protectorat français, avec des concurrents étrangers qui n'auront, eux, aucun droit à acquitter dans leur pays. Et c'est ainsi qu'une maison belge a pu tenter d'accaparer le marché de Sfax, où l'Italie cherche aussi à se faire une place, le tout à notre grand détriment. Il serait temps qu'une réglementation plus conforme à nos intérêts intervînt et que la suppression des droits d'entrée qui frappent les éponges permît à nos négociants de lutter à armes égales avec des concurrents redoutables.

On voit combien de questions se posent à propos de l'industrie des pêches, les unes d'ordre scientifique ou technique, les autres d'ordre purement administratif. Nous allons d'ailleurs constater, en étudiant les divers produits de la pêche, que certains d'entre eux ont pour nous un puissant intérêt, parce qu'ils sont utilisés par d'importantes industries métropolitaines; en examinant ensuite les conditions dans lesquelles la pêche est pratiquée dans nos colonies, nous verrons que pour quelques unes d'entre elles au moins cette industrie est une des principales sources de richesse et alimente un commerce d'exportation considérable. L'intérêt de la métropole et celui des colonies trouveraient donc également leur compte à ce que fût entreprise par des spécialistes une étude générale des divers problèmes scientifiques et économiques qui se posent aujourd'hui en matière de pêche.

LES POISSONS

Par leur abondance, par leur taille et leur organisation, les divers groupes de Vertébrés réunis dans le langage courant sous le nom de poissons paraissent jouer un rôle prédominant dans le monde aquatique. Mais c'est surtout parmi les produits de la pêche qu'ils occupent une place prépondérante ; ce sont eux qui assurent l'existence de l'immense majorité des pêcheurs ; eux seuls peuvent être comparés par leur importance économique aux produits de l'agriculture et de l'élevage. Leur grande abondance dans beaucoup de nos colonies constitue pour ces dernières une richesse naturelle de premier ordre.

Indications biologiques.

Nous ne pouvons entrer ici dans aucun détail sur l'anatomie des poissons. Nous devons rappeler seulement qu'en raison de leur constitution, en rapport avec leur mode de locomotion, les muscles latéraux du tronc et de la queue, divisés chacun par un sillon longitudinal en une moitié dorsale et une moitié ventrale, forment la partie la plus volumineuse de leur corps ; chacun d'eux est segmenté, par des cloisons conjonctives, en sortes de disques transverses empilés les une derrière les autres. Ce sont ces masses musculaires qui fournissent la majeure partie de la chair du poisson. Les muscles moteurs des nageoires ont un volume relativement restreint, mais variable suivant les formes et qui, chez les Raies, prend un développement considérable.

La colonne vertébrale sert d'appui à des côtes dorsales et ventrales et souvent à des aiguilles osseuses accessoires qui parcourent les cloisons conjonctives. Le développement plus ou moins grand en taille et en nombre de ces productions, de ces arêtes, a une grande importance au point de vue alimentaire.

Le foie, chargé de substances graisseuses ; les organes génitaux, laitance chez le mâle et rogue chez la femelle, très développés à l'époque de la fraie ; la vessie natatoire, plus ou moins volumineuse suivant les espèces, et la peau peuvent avoir également une valeur particulière. Il est en outre des usages pour lesquels on peut employer le corps entier des poisons.

Habitat et migrations. — On trouve des poissons dans toutes les eaux, douces, saumâtres et marines, depuis les flaques marécageuses jusqu'aux vastes espaces des grands lacs et de la pleine mer. La plupart des formes sont adaptées à un genre de vie particulier : il y a une démarcation assez nette entre celles des eaux douces et celles de la pleine mer. Les espèces marines sont les plus nombreuses, mais pas de beaucoup, car la vie en eau douce, avec sa répartition morcelée, est propice au développement d'espèces et de variétés locales ; ainsi la famille des Cyprinidés comprend à elle seule 1300 espèces, celle des Siluridés un millier. La différence s'accentue beaucoup si l'on envisage les genres et les familles.

Malgré cette distinction que l'on peut faire entre les poissons d'eau douce et les poissons de mer, on ne peut établir une ligne de démarcation absolue ; beaucoup de formes peuvent s'acclimater à un autre milieu que le leur. C'est surtout dans les grands fleuves, particulièrement dans les contrées tropicales, que l'on assiste à cette adaptation. Certaines espèces de Gobies, Blennies, Clupéidés, peuvent habiter aussi bien la mer que les rivières ou les lacs. D'autres fois, on voit des poissons marins remonter jusqu'à des centaines de kilomètres de l'embouchure des rivières (Serrans, Sciènes, Muges, Pleuronectidés, Raies, etc.) ; ou inversement des poissons de rivière descendre aux embouchures. Ce sont ces formes qui constituent principalement la faune des eaux saumâtres. Dans ces genres et ces familles, on trouve aussi des espèces et des variétés qui ont subi une adaptation différente de celle de la majorité des autres ; on peut trouver des Blennies, Gobies, *Tetrodon* tout à fait dulcaquicoles, alors que la plupart des espèces sont marines.

A côté de ces poissons s'en trouvent d'autres qui, parfaitement adaptés à un mode de vie pendant une période de leur existence,

changent de milieu à certaines époques; les uns, comme la Lamproie,
l'Esturgeon, l'Alose, le Saumon, etc., qui passent la plus grande partie
de l'année en mer, doivent remonter les fleuves pour y déposer leurs
œufs; ils sont dits *anadromes*. Les autres, tels que l'Anguille, les Blennies, Gobies, Mulets vivant en eau douce, descendent à la mer pour y
effectuer leur ponte; ce sont les espèces *catadromes*. Ces migrations
peuvent mettre en mouvement un nombre immense d'animaux
et la pêche se trouve souvent liée par un rapport étroit avec leur
connaissance.

Les poissons purement marins se livrent aussi, souvent en
troupes considérables, à des déplacements liés soit à l'accomplis-
sement de la ponte, soit à la recherche de la nourriture. Autrefois
on admettait que ces espèces migratrices effectuaient d'immenses
voyages, parcouraient des espaces s'étendant, par exemple, du golfe de
Gascogne aux côtes de Norvège. Mais on a pu constater, dans la plupart
des cas, que ces poissons constituent dans ces diverses localités des
races distinctes. En réalité, ces déplacements, déjà importants, consis-
teraient dans le rassemblement, sous forme de bancs, à des époques
et en des régions particulières, de quantités innombrables d'individus
disséminés le reste du temps sur de vastes étendues et, peut-être, dans
les grands fonds. C'est à ces mouvements qu'il faut réduire les migrations des Harengs, Sardines, Morues, Maquereaux, etc. Quant aux
gros et puissants nageurs, tels que les Thons, Bonites, etc., il est
possible qu'ils accomplissent réellement de très grands voyages périodiques, dont l'étude n'est pas encore assez complète.

L'immensité des mers y permet des modes de vie très divers.
Certaines espèces mènent une existence pélagique, parcourent sans
cesse les espaces de la haute mer et ne se rapprochent de terre qu'accidentellement. Les uns sont de grande taille (les plus grands poissons
sont pélagiques), vigoureux, bons nageurs, comme les Thons, Espa-
dons, Exocets, Squales, etc.; d'autres, au contraire, se laissent flotter
passivement à la surface, comme les Moles. D'autres formes vivent
dans les plus grandes profondeurs et sont modifiées pour pouvoir
supporter la température uniformément froide, les énormes pressions
et l'absence de lumière du milieu. Mais l'immense majorité des
espèces comme des individus est formée par les poissons littoraux; on
peut appliquer ce nom à ceux qui vivent jusqu'à une profondeur de
100 à 150 mètres environ, qu'il faut considérer comme la limite des
fonds exploitables couramment par la pêche.

Reproduction. — Les Sélaciens ne produisent qu'un petit nombre d'œufs très volumineux, qui sont fécondés par accouplement et sont ensuite pondus et fixés au fond sur des objets divers. Chez beaucoup d'espèces, les œufs effectuent leur développement avant d'être pondus.

Chez les poissons osseux, l'accouplement est exceptionnel et, le plus souvent, la femelle expulse ses œufs que le mâle féconde par émission de sperme. Le nombre et la grosseur des œufs varient beaucoup, généralement de façon inverse l'un de l'autre : les Salmonidés, par exemple, pondent seulement quelques milliers d'œufs de la grosseur d'un pois, tandis que les Gadidés et les Pleuronectidés pondent des millions d'œufs extrêmement petits.

Les œufs des poissons d'eau douce restent au fond, soit libres, soit fixés aux pierres et aux plantes aquatiques. Dans la mer, les œufs d'un certain nombre de formes, Gobies, Harengs, etc., sont fixés au fond ; mais ceux de la plupart des espèces comestibles, Gadidés, Pleuronectidés, Scombridés, Percidés, etc., sont libres et viennent flotter à la surface. Ces œufs existent en quantités innombrables dans la mer : on a calculé qu'au mois de mars la mer du Nord en contient 122 par mètre carré de superficie. Ils sont naturellement en butte à toutes sortes de causes de destruction.

Le développement est plus ou moins rapide et les larves, à leur éclosion, n'ont pas encore achevé l'assimilation du vitellus ou masse nutritive de l'œuf, qui distend leur abdomen ; elles commencent cependant déjà à prendre de la nourriture. Ces larves ont parfois un aspect très différent de celui des formes adultes. Pendant leur jeune âge, des quantités immenses sont encore détruites de toutes façons.

Zones de répartition géographique. — La faune des grandes profondeurs est remarquablement homogène, en raison de l'identité des conditions de vie dans les diverses régions. Les formes pélagiques ont également un habitat très étendu ; les espèces que l'on trouve sous des latitudes semblables sont, pour la plupart, les mêmes dans les océans Atlantique, Indien et Pacifique. Surtout abondants sous les tropiques, les représentants en deviennent de plus en plus rares dans la région tempérée et sont presque complètement absents des mers froides.

La répartition géographique des espèces littorales est surtout en rapport avec la latitude. Gunther distingue cinq zones : arctique, tempérée septentrionale, équatoriale, tempérée australe, antarctique.

1° La faune arctique est très homogène, caractérisée surtout par l'abondance des Gadidés.

2° La zone tempérée septentrionale se divise elle même en deux parties, Atlantique et Pacifique : A. Dans la première on distingue : une région britannique, qui s'étend sur toutes les côtes occidentales d'Europe ; une région méditerranéenne (Algérie et Tunisie) (1) ; une région américaine (Saint-Pierre et Miquelon) ; B. Dans la seconde on distingue les régions du Kamtchaka, japonaise et californienne.

3° La zone équatoriale comprend : A. L'Atlantique tropical (Sénégal, Guinée, Côte d'Ivoire, Dahomey, Gabon) ; B. L'océan Indo-Pacifique tropical (Madagascar, Comores, Réunion, Côte des Somalis, Inde, Indo-Chine, Nouvelle-Calédonie, Tahiti) ; C. L'Amérique tropicale (Guyane, Antilles).

4° La zone tempérée australe : A. La région du Cap de Bonne Espérance ; B. L'Australie méridionale (probablement Saint-Paul et Amsterdam) ; C. La région chilienne.

5° Zone antarctique (Kerguelen).

La distribution des poissons d'eau douce est aussi déterminée partiellement par la latitude ; mais elle est en même temps réglée par le cours des fleuves, la faune étant semblable dans tout le bassin d'un fleuve donné, et par les anciennes conditions géologiques. Gunther distingue une zone septentrionale, une équatoriale et une australe.

1° La limite septentrionale de la zone équatoriale s'étend en Afrique au Nord du Sahara, remonte le Nil, passe au Nord de la Syrie, de la Perse, de l'Afghanistan, longe l'Himalaya et le cours du Yang-Tsé-Kiang, est formée en Amérique par la ligne qui joint le golfe de Californie à Mexico. Cette zone, vers le Sud, englobe toute l'Afrique, Madagascar, l'Australie, moins sa région Sud-Est ; en Amérique, elle comprend les Andes et le Rio de la Plata. Elle se divise en quatre régions : A. Région indienne (Inde française, Indo-Chine) ; B. Région africaine (Sénégal, Soudan, Guinée, Côte d'Ivoire, Dahomey, Congo, Tchad, Madagascar, Réunion) ; C. Amérique tropicale (Guyane, Antilles) ; D. Pacifique tropical (Nouvelle-Calédonie, Tahiti).

(1) Nous indiquons entre parenthèses les colonies qui doivent être rattachées à chaque région.

2° Zone septentrionale ; elle se divise en : A. Région paléarctique ou européo-asiatique, comprenant l'Europe, l'Asie au Nord de l'Himalaya, l'Afrique au Nord du Sahara (Algérie, Tunisie) ; B. Région néoarctique ou américaine (Saint-Pierre et Miquelon).

3° Zone australe : comprend le Sud de l'Amérique, le Sud-Est de l'Australie, la Tasmanie, la Nouvelle-Zélande (Kerguelen lui appartient mais on n'y connaît aucun poisson d'eau douce).

Principales familles au point de vue économique. — Presque tous les poissons peuvent être utilisés ; en dehors de quelques petites familles, nous ne connaissons aucun groupe dont la valeur pour l'homme soit nulle. Si l'emploi de quelques espèces comme aliment serait impossible ou dangereux, ce ne sont que des exceptions.

Les Cyclostomes (Lamproie, Myxine) sont d'une valeur économique insignifiante, bien que la Lamproie constitue un aliment délicat.

Parmi les Ganoïdes, les Esturgeons donnent lieu à une exploitation considérable, mais nous n'en possédons dans aucune colonie. Les Ganoïdes osseux (Amia, Lépidostée, Polyptère) n'ont qu'une utilité minime.

Les Dipnoï, *Ceratodus* en Australie, Protoptère en Afrique, ont une chair délicate et recherchée, mais sont bien peu abondants.

Les Holocéphales (Chimères) sont rares et presque sans valeur.

Parmi les Sélaciens, les Raies que l'on trouve presque partout et qui peuvent atteindre de grandes tailles, entrent pour une part notable dans les produits de la pêche ; beaucoup sont comestibles. Les Squales, par leurs dimensions et leur voracité, sont des animaux redoutables et peuvent compter aussi bien parmi les ennemis dangereux des pêcheurs que parmi leurs victimes ; quelques espèces n'ont qu'une chair difficilement comestible ; d'autres se mangent ; ils donnent en outre leur peau, leurs ailerons et de l'huile.

Mais les Téléostéens sont de beaucoup les plus nombreux et les plus importants.

La famille des Mormyridés, avec ses formes si bizarres, est abondamment répandue dans les eaux douces de toute l'Afrique tropicale ; elle comprend de nombreuses espèces comestibles. Les Ostéoglossidés comptent quelques types d'eau douce de très grande taille de l'Afrique et de l'Amérique tropicales. Les Clupéidés, très cosmopolites, contiennent un grand nombre d'espèces qui habitent les unes les eaux douces, les autres la mer ; ils forment souvent des bancs innombrables dont nous avons déjà rappelé les déplacements ; partout leur importance économique est considérable à cause de leur abondance et de leurs qualités comestibles. Les Salmonidés vivent dans la mer et les eaux douces de toute la zone septentrionale ; ils sont parfois abondants ; certains atteignent de grandes tailles et comptent parmi les meilleurs poissons. Les Characinidés, hôtes des eaux douces de la zone équatoriale, renferment quelques grandes espèces de mœurs rapaces et à chair excellente. Les Cyprinidés sont une immense famille d'eau douce, dont les 1.300 espèces sont répandues dans le monde entier, à l'exception de l'Amérique du Sud, de l'Australasie et de Madagascar. Bien qu'ils ne soient pas généralement de qualité supérieure, ils jouent un grand rôle dans l'alimentation. La famille presque aussi considérable des Siluridés vit, à l'exception de quelques espèces marines, dans les eaux douces du monde entier, mais surtout dans la zone équatoriale ; ils sont de formes et d'habitudes très variables et beaucoup vivent dans les marécages. Ils atteignent de grandes dimensions et leur chair est généralement médiocre, bien qu'elle fasse partie de la nourriture de nombreuses populations. Les Murénidés se trouvent dans la mer et les eaux douces de tous les pays ; en raison de leur vitalité exceptionnelle, leur dispersion est très facile, et on les trouve parfois dans des mares très éloignées de toute autre étendue d'eau. Généralement comestibles, ils sont parfois très abondants et la consommation en est grande ; leur voracité les rend redoutables aux autres espèces. Les Scrombrésocidés sont des formes pélagiques, dispersées dans toutes les mers chaudes et tempérées.

Les Mugilidés aiment le voisinage des rivages et les eaux douces ou saumâtres ; très communs partout, ils vont par grandes troupes et sont pêchés en quantités considérables. Les Polynémidés contiennent quelques espèces littorales des mers chaudes, de taille assez forte et de qualités comestibles supérieures. Les Gadidés constituent une des familles les plus importantes au point de vue économique ; ils sont presque tous marins et carnivores ; le plus grand nombre habite les mers froides, mais on en trouve aussi sous les tropiques. Les Percidés, habitants des eaux douces, les Serranidés, Sciœnidés et Sparidés, marins et littoraux, sont très cosmopolites et nous fournissent un grand nombre de poissons très estimés et d'une grande

importance pour la pêche. Les Cichlidés abondent dans les eaux
douces ou saumâtres de l'Afrique, de l'Inde et de l'Amérique tropicale : carnivores ou herbivores, ils sont généralement d'excellente
qualité. Les Labridés et les Scaridés sont des formes littorales, habitant toutes les côtes tropicales et tempérées, surtout parmi les rochers,
les récifs coralliens, en partie herbivores et en partie carnivores ;
certains sont très précieux comme aliments. Les Scombriformes constituent un vaste groupe cosmopolite, à existence généralement pélagique (les Carangues entrent cependant dans les eaux saumâtres) ; ils
vont parfois en troupes immenses et atteignent de grandes dimensions ; leur chair excellente et nutritive en fait partout un groupe
très important pour la pêche. Les Pleuronectidés renferment un grand
nombre d'espèces de fond, marines ou d'eaux saumâtres, que l'on
trouve sur toutes les côtes et qui fournissent une nourriture recherchée. Les Gobiidés et Blennidés présentent des formes très nombreuses, généralement de petites dimensions, répandues dans toutes
les mers, et pouvant remonter les eaux douces, surtout dans les pays
chauds. Les Plectognathes sont pour la plupart marins, bien que
quelques uns habitent les eaux douces ; l'utilisation alimentaire de
la plupart d'entre eux est très dangereuse, à cause de leur toxicité.

Destruction et protection des poissons. — L'activité que l'on
apporte à l'exploitation des eaux s'accroît sans cesse et des quantités
considérables de poissons sont ainsi détruites chaque jour dans les
contrées très peuplées. En présence de cette consommation immense,
on peut se demander si les richesses aquatiques ne sont pas menacées
d'une diminution et c'est par l'affirmative que répondent effectivement
les pêcheurs. Mais un examen attentif montre que l'appauvrissement
n'est peut-être pas aussi certain qu'il paraît à première vue. Le rendement de la pêche augmente, en somme, presque partout, mais en
même temps le nombre des pêcheurs s'accroît, les zones exploitées
s'étendent, les procédés se perfectionnent; de plus la production de la
pêche est influencée chaque année par bien des causes, entre autres
par les conditions météorologiques, et son rendement est forcément
très irrégulier. Il est donc difficile d'apprécier s'il y a réellement un
appauvrissement progressif.

Dans des étendues d'eau douce limitées, on conçoit fort bien que
le poisson puisse être entièrement détruit : une pêche trop intense, des

procédés trop efficaces (barrages, desséchement, poison, explosifs), peuvent amener un dépeuplement absolu ; certaines causes nocives étrangères à la pêche (déversement de villes ou d'usines, passage de bateaux à vapeur, faucardement) peuvent tuer des quantités de poissons ou d'œufs. Aussi la législation cherche-t-elle presque partout à atténuer ces influences : les barrages complets sont interdits, on ménage des passages ou des échelles, on prohibe les substances toxiques, on essaie de concilier la protection du poisson avec les intérêts plus importants de l'industrie. On cherche aussi à permettre la reproduction en interdisant la pêche au moment de la fraie, en réglementant la grandeur des mailles de filets. Toutes ces mesures, appliquées sérieusement, paraissent avoir une certaine efficacité.

En mer, étant données les vastes étendues, la facilité de passage d'un point à un autre, beaucoup d'esprits scientifiques admettent que la dépopulation est impossible ; la capacité de production de l'océan serait indéfinie et, chaque année, la quantité immense d'alevins disséminés partout pourrait assurer le repeuplement complet. Mais il est possible cependant que, sur des espaces limités, souvent en partie fermés, au voisinage immédiat de certains centres de pêche, la dépopulation ne puisse être enrayée ; les pêcheurs obligés de s'y cantonner à cause de la faiblesse de leur outillage ne pourraient alors que difficilement gagner leur vie. La question ne semble donc pas jugée.

Parmi les engins les plus nuisibles, il faut mettre en première ligne les filets traînants, qui capturent tout indistinctement, et surtout les jeunes, en même temps qu'ils détériorent les fonds ; on les a accusés surtout d'arracher les algues et de détruire les œufs ou larves qui y seraient réunis : l'accusation est exagérée, puisque les œufs et larves sont en majorité pélagiques ; mais il est cependant nécessaire de protéger les prairies littorales, où de nombreux jeunes viennent s'abriter et chercher leur nourriture. Les diverses législations s'appliquent à protéger aussi les alevins et parfois les jeunes immatures, en interdisant leur pêche et leur commerce. Le voisinage des villes et des usines peut aussi rendre inhabitables certaines zones, bien peu étendues d'ailleurs, à cause de la rapide dilution des matières toxiques.

Dans les pays neufs, on conçoit que le problème de la dépopulation des eaux et des moyens d'y remédier n'a même pas été posé. Il importe cependant de ne pas y laisser s'implanter des pratiques de gaspillage dont on se repentirait un jour. Dans des régions où l'exploitation est depuis longtemps intense, on a essayé d'établir des cantonnements, c'est-à-dire d'interdire temporairement la pêche dans certaines zones. Malgré la vie pélagique de la plupart des larves, la mesure ne paraît pas illogique, car elle protégerait des fonds où les poissons trouvent leur nourriture et sont par conséquent attirés. Mais la pratique ne semble pas avoir donné de bons résultats et les cantonnements sont aujourd'hui généralement regardés comme inefficaces. La question n'est cependant pas complètement vidée et on peut encore la reprendre, surtout dans des baies fermées.

Pisciculture. — De l'idée d'une dépopulation des eaux, du désir de l'enrayer et même d'augmenter leur productivité, sont nés les essais de pisciculture. Il faut distinguer la production d'alevins ou piscifacture, de l'élevage du poisson, ou pisciculture proprement dite.

La méthode la plus ancienne de piscifacture, usitée depuis des siècles en Chine, consiste à recueillir les œufs déposés dans des frayères naturelles ou artificielles et à les faire éclore ; plus généralement aujourd'hui, on opère la fécondation artificielle, en mettant en contact les œufs et le sperme expulsés par pression de l'abdomen d'individus mûrs; pour les espèces marines, on laisse la ponte s'effectuer dans des viviers étroits. Les œufs fécondés sont mis à éclore dans des incubateurs de modèles variés. Pour les poissons d'eau douce, dont les œufs restent au fond des récipients, les appareils sont assez simples ; pour les espèces marines, dont les œufs sont flottants, le problème a été plus difficile à résoudre, mais on a aujourd'hui de nombreux dispositifs qui permettent d'obtenir l'éclosion.

Les alevins peuvent servir à empoissonner des étendues d'eau libre. En raison du nombre immense d'œufs et d'alevins qu'il est facile d'avoir, on est porté à se laisser éblouir par les chiffres et à croire avoir contribué pour beaucoup au repeuplement d'une région, si l'on y a déversé quelques millions d'œufs. On ne songe pas combien cette quantité est faible en proportion de celle qui s'y trouve naturellement ; elle ne représente que la ponte d'un petit nombre d'individus, alors que des quantités d'autres ont déversé une quantité d'œufs infiniment supérieure. Pour les espèces marines encore plus que pour celles des eaux douces, il faut résister à l'illusion des nombres : un milliard même d'alevins ne représente que la progéniture d'un nombre infime de reproducteurs. Sans doute les œufs sont naturellement exposés à des causes de destruction, que l'on évite en piscifacture, et si l'on remet les alevins à l'eau aussitôt après l'éclosion, on s'est borné à prendre une mesure de protection extrêmement courte pour une proportion insignifiante d'œufs. Mais plus on garde de temps en captivité les jeunes alevins, en les nourrissant, plus on augmente leurs chances de survie ; si on les a élevés assez longtemps pour qu'ils aient une taille et une vigueur qui leur permettent d'échapper à un certain nombre d'ennemis et de prendre eux-mêmes leur nourriture, l'opération sera plus logique. Il semble qu'elle soit plus efficace dans les eaux douces, à étendue limitée et elle y a donné parfois des résultats remarquables. En mer, il est beaucoup plus difficile d'apprécier les effets et de juger si le dépôt de quantités immenses d'alevins a pu enrichir une région. Mais le scepticisme que l'on peut éprouver à l'égard de ces opérations ne doit pas détourner de les continuer jusqu'à ce que l'on puisse émettre des conclusions positives.

Au lieu de remettre plus ou moins tôt les alevins en liberté, on peut les amener jusqu'à une taille marchande. En leur donnant une nourriture appropriée, on peut les élever dans des viviers de dimensions restreintes ; c'est un élevage intensif, comparable à celui que l'on fait dans les fermes et dans les basses-cours. On peut encore mettre les alevins dans des étangs rigoureusement débarrassés de tout ce qui pourrait nuire aux jeunes poissons, et où ils peuvent trouver toute leur nourriture. Enfin, on peut employer une méthode mixte, soit qu'on nourrisse partiellement les poissons, soit qu'on les laisse arriver naturellement à l'état adulte pour les engraisser ensuite dans des viviers. C'est là de véritable aquiculture, qui, dans certains cas, est même très rémunératrice. On ne la pratique ainsi qu'en eau douce.

En mer la pisciculture ne pourrait s'effectuer que dans des étangs salés ou saumatres, ou des baies fermées. Il ne semble pas qu'on l'ait pratiquée par le dépôt d'avelins piscifacturés, mais les étangs en communication avec la mer sont des bassins à pisciculture naturelle, où les jeunes remontent en grand nombre et s'accroissent vite. On rend leur production plus intense en plaçant à l'entrée des barrages, qui interdisent la sortie au poisson et servent aussi à sa capture ; l'exemple

le plus célèbre est celui de la lagune de Comacchio. On peut encore
faire arriver les jeunes dans des bassins plus restreints, dont on
renouvelle l'eau et, de la sorte, la nourriture à intervalles réguliers.

Acclimatation. — On a essayé fréquemment d'introduire dans
certains pays des espèces de poissons étrangères, soit pour les
peupler, soit pour augmenter leur production. Parfois les résultats
ont été remarquables, comme l'acclimatation de l'Alose dans l'Ouest
des Etats-Unis, de divers Salmonidés américains en Europe. Mais
d'autres fois les effets ont été déplorables, et les espèces indigènes
ont été supplantées par d'autres inférieures.

Les tentatives d'acclimatation sont à recommander surtout dans
les pays où la production des eaux est manifestement inférieure à
ce qu'elle devrait être. Mais dans tous les essais, il faut agir avec
prudence et discernement : il faut s'assurer que l'espèce introduite
trouvera les conditions de milieu et de nourriture qui lui sont
nécessaires, qu'elle n'est pas dangereuse pour les espèces utiles
existantes, enfin qu'elle possède elle-même de la valeur. Ce sont là
des appréciations délicates et importantes, car le mal serait difficile
à réparer. Aussi a-t-on proposé que les tentatives d'acclimatation ne
puissent se faire qu'avec l'autorisation des autorités compétentes.
C'est la disposition en vigueur dans la loi italienne; il serait bon
qu'on l'adopte dans les pays neufs.

Utilisation des poissons comme aliments

Valeur alimentaire. — C'est surtout comme aliments que les
poissons possèdent une grande valeur économique. Ils ne sont pas,
à poids égal, aussi nourrissants que les vertébrés à sang chaud, car
la proportion des résidus et des parties squelettiques est chez eux
plus considérable et leur chair est plus riche en eau ; mais ils renferment beaucoup d'albuminoïdes. Il est dans les idées courantes que la
teneur en phosphore est forte ; mais cette croyance semble être un
peu exagérée. Il y a d'ailleurs, suivant les formes, de grandes différences de composition chimique; alors que les matières grasses sont
en proportion insignifiante dans la chair de certaines espèces (morue,
merlan, sole, etc.), elles sont chez d'autres en quantités énormes

(saumon, anguille, etc.). Les poissons maigres sont généralement les plus riches en matières azotées, mais ce n'est pas une règle constante : c'est ainsi que l'alose renferme à la fois beaucoup d'azote et de graisse. Il n'y a pas de relations absolues entre les diverses espèces d'un même groupe : s'il y a bien une analogie de composition entre les divers Gadidés, on observe de grandes différences chez les Cyprinidés et les Clupéidés. Voici, d'après M. Balland (*Comptes-rendus de l'Académie des Sciences 1898*), la composition centésimale de quelques espèces :

	Eau —	Matières azotées	Matières grasses	Matières extractives	cendres —
Raie....	76.40	22.08	0.45	0 17	0.90
Sardine............	73.10	22.12	2.33	0.57	1.38
Hareng.............	76.00	17.23	4 30	0.46	1.51
Alose....	65 90	21.88	12.85	0.11	1.26
Brême..............	78.70	16.18	4.09	0.01	1.02
Carpe.............	78.90	15.71	4 77	0.11	2 55
Goujon ...., ..	81 20	15.94	1.03	0.44	1.39
Saumon........	61.40	17.45	20.00	0.08	0.87
Truite saumonée	80.50	17 52	0.74	0.44	0.84
Brochet............	79.50	18 35	0.66	0.41	1.08
Sole	79.20	17.26	0.81	1.11	1.62
Turbot	77.60	18 10	2.28	1.28	0.74
Carrelet	79.50	18 35	0.66	0.41	1.08
Merlan......	80.70	16.15	0.46	1 25	1 44
Morue......	84 20	17.87	0.14	1.00	0.79
Mulet......	79.30	18.32	1 22	0.07	1.09
Daurade...	81.80	16.94	0.93	0.06	0.97
Maquereau..........	67.60	15.67	15.04	0.28	1.41
Anguille de rivière....	59.80	13.05	25.69	0.70	0.76
Anguille de mer......	75.80	14.97	5.27	1.09	0 87

La valeur alimentaire ne peut d'ailleurs pas se déduire exclusivement des chiffres précédents ; il faut considérer, en outre, la digestibilité : le poisson serait moins facile à digérer que le bœuf, mais plus facile que le veau ou le mouton. En général, les poissons très gras sont d'une digestion plus pénible que ceux à chair maigre ; cependant la morue fraîche est assez lourde ; la chair des sélaciens, bien que maigre, est assez coriace, d'une odeur souvent forte et est difficilement supportée par les estomacs délicats. Les poissons à chair blanche et fine, constituent un aliment plus léger et plus assimilable que ceux à chair colorée, qui sont plus lourds, plus irritants,

mais dont le goût est en général plus développé. D'ailleurs la digestibilité n'est pas la même pour les différents tempéraments.

L'exemple de nombreuses populations montre que le poisson peut
se substituer à la viande des mammifères comme nourriture animale ;
certaines races sont presque exclusivement ichthyophages ; les peuples
d'Extrême-Orient consomment une proportion de poisson beaucoup
plus forte que les Européens. En Europe même, les pêcheurs de
certains pays font de leur pêche leur principale nourriture ; par contre
les habitants de contrées éloignées de la mer ou des grands cours
d'eau ont généralement peu de poisson à leur disposition et à un prix
de revient qui en fait un aliment exceptionnel.

Conservation et transport du poisson vivant. — Il serait de
l'intérêt des pêcheurs de n'être pas obligés de se défaire de leur prise
dans un délai trop court, car les moments de surproduction entraînent
une mévente que ne compense pas l'élévation des prix aux époques
contraires. La meilleure solution, quand elle est possible, est de
conserver le poisson vivant. Malheureusement, beaucoup d'espèces ne
s'accommodent pas d'un espace restreint, en raison de leur taille ou
de leurs mœurs pélagiques ; souvent aussi, les poissons sont morts ou
grièvement blessés quand on les sort de l'eau ; c'est le cas pour la plupart des produits de la grande pêche en mer. Mais d'autres, capturés par
des procédés inoffensifs, peuvent être gardés longtemps en viviers. C'est
surtout pour les poissons d'eau douce que la conservation est facile et
presque tout pêcheur en rivière possède un petit vivier. Beaucoup de
pêcheurs côtiers en mer en ont également. Dans certains appareils de
capture, par exemple dans les chambres des bordigues, le poisson
séjourne jusqu'au moment de la vente. Les viviers de grandes dimensions, où le poisson pourrait séjourner longtemps, sont plus rares et
il n'en existe guère en mer ; mais il n'y aurait aucune impossibilité à
en aménager et ils rendraient de grands services.

Théoriquement, rien ne s'oppose au transport du poisson vivant
dans des viviers établis à bord de bateaux ou de wagons. En pratique,
le poids de l'eau élève énormément les frais, ce qui est un grave
obstacle. A bord des bateaux, l'installation de viviers est plus facile et
le transport plus économique ; aussi l'application est-elle déjà assez
étendue : il existe des bateaux dont les cales contiennent de vastes
compartiments que l'on remplit d'eau et où le poisson peut être logé,

L'eau se renouvelle par la marche du bateau, ou bien on assure son aération par des procédés très variés de chasse d'air ou de circulation. On a obtenu récemment de bons résultats de l'ozonisation de l'eau.

Les poissons d'eau douce, notamment les Anguilles, les Cyprinidés, s'accommodent mieux que les poissons de mer de ces manipulations. On peut même transporter ces espèces sans installation spéciale à faible distance, car elles vivent quelques heures hors de l'eau, si on prend des précautions suffisantes.

On sait que lorsqu'il fait très froid beaucoup d'animaux aquatiques entrent en état de vie ralentie ; on peut, en abaissant progressivement la température au-dessous de zéro, les congeler complétement au point de les rendre durs et cassants, puis les ramener à la vie en élevant doucement la température. On comprend que si une semblable opération était couramment praticable pour les poissons, le problème de leur conservation et de leur transport à l'état vivant serait simplifié ; quelques tentatives ont été faites dans ce sens, mais on ne peut encore considérer cette application que comme hypothétique.

Transport et vente du poisson frais. — Le poisson se corrompt relativement vite, d'autant plus que la température est plus élevée : nos palais l'exigent très frais et répugnent au goût du poisson avancé ; si quelques personnes consentent à manger certaines espèces, telles que la raie, faisandées, beaucoup d'autres en éprouvent du dégoût. Nous verrons par contre que certains peuples s'accommodent de poisson presque pourri.

L'impossibilité de conserver longtemps le poisson frais donne un grand intérêt à la question de son écoulement rapide sur les marchés ; il est important pour les pêcheurs de pouvoir amener au port et transporter rapidement, dans les grandes villes, le produit de leur pêche. Ceux qui travaillent à faible distance de leur port d'attache peuvent régulièrement rentrer à terre et livrer le poisson à la vente ; c'est certainement dans ces conditions qu'opère l'immense majorité d'entre eux. Mais quand ils pêchent à une grande distance, la perte de temps passé en allées et venues est considérable ; ils sont dans l'alternative ou d'employer des procédés de conservation sur lesquels nous reviendrons, ou bien d'expédier le poisson sans l'accompagner.

Dans les parages éloignés de la côte et visités par une flottille de pêche assez importante, on a organisé des services de bateauxchasseurs, chargés de transporter le poisson à terre et, au retour, d'approvisionner les équipages. Cette organisation exige naturellement un certain développement de la pêche, comme cela a lieu sur les bancs de la mer du Nord, qui sont surtout bien reliés aux ports anglais et notamment à Londres.

Le transport vers l'intérieur des terres a peut-être encore plus d'importance ; pour peu que les grands centres soient distants de la mer, le poisson doit y être amené par des trains à grande vitesse et tout le trafic est influencé par les facilités que les compagnies veulent bien accorder sur les points suivants : 1° les formalités et les délais pour l'embarquement et le débarquement des marchandises; 2° la vitesse des trains, la création de trains de marée ou la possibilité d'accrocher des wagons spéciaux aux rapides ; 3° l'établissement de tarifs, assez bas pour ne pas apporter d'entraves au transport du poisson et cependant rémunérateurs pour les compagnies ; 4° l'installation de wagons où la ventilation serait bien assurée et la température maintenue suffisamment fraîche ; en France il existe très peu de matériel approprié; en Amérique, en Angleterre, en Allemagne, au contraire, circule toute une série de types de voitures spéciales. On peut dire qu'à part ces quelques pays favorisés, il a y partout d'immenses progrès à réaliser pour le transport du poisson.

L'intérêt de tous, pêcheurs, commerçants, consommateurs, consiste à obtenir le plus de facilités possible dans le transport, de façon à augmenter les débouchés et à régulariser les cours. Les groupements syndicaux peuvent rendre de grands services, soit en permettant d'obtenir des compagnies ou des administrations les concessions nécessaires, soit en facilitant l'acquisition en commun de vapeurs, de fourgons spéciaux, etc.

Les locaux pour la vente du poisson doivent aussi être aménagés dans de bonnes conditions d'aération, de fraîcheur et de propreté; bien des villes y consacrent des marchés spéciaux.

Le commerce du poisson est encore influencé par les droits d'octroi qui existent dans beaucoup de villes ; sans grande action sur la vente des espèces de luxe, ces droits peuvent apporter des entraves sérieuses à celle des poissons de faible valeur, qui devraient être vendus à très bon marché et en grandes quantités ; leur abaissement est de l'intérêt des pêcheurs et des commerçants, aussi bien que des gens peu fortunés, auxquels il permettrait de se procurer un aliment sain et de varier leur nourriture.

Conservation et transport du poisson par les procédés frigorifiques. — Nous avons vu qu'une température peu élevée favorise la conservation du poisson; en maintenant cette température vers zéro, on peut le garder longtemps en bon état. On arrive à ce résultat de deux manières différentes. Dans certains cas, on a des entrepôts ou des wagons bien aménagés, où l'abaissement de température est obtenu par des réservoirs de glace ou de quelque mélange réfrigérant, et où le poisson est maintenu sec et aéré par circulation d'air. C'est évidemment le meilleur système, mais il exige une organisation un peu coûteuse.

La pratique de mélanger dans des caisses, des paniers ou les cales des bateaux, le poisson et la glace est beaucoup plus répandue. C'est le système appliqué le plus souvent pour le transport en chemin de fer ou en bateau, pour la conservation en magasin ou même dans les embarcations de pêche de grande taille, qui restent au large plusieurs jours; dans certains centres de pêche, il y a des fabriques de glace qui servent uniquement à alimenter les chalutiers. Le froid est de la sorte moins régulièrement réparti, et le poisson est dans une atmosphère saturée d'humidité; sa chair devient ainsi plus friable et, ramené à la température ordinaire, il est rapidement altéré par la fermentation.

Un autre mode d'utilisation du froid pour la conservation du poisson est la congélation complète, qui est surtout appliquée en grand dans l'Amérique du Nord et en Russie. Le poisson est d'abord transformé en un véritable bloc de glace, par un séjour dans des chambres frigorifiques, où la température est de 10 à 12 degrés au-dessous de zéro; puis on le conserve dans des entrepôts qui sont seulement refroidis à un petit nombre de degrés au-dessous de zéro; on peut le transporter dans des wagons aménagés d'après les mêmes principes. La conservation, dans ces conditions, peut être considérée comme indéfinie. Certains établissements construits dans ce but peuvent contenir des quantités considérables de poisson. La congélation et l'entretien de la température des entrepôts peuvent être produits par le mélange de glace et de sel marin ou par des machines frigorifiques dont les détails d'installation varient à l'infini. Une entreprise de congélation de poisson pourrait comporter une usine à congélation et un entrepôt dans un centre de pêche et des wagons frigorifiques pour le transport sur les marchés où existent d'autres entrepôts. Cette organisation est très simple et toute naturelle dans les pays où la glace et la neige abondent; dans les autres, au contraire, il faut des aménagements tout à fait modernes.

La conservation du poisson par le froid permet de le livrer en quantités régulières et à bon compte et de l'amener de centres très éloignés; aussi a-t-elle des chances de succès dans toutes les grandes villes. Quant au produit, il sera toujours d'une qualité plus ou moins inférieure à celle du poisson frais; sans doute, il ne fermente pas et, par conséquent, reste tout à fait propre à la consommation; mais son goût se perd en partie et sa consistance est moins ferme.

Fabrication de poisson sec, fumé et salé — Le poisson peut perdre par dessication une grande partie de son eau, de sorte qu'à poids égal sa valeur alimentaire est considérablement accrue et devient comparable à celle de la viande. Sa chair est dans cet état en grande partie à l'abri des fermentations; elle peut se conserver long-temps et se transporter facilement.

Le séchage est le procédé de conservation du poisson le plus simple et le plus primitif; aussi le voit-on employé dans tous les pays, même les plus sauvages. Dans beaucoup de contrées où le poisson frais est très abondant, le poisson sec lui est pourtant souvent préféré.

La pratique du séchage du poisson dépend essentiellement des conditions climatériques. Il semblerait, à première vue, qu'un climat très chaud et très sec est favorable à cette opération; cela peut être exact pour les petits poissons, dont la dessication se fait très rapide-ment; mais pour ceux qui sont de taille plus considérable, il n'en est pas de même : les couches superficielles se transforment alors en une croûte qui protège contre l'évaporation les parties profondes et ces dernières se corrompent d'autant mieux que la température est plus élevée. La chaleur humide, si fréquente dans les pays tropicaux, est naturellement une des conditions les plus mauvaises, la dessication se faisant mal et la putréfaction étant rapide. Un climat froid et humide est peu propice à la dessication, mais du moins la fermenta-tion ne se développe que lentement. Un climat assez sec et une température modérée conviennent le mieux aux opérations.

La chair des différentes espèces ne sèche pas également bien; les poissons maigres sont les plus faciles à conserver.

Pour remédier aux inconvénients que nous avons énumérés, on

intervient par des manipulations diverses : on peut couvrir le poisson pour le protéger contre les ardeurs d'un soleil trop intense ou contre la pluie et le brouillard, l'étaler en plein air pendant les heures favorables et le rentrer pendant la nuit dans les abris, établir des courants d'air qui activent l'évaporation.

Des installations plus industrielles permettent d'obtenir plus rapidement une dessication convenable : le poisson peut être exposé dans des chambres où l'on fait circuler de l'air chaud et sec ou de la vapeur chauffée. Plus simplement on le sèche souvent en le suspendant au-dessus d'une couche de braise ou sur un feu vif. Enfin, dans le procédé Le Borgne, la dessication se fait par l'application sur le poisson d'un tissu très sec, imprégné de sels hygrométriques, qui se charge de son eau par absorption progressive ; la siccité peut être rendue très complète sous n'importe quel climat et le poisson reste très blanc.

Entre le séchage artificiel par la chaleur et le fumage, il n'y a qu'un pas ; le feu au-dessus duquel le poisson est exposé peut facilement émettre de la fumée et cette dernière possède des propriétés antiseptiques assez puissantes, depuis longtemps utilisées empiriquement. Le poisson, comme la viande ou les autres produits exposés à la fumée, s'imprègne de substances qui favorisent sa conservation en lui donnant un goût spécial. Les procédés les plus variés sont mis en œuvre pour le fumage, depuis la simple exposition au-dessus d'un foyer fumeux, jusqu'à l'aménagement de chambres où l'on peut obtenir la circulation de fumée chaude ou froide autour d'une grande quantité de produits. Les substances en suspension dans la fumée sont différentes suivant les espèces de bois qui l'émettent et peuvent donner au poisson des odeurs et des goûts très variés.

Fumage et dessication peuvent être poussés plus ou moins loin, suivant que l'on veut conserver le poisson quelque temps seulement ou pendant une longue durée.

Que les poissons soient simplement séchés ou aussi fumés, on peut les avoir préalablement imprégnés d'une certaine quantité de sel marin ; cette substance, en quantité suffisante, possède des propriétés antiputrides. La salaison peut se faire à des degrés très divers, depuis un simple assaisonnement jusqu'à une imprégnation complète. Plus le salage est léger, plus le poisson doit être ensuite fortement séché ou fumé ; mais s'il est suffisant, il peut à lui seul assurer la conservation. Le produit peut être à peu près sec, si on laisse égoutter les liquides qui s'échappent du mélange, ou bien, au contraire, on le laisse baigner dans une saumure. Nous ne pouvons citer tous les exemples que l'on pourrait trouver dans la consommation courante de tous ces procédés, variables suivant les modes et les goûts de chaque pays.

La qualité du sel employé à la salaison a une certaine importance et varie suivant la provenance ; pour les produits secs, il y a intérêt à ce que le chlorure de magnésium soit en très faible quantité, car cette substance est très déliquescente.

Quand le poisson est conservé en saumure, on peut lui adjoindre divers ingrédients qui servent de condiments et en font des préparations plus délicates et plus compliquées, comme les anchois de Provence, les Sprats connus sous le nom d'anchois de Norvège, etc.

Les œufs de poissons mis à part peuvent servir à fabriquer des substances alimentaires de diverses sortes : sur le littoral de la Méditerranée, on fait de la boutargue avec les ovaires de mulet ou de thon, que l'on sale faiblement, que l'on soumet ensuite à une légère compression et que l'on fait sécher à l'air. La grande quantité de lécithine et de matières grasses qui imprègnent toute la masse doit contribuer à la conservation. Il en est probablement de même dans le caviar, formé d'œufs d'esturgeons, que l'on dissocie dans une saumure plus ou moins forte, suivant la conservation que l'on veut obtenir. On fait aussi en Norvège un caviar de morue avec des œufs de morue que l'on fait bouillir dans une saumure concentrée.

Dans certains pays, on transforme le poisson sec en une farine à laquelle on ajoute divers condiments ; ce produit peut se conserver longtemps et entrer dans diverses préparations culinaires.

L'industrie du poisson sec, fumé ou salé, pratiquée dans tous les pays, représente une production considérable, mais souvent disséminée à l'infini, de sorte qu'il serait difficile d'en apprécier la valeur approximative. Pour de nombreuses races, le poisson ainsi conservé forme avec du riz, du manioc et du mil, la base de la nourriture. Souvent la préparation n'en est pas faite avec assez de soin pour empêcher toute fermentation ; il en résulte que le produit obtenu possède un goût très prononcé et ne peut être consommé qu'en petite quantité, à la façon d'un condiment.

Conservation du poisson par stérilisation. — La fabrication de conserves de poisson constitue pour beaucoup de pays une industrie de plus en plus importante. Les divers procédés en usage et leurs nombreuses variantes sont l'application de la méthode dont les grandes lignes ont été fixées par Appert. On sait qu'ils consistent principalement à mettre le produit à conserver dans des récipients que l'on clot hermétiquement, puis que l'on stérilise par la chaleur, soit dans l'eau bouillante, soit dans des autoclaves à plus de 100°. Le poisson ainsi préparé peut avoir été cuit préalablement ou l'être dans la boîte, il peut être au naturel ou accompagné de substances diverses.

La méthode la plus simple est celle qui est utilisée, par exemple, pour les conserves de poisson en Amérique : les morceaux de poisson sont tassés dans des boîtes en fer-blanc que l'on soude et porte une première fois à l'ébullition ; l'air est chassé au moyen d'un petit trou que l'on pratique et que l'on rebouche immédiatement ; enfin la cuisson s'opère en deux temps dans une autoclave, vers 115°.

L'une des industries les plus importantes est la fabrication des poissons à l'huile ; les sardines donnent lieu à la fabrication la plus considérable ; mais les maquereaux, le thon, les harengs, sprats, truites, etc., sont souvent traités de façon analogue. Le poisson convenablement nettoyé est cuit dans l'huile bouillante, dans l'eau bouillante ou à la vapeur ; puis il est soigneusement égoutté et séché, enfermé dans des boîtes en fer-blanc, plus rarement dans des récipients en verre ou en quelque autre substance, que l'on achève de remplir avec de l'huile et que l'on porte à l'ébullition.

Une autre méthode importante, encore très employée, est la marinade dans une sauce où domine le vin blanc ou le vinaigre. Marinades ou conserves à l'huile peuvent être accompagnées de toutes sortes de substances, soit à titre de simples condiments, soit de façon à former une véritable sauce. Enfin on met parfois en boîtes de vraies préparations culinaires. Le fabricant peut donner libre cours à son ingéniosité pour obtenir une foule de produits, mais comme commerçant, il doit se tenir parfaitement au courant des goûts de ses différentes clientèles.

En Amérique et en Norvège, on fabrique avec des poissons très bon marché, morues ou autres gadidés, réduits en bouillie et mélangés à de la purée de pommes de terre, de la farine ou du lait, des pâtes que l'on fait cuire et que l'on met en boîtes.

La fabrication des conserves rend de grands services pour l'utilisation du poisson que l'on peut avoir en quantité surabondante et qu'elle permet de faire parvenir jusqu'aux endroits les plus difficilement accessibles. Sa production peut atteindre des chiffres élevés : une vingtaine de millions par an en France. La France, le Portugal, l'Espagne, la Norvège, l'Angleterre, les États-Unis, le Canada sont les pays où cette industrie est le plus prospère ; on comprend que si elle peut arriver à ce degré de développement dans des contrées très habitées, où le poisson trouverait presque son écoulement à l'état frais, elle aurait encore mieux sa raison d'être dans des régions peu peuplées, aux eaux très poissonneuses, telles que sont beaucoup de nos colonies.

Les poissons toxiques (1). — La consommation du poisson peut dans certains cas, provoquer dans l'organisme des troubles de diverses natures, dont les manifestations sont chroniques ou aiguës.

L'usage répété de certaines espèces semble pouvoir être en relation avec quelques affections cutanées dont la véritable cause réside plutôt dans le défaut de préparation ou dans les mauvaises conditions hygiéniques. Quelques auteurs ont voulu assigner comme origine à la lèpre l'usage de poisson salé de mauvaise qualité, mais cette affirmation ne paraît avoir aucune base sérieuse.

Les accidents aigus sont les plus importants ; variables de forme et d'intensité, ils peuvent être attribués à différentes causes.

La chair de certains poissons est lourde, par exemple celle des Squales, de divers Silures ; si l'on tient compte des susceptibilités particulières, il n'y a pas lieu de s'étonner que certains estomacs ne puissent pas la digérer.

Les accidents sont parfois causés par les aliments absorbés par les poissons. Ceux que l'on pêche sur les récifs de coraux, dont ils mangent les polypes, prennent souvent un goût désagréable et peuvent provoquer des éruptions cutanées ou devenir plus ou moins dangereux ; il est bon de les vider soigneusement. Ces phénomènes sont très irréguliers et certains parages sont connus pour la mauvaise qualité du poisson qu'on y prend.

La cause des accidents peut être un état pathologique des poissons ; par exemple les Bécunes (*Sphyræna*) paraissent être rendues vénéneuses par une infection microbienne.

(1) A consulter : Pellegrin, *Les poissons vénéneux*, Paris, 1899.

Une autre cause, plus générale, est l'altération de la chair, qui devient toxique au même titre que les viandes, conserves ou charcuteries avariées ; Pellegrin propose d'en désigner les effets sous le nom d'*ichthyosisme*. Ils peuvent se rencontrer chez toutes les espèces, mais certaines y sont plus sujettes, probablement à cause de leur décomposition rapide ; ainsi certaines Daurades, des Serrans, divers Scombridés : Thons, Bonites, Carangues.

Des phénomènes pathologiques de même nature peuvent aussi apparaître après l'emploi de poisson dont la salaison est imparfaite : la morue rouge fournit l'exemple le plus célèbre. Le rouge de la morue se manifeste par une coloration anormale, variant du rose au rouge orange, pouvant pénétrer de 5 millimètres dans l'épaisseur des chairs, surtout le long de la colonne vertébrale et dans la tête. L'agent qui produit cette coloration est un diplocoque, fréquemment associé à d'autres microorganismes. Le rouge, par lui-même, ne communique à la morue aucune toxicité ; il est même parfois considéré comme un indice de qualité et, il y a une soixantaine d'années, les morues saumonées étaient recherchées aux Antilles et à la Réunion. Mais souvent, sur les échantillons rouges, les muscles s'effritent et se désagrègent, en dégageant une odeur infecte ; ceci est un phénomène de putréfaction surajouté, en somme exceptionnel, mais qui a déterminé parfois des empoisonnements retentissants ; aussi la plupart des consommateurs rejettent-ils la morue rouge.

Enfin, on peut considérer comme vénéneux, à proprement parler, les poissons qui, d'une façon permanente ou à certaines époques, sécrètent des alcaloïdes physiologiques, dont l'absorption provoque des accidents désignés, par les Espagnols des Antilles, sous le nom de *ciguatera*. C'est parfois dans le foie, le plus généralement dans les organes génitaux que se développent les alcaloïdes ; ils y restent localisés ou imprègnent tout l'organisme. On connaît les indispositions légères qui suivent parfois l'ingestion d'œufs de brochet ou de barbeau. C'est surtout aux Plectognathes que sont dus les accidents les plus graves ; bien qu'ils soient inégalement dangereux on peut les mettre tous en suspicion ; mais les *Tetrodon* sont les plus redoutables, quoique les peuples d'Extrême-Orient soient friands de la chair de certaines espèces. La famille des Clupéidés renferme quelques poissons très toxiques, hôtes surtout des mers chaudes : *Engraulis japonicus* Schleg., produit des accidents cholériformes de juillet à

septembre ; *E. ba*-*lama* Forsk., *Clupea perforata* Cont., *C. venenosa*
C. V., sont dangereux et occasionnent parfois des accidents mortels.

On peut distinguer dans ces intoxications une forme algide et une
forme gastro-entérique. Dans la première, les accidents débutent
rapidement après l'ingestion, par des douleurs épigastriques, séche-
resse de la gorge et angoisse ; ces phénomènes vont en augmentant
et s'accompagnent de diarrhée, céphalalgie, cyanose, irrégularité du
pouls et parfois coma et mort. L'autre forme est plus fréquente et
moins grave, bien qu'à des degrés très divers ; elle se manifeste par
des nausées, vomissements, diarrhée, vertiges, parfois des faiblesses
et du refroidissement des extrémités.

On voit combien ces phénomènes peuvent être redoutables ; il est
important d'agir avec circonspection vis-à-vis des poissons auxquels
on n'est pas habitué et de ne les manger que très frais. Il faut tenir
compte des appréhensions des indigènes, sans s'y conformer aveuglé-
ment, car leurs craintes reposent parfois sur une observation incomplète ou des superstitions religieuses : les orphies sont souvent
rejetées à cause de la couleur de leurs os, les anguilles parce qu'elles
ressemblent à des serpents, etc. Il est prudent de laisser de côté les
organes génitaux et le tube digestif. Si cependant des accidents
viennent à se produire, il faut autant que possible évacuer l'aliment
dangereux par le vomissement provoqué et combattre les symptômes
par le réchauffement, la révulsion, la respiration artificielle.

Poissons vulnérants et venimeux (1). — Certains poissons des
mers tempérées et surtout des mers chaudes sont pourvus d'armes
offensives ou défensives, capables d'infliger aux pêcheurs des
blessures plus ou moins dangereuses.

Souvent ces appareils n'agissent que mécaniquement ; ils sont dits
alors vulnérants : ainsi les rayons des nageoires ou d'autres productions osseuses peuvent se transformer en aiguillons. Les plaies produites par ces armes sont souvent douloureuses et parfois infectées
par l'introduction concomitante de mucosités irritantes ou d'autres
impuretés.

D'autres poissons portent un appareil différencié en vue de la production et de l'inoculation du venin ; les rayons des nageoires, la

(1) A consulter : Bottard, *Les Poissons venimeux*, Paris, 1889.

partie postérieure des opercules constituent des aiguillons acérés, souvent pourvus d'une canelure ou même creusés d'un canal central, par lequel s'écoule le venin élaboré par des glandes diversement développées. Les poissons venimeux les plus connus sont les Synancées ou Crapauds, les Vives, Scorpènes, *Plotosus*, *Thalassophryne*, *Pterois*, *Amphacanthus*, *Apistus*.

Chez les Murènes, le venin est inoculé par morsure, à l'aide de trois ou quatre dents robustes insérées sur le palais et à la base desquelles se trouve l'appareil glandulaire.

Les effets du venin des diverses espèces ne diffèrent guère que par leur intensité. Localement, il y a d'abord une douleur très vive, ensuite une nécrose des tissus voisins, parfois un phlegmon. Il y a ensuite des effets portant sur tout l'organisme : paralysie d'abord motrice, puis sensitive; action sur le cœur, qui peut amener des syncopes et parfois la mort.

Les poissons venimeux inspirent partout aux pêcheurs une crainte fondée, sans doute, mais souvent exagérée; dans les pays exotiques, il faut être circonspect, mais ne pas se laisser entraîner à des craintes inutiles, ni se refuser à tirer parti d'animaux qu'il suffit de manier avec précautions. Il faut avoir la notion des quelques mesures à prendre en cas d'accident : ligature du membre, ouverture de la plaie, succion, cautérisation à l'ammoniaque.

Utilisations secondaires des poissons.

Graisses et huiles de poissons. — Les tissus des poissons renferment en quantités variables suivant les parties du corps, les espèces et les saisons, des matières grasses, le plus souvent liquides à la température ordinaire et qui sont par conséquent des huiles ; une certaine proportion de graisses solides leur est mélangée. On distingue l'huile de poisson proprement dite, que l'on retire des poissons entiers ou de quelques unes de leurs parties, et l'huile de foie.

L'huile de poisson se prépare avec les espèces que l'on peut avoir en grandes quantités : Harengs, Sardines, etc. Elle peut constituer un sous-produit de réelle valeur, malheureusement trop souvent négligé, dans les fabriques de salaisons ou de conserves de poissons, où les têtes et les viscères devraient être rejetées sans cela. On la sépare des tissus, soit en laissant ceux-ci se désagréger lentement sous l'influence de la putréfaction, soit en les chauffant pendant un certain temps.

En Norvège, les harengs que l'on a parfois en surabondance, ou les résidus des fabriques de conserves, sont d'abord cuits à l'eau de mer, puis pressés fortement; le jus de cuite d'une part, de l'autre le suc extrait par compression sont laissés au repos et l'huile monte à la surface où on la recueille. En Russie, on fabrique de l'huile par putréfaction avec les harengs d'Astrakhan et avec des Cyprinidés; on fait de l'huile par cuisson avec la graisse qui entoure les intestins d'esturgeon et de sandre et on l'ajoute aux barils de caviar. La Tunisie produit de l'huile de thon.

Au Japon, on fait une grande quantité d'huile par cuisson et pression; on la filtre ensuite et on la raffine dans des chaudières, au moyen de vapeur d'eau. En faisant congeler l'huile brute, il se dépose une matière solide que l'on peut séparer par filtration et qui est de la cire de poisson.

Aux Indes, on utilise divers Silures et des Sardines (*Clupea Neohowii* Day). En Amérique, on fabrique beaucoup d'huile avec le *Menhaden* (*Brevoortia menhaden* Gill.). Dans la Colombie britannique, on emploie *Thaleichthys pacificus* Girard, dont la teneur en huile est considérable; cette huile froide est crèmeuse et les indigènes s'en servent en guise de beurre.

L'huile de poisson sert à l'alimentation dans les pays septentrionaux; elle est utilisée aussi pour le graissage des machines, la fabrication des savons mous, l'éclairage; mais sa principale application est le chamoisage des peaux; après qu'elle a servi à cet usage, le résidu est utilisé, sous le nom de dégras, pour l'assouplissement des cuirs.

Certaines huiles de poisson, obtenues par des modes spéciaux de putréfaction, étaient très employées par les anciens, à titre de condiment, sous le nom de *garum*. Le *nuoc-mam*, des pays d'Extrême-Orient, est une préparation analogue.

Avec la cire brute de poisson du Japon, on fabrique des bougies à mèche en moelle de sureau, utilisées dans le pays. Cette cire brute, saponifiée par la crème de chaux, traitée par l'acide sulfurique étendu, puis soumise à la presse, devient dure et on en fait des bougies dites européennes, pour l'exportation.

Dans la République Argentine, on a extrait des déchets de

poissons, une huile lourde, d'un prix modique, douée de propriétés isolantes remarquables, qui, traitée par la presse hydraulique, deviendrait très résistante et que l'action de l'ozone transformerait en un corps possédant les propriétés du caoutchouc.

Parmi les huiles de foie, la plus importante de beaucoup est celle de foie de morue (1). Son procédé de fabrication le plus primitif, usité sur divers points du French Shore, d'Islande, des Lofoden et d'Écosse, consiste à jeter les foies dans des *foissières*, qui sont, à terre, des fûts dont la partie supérieure a été enlevée; sur les bateaux, ce sont des barriques dont le fond supérieur est percé d'une ouverture et qui sont fixées debout sur le pont, à l'arrière. Suivant la température, la fermentation se fait en huit ou dix jours et elle est déjà avancée avant que les foissières soient remplies, surtout si la pêche est médiocre; on enlève à la main les matières solides montées à la surface et il reste une masse pulpeuse qui continue à fermenter pendant que se forme une couche d'écume de deux à trois centimètres; quelques jours après, on soutire le liquide sanguinolent, extrêmement acide, qui se trouve à la partie inférieure et l'huile recueillie est mise en fûts.

A Terre-Neuve, on entasse les foies, sans aucun triage, dans des cuves de 3 mètres de côté et 1 mètre de haut, appelées *cajots*, au milieu desquelles s'élève un tronc de pyramide, formé de branches de sapin et de bouleau, véritable entonnoir, dans lequel on dispose en guise de filtre deux doubles de serpillère. L'odeur de la putréfaction est telle que l'établissement des cajots a dû être interdit à proximité des routes. Le sang et les autres liquides aqueux se réunissent au fond; on les soutirera par un robinet inférieur; un autre robinet permet de retirer l'huile à la partie supérieure. Au début de sa préparation, celle-ci est jaune clair, sans odeur très accusée; mais elle brunit très rapidement au contact des foies et devient presque noire. Le résidu mis à bouillir donne encore de l'huile noire. Il faut environ 8 à 12.000 foies pour faire 220 litres d'huile.

Les huiles ainsi préparées, appelées médicinales crues, sont défectueuses. Il faut les raffiner par une série de décantations, les unes pendant l'été, pour enlever les mucilages, les autres en hiver, pour séparer les paillettes de graisse solide qui précipitent sous l'influence du froid. Il faut aussi les décolorer; le meilleur procédé est l'exposition

(1) A consulter: Roussel. La morue et l'huile de foie de morue, 1900.

à la lumière solaire, qui doit être faite à basse température et ne pas durer plus de deux heures, afin d'éviter le rancissement. D'autres fois on a recours à l'action du noir animal ou à une saponification partielle. Ce dernier procédé est le moins recommandable, parce qu'il produit une modification chimique. On emploie aussi beaucoup la terre à foulon, que l'on mélange et agite avec l'huile, puis que l'on sépare par décantation et filtration.

Les huiles blanchies ne valent pas les huiles, naturellement blanches ou natives, obtenues en traitant les foies très frais par un chauffage modéré. La meilleure saison pour leur fabrication est le début de l'automne ; les foies sont alors crèmeux et mous et le doigt s'y enfonce sans effort. Les foies maigres, surtout fréquents au printemps, sont durs et foncés jusqu'au brun et contiennent de petits vers parasites ; ils donnent une petite quantité d'une huile inférieure, qui ne devrait pas être employée aux usages médicinaux. Les foies malades, couverts de points verdâtres qui peuvent envahir l'organe entier, devraient toujours être rejetés. Il ne faut employer que des foies bien nettoyés et très frais, qui n'aient pas été exposés au soleil, même peu de temps, et qui n'aient pas été enlevés aux poissons plus de six heures après la mort, pendant la saison tempérée, plus de douze heures en hiver. Il n'y aura ainsi aucun produit de décomposition.

Les foies sont chauffés dans des bassines larges et peu profondes, au bain de sable, au bain-marie ou à la vapeur. La température doit s'élever progressivement et en plusieurs heures jusqu'à 60°, où il faut la maintenir pendant toute l'exsudation, en agitant et enlevant l'huile à mesure qu'elle paraît ; une température plus élevée donne une quantité supérieure, mais le produit est moins pur.

Cette huile se trouble et s'épaissit à basse température par précipitation des graisses solides et le commerce demande que l'huile médicinale reste limpide vers 0°. Il faut donc éliminer ces graisses solides. Pour cela, on filtre d'abord l'huile une dizaine de jours après sa fabrication, pour écarter les débris de parenchyme hépatique susceptibles de fermenter. On peut attendre ensuite la fin de l'hiver, pour enlever par une nouvelle filtration les graisses précipitées. Mais la réfrigération artificielle est préférable : l'huile est mise à congeler dans des chambres refroidies à quelques degrés au-dessous de zéro ; puis on en remplit des sacs de calicot, qui laissent filtrer l'huile pure seule en retenant les particules solides ; l'opération demande trois ou quatre jours. La masse contenue dans les sacs renferme encore un fort pourcentage d'huile, que l'on extrait par pression.

L'huile qui n'est pas mise en bouteilles doit être conservée dans des récipients d'étain, le bois lui donnant du goût et de la couleur ; il faut éviter autant que possible le contact de l'air.

L'huile de foie de morue contient environ 95 o/o de graisses ; il y a 20 o/o de thérapine et 20 o/o de jécoléine, glycérides de la série de l'oléine, et les autres graisses doivent appartenir au même groupe ; celles qui sont facilement solidifiables sont peut-être de la stéarine et de la palmitine et il y aurait encore 4 o/o de cette dernière. On trouve une petite quantité de lécithines particulières, dans la constitution desquelles entrent les acides thérapique et jécoléique. Il y a encore jusqu'à 1 gramme par litre d'un acide morrhuitique, de la série pyridique, un peu d'acides formique et butyrique, et enfin des bases spéciales : morrhuine, amyline, butylamine, etc., et des ptomaïnes, dont la quantité est d'autant plus grande que la fermentation a été plus complète ; ces dernières sont donc absentes des huiles natives. La coloration est due à des pigments gras (lipochromes). Du phosphore (jusqu'à 1^{gr}, 50 d'acide phosphorique par litre), de l'iode (0^{gr}, 30 à 0^{gr}, 45 par litre), et du brome (0^{gr}, 15) existent à l'état de combinaisons organiques. Enfin on peut supposer l'existence de corps particuliers non dosables du groupe des ferments.

Ces dernières substances contribuent peut-être quelque peu à l'action thérapeutique de l'huile de foie de morue, qui aurait ainsi un rôle opothérapique ; mais dans les maladies où on l'emploie on demande surtout à l'huile de foie de morue d'agir comme reconstituant, ce qu'elle peut devoir pour beaucoup à sa haute valeur alimentaire, grâce à ses lécithines, ses glycérophosphates et surtout à ses glycérides, qui sont essentiellement assimilables.

On conçoit que le blanchiment artificiel puisse amener des modifications chimiques capables de modifier l'action thérapeutique de l'huile et il n'y a pas lieu de s'étonner que les huiles blanchies artificiellement aient la réputation de ne pas valoir les huiles naturelles. D'autre part, celles-ci, quand elles sont obtenues par putréfaction, ont un goût répugnant qui rend leur absorption difficile et elles irritent souvent le tube digestif au point de ne pouvoir être supportées. Aussi les huiles natives sont-elles les meilleures ; leur couleur leur a parfois fait partager la défaveur des huiles blanchies artificiellement, mais cette prévention, due à l'ignorance, fait place à une vogue de jour en jour croissante.

L'huile médicinale pure de première qualité doit être à peine teintée de jaune pâle doré ; il faut qu'elle n'ait presque pas de goût et son coefficient d'acidité doit être inférieur à 1,5. On peut, par des réactions colorantes, la caractériser et la différencier des autres huiles avec lesquelles on la frauderait.

Les principaux pays de production sont : 1° Bergen, la mer d'Islande, la Baltique, les îles Lofoden, le Finmark ; 2° la mer du Nord , 3° Terre-Neuve ; 4° le Canada, le Japon, etc.

Le marché le plus important du monde est Bergen, où l'on vend non seulement les huiles de Norvège, mais aussi celles de la Baltique, de Terre-Neuve, du Japon ; les autres marchés principaux sont : Anvers, Amsterdam, Dunkerque, Londres, New-York.

Les huiles médicinales les plus appréciées sont les natives blanches ; ensuite viennent les huiles brunes obtenues par fermentation, cuisson ou tous autres procédés ; elles sont encore l'objet d'une fabrication intense, motivée par les demandes des clients mal renseignés sur les qualités qu'il faut rechercher. Enfin les huiles très brunes ou noires, obtenues à la fin de la fabrication des qualités supérieures ou par cuisson des résidus et des foies de moins bonne qualité, sont mises dans des fûts et servent à la fabrication des cuirs et à d'autres applications industrielles.

Après la morue, les raies et les squales sont les poissons les plus employés pour la fabrication de l'huile de foie. Cette huile, préparée avec soin, transparente, d'un jaune doré, est peut-être moins répugnante que l'huile de foie de morue ordinaire ; elle est, à tort ou à raison, beaucoup moins employée, et son mélange non avoué constituerait une falsification. En Norvège, la pêche des grands squales pour la fabrication de l'huile est très développée ; on prépare par le chauffage à la vapeur un produit supérieur ; l'huile impure sert à la chamoiserie. On fait encore de l'huile de foie de squale dans beaucoup de pays : Océan Indien, Australie, Nouvelle-Zélande, etc. ; à la Guyane on emploie beaucoup les foies de *Pristis*.

Colles et gélatines de poisson. — On peut retirer des tissus conjonctifs des poissons deux sortes de substances : de l'ichthyocolle et de la gélatine.

L'ichthyocolle est la substance propre desséchée des vessies natatoires de certains poissons. C'est donc un tissu organisé, qui possède la propriété de se gonfler considérablement dans l'eau pure à froid, et d'y former une masse à aspect de gelée, sans subir une véritable fonte ; il peut alors se combiner à différentes substances, par exemple à l'acide tannique, qui se fixent sur lui en le faisant contracter progressivement et en donnant lieu à une sorte de précipité ; ce dernier entraine avec lui les matières en suspension dans le liquide où s'est produit le phénomène.

La meilleure qualité est fournie par les vessies natatoires d'esturgeon (ordinaire, sterlet, grand esturgeon) ; elle est facile à préparer : l'organe extrait du corps est lavé et frotté dans l'eau claire, puis gratté extérieurement pour être débarrassé de sa fine membrane péritonéale ; on l'insuffle alors pour le gonfler, ou bien on le fend et on l'étale et on le met à sécher dans un endroit modérément chaud, à l'abri de la fumée ou de toute autre cause de jaunissement. Ensuite on le comprime en feuilles, ou bien on le roule en gros ou en petits cordons (lyres), ou encore, comme dans la variété anglaise, on le coupe en petites lanières. Il faut conserver l'ichthyocolle en lieu sec. Cette substance se gonfle beaucoup et, lorsqu'on la fait bouillir, elle se résout presque complètement en gélatine, laissant très peu de résidus. Elle est transparente, chatoyante, ne se déchire que dans le sens de ses fibres et n'a pas de goût.

Divers autres poissons à vessie natatoire volumineuse peuvent donner de l'ichthyocolle. Un certain nombre de Siluridés s'y prêtent assez bien. Depuis longtemps les Suisses emploient à cet usage *Silurus glanis* L. ; aux Indes, en Indo-Chine, dans l'Amérique du Nord, on utilise plusieurs espèces. Au Brésil on fait une belle colle avec des vessies de *Machoiran ;* à la Guyane anglaise, avec *Silurus Parkeri* Traill. A la Guyane française, on fait sécher des vessies entières de machoiran et on en prépare également des lanières minces, incolores, transparentes, luisantes, faiblement nacrées, se dissolvant par l'ébullition en grande partie, mais laissant un résidu floconneux opaque. D'après Guibourt, on y fabriquerait également une imitation d'ichthyocolle en lyre.

Les Sciœnidés donnent aussi de l'ichthyocolle : au Cap, on emploie *Sciœna hololepidota* Lcp. ; aux Etats-Unis, *Otolithus regalis* C. V. ; aux Indes, *Otolithus ruber* Schn. et *O. versicolor* C. V. et *Poly-*

nemus tetradactylus Shaw. En Chine on utilise *Otolithus maculatus* K. et V. H. et *Sciæna lucida* Richards ; après avoir séparé la vessie natatoire des intestins et des organes environnants, on la fend et on enlève une membrane qui se soulève de chaque côté ; il reste une matière blanche, cornée, très extensible, que l'on fait tremper dans l'eau pendant deux heures, puis que l'on met sans eau au bain-marie, où elle se ramollit ; on la bat alors avec un marteau en fer, puis on l'aplatit, on l'ouvre à la main et on la fait sécher.

On fabrique aussi de la colle avec des vessies de morue ouvertes, nettoyées et conservées dans le sel. Une certaine quantité est traitée à Paris par des fabricants qui, après les avoir ramollies à l'eau et réduites à l'état pâteux avec un pilon, les passent au laminoir et les décolorent à l'acide sulfureux ; elles forment des feuilles bosselées, opaques, d'un blanc terne, qui se déchirent aisément en tous sens, se gonflent peu dans l'eau et laissent, après ébullition, un résidu considérable.

L'ichthyocolle peut constituer une matière alimentaire : les Chinois mangent les vessies de Sciaenidés, les pêcheurs de morue celles de leur poisson. Une partie de celle qui est vendue dans les pays européens sert à faire des gelées ou des préparations culinaires analogues. On l'emploie beaucoup pour la clarification des liqueurs, dont elle précipite les impuretés ; elle peut donner un vernis fin et transparent employé en rubannerie ; enfin, la bonne colle à bouche est de l'ichthyocolle.

On emploie des peaux de raie à la façon de l'ichthyocolle, spécialement pour clarifier les bières.

Dans la colle de poisson de Chine ou dans celle qui est fabriquée avec les vessies de morue, le battage du tissu et son ramollissement dans l'eau peuvent avoir amené une modification de sa substance. En faisant bouillir les vessies ou d'autres organes, tels que l'estomac, l'intestin, la peau, on obtient une sorte de colle que l'on presse en feuilles minces ; c'est alors une gélatine analogue à celle que fournissent les tendons et les os des mammifères. On obtient de même, avec des écailles de poissons, une très belle colle vitreuse, qui a la consistance et la ténacité de la corne, que l'eau chaude dissout lentement, mais complètement, en formant une gélatine plus abondante et plus tremblante que celle de mammifère, et qui peut servir aux mêmes usages. On obtient aussi par la cuisson de certains poissons des gelées alimentaires qui enrobent le poisson dans une masse où il se conserve : anguilles à la gelée d'Allemagne, conserves de la Compagnie Française des Grandes Pêcheries, etc.

Ailerons de requins. — C'est encore des substances collagènes qu'il faut rapprocher les ailerons de requins. C'est surtout pour se procurer ce produit que l'on pêche les squales dans l'Océan Indien, la mer Rouge, la mer de Chine et une partie du Pacifique. Les nageoires sont dépouillées de la peau rugueuse qui les entoure et il reste une sorte de tissu muqueux, ferme et translucide, qui est divisé en lanières, salé et séché. Ainsi préparés, les ailerons de requins se présentent sous forme de filaments minces, à demi-transparents, flexueux, de diverses longueurs, d'un jaune d'or brillant et d'un aspect qui rappelle celui de la corne.

Cuits dans un bouillon, ces filaments se gonflent et se ramollissent, à la façon des nids de salanganes, constituant un aliment que certains peuples regardent comme très délicat et qui jouit de la réputation de posséder des propriétés aphrodisiaques. Les Chinois surtout les recherchent, mais les autres races d'Extrême-Orient, les indigènes de Zanzibar, etc., en consomment aussi.

C'est surtout par Canton et Shanghaï que se fait l'importation de ce produit en Chine ; ceux d'Australie, de Tasmanie, de Nouvelle-Zélande, arrivent d'abord au marché de Sidney, d'où on les exporte. Sur les côtes de l'Inde, de l'Indo-Chine, de la Malaisie, les pêcheurs en préparent beaucoup qui sont surtout exportés en Chine. A Zanzibar, il en vient de la côte d'Afrique et de Madagascar.

Les ailerons de requins pourraient, paraît-il, être remplacés par les nageoires de certains gros poissons du Grand Lac du Cambodge.

Boettes et Rogues. — On emploie souvent, comme appâts pour la pêche, des poissons ou certaines de leurs parties et cette utilisation peut donner lieu à un commerce d'une véritable importance.

C'est surtout pour amorcer les hameçons des divers types de lignes, aussi bien en eau douce qu'en mer, que l'on emploie souvent, sous le nom de boette, des poissons entiers ou en fragments ; on s'en sert encore sur une échelle moins vaste, dans la pêche aux nasses ou aux autres espèces de pièges.

On s'adresse naturellement à des poissons de petite taille, de faible valeur et faciles à se procurer en grande quantité. On est obligé de rejeter ceux que leurs épines protègent contre la poursuite des autres poissons et l'on préfère, surtout pour la pêche au vif, les espèces qu'une couleur brillante désigne à leurs ennemis. Les boettes les plus usitées varient essentiellement suivant les pays et les usages.

Dans beaucoup de cas, les pêcheurs se procurent facilement les appâts dont ils ont besoin, soit en consacrant eux-mêmes un temps minime à leur capture, soit en les achetant dans les ports. Mais quand les bateaux de pêche doivent rester longtemps en mer, et exigent une grande provision d'appâts, la récolte en est une véritable industrie qui constitue une phase de la campagne à laquelle se consacrent des bateaux spéciaux.

La rareté à certains moments du poisson d'amorce que l'on a parfois en quantités surabondantes, le désir d'en apporter dans les parages où il manque ont fait concevoir l'utilité possible de sa conservation. La salaison rend des services, mais l'idée de la conservation par le froid s'est surtout imposée : la congélation du poisson d'amorce a pris en Amérique une grande extension ; il serait à désirer qu'elle se généralisât et qu'on installât dans les grands centres de pêche des établissements consacrés à cet usage et possédant des bateaux à chambres réfrigérantes pour le transport à grande distance.

Dans la pêche au filet, on use rarement d'appât. Cependant les pêcheurs de sardines des côtes de l'Atlantique s'en servent pour attirer le poisson à la surface et le faire circuler. Ils emploient surtout dans ce but la rogue de morue salée et mise en barils ; la quantité de sel nécessaire à la conservation de la rogue est variable et la valeur du produit dépend de sa proportion ; la rogue trop salée est sèche, brûlée ; celle qui ne l'est pas assez ne se conserve pas ; de plus les consommateurs n'ont pas tous les mêmes exigences ; la rogue destinée aux pêcheurs français est relativement sèche et on l'expédie dans des barils percés, qui permettent l'écoulement de la saumure ; les Espagnols préfèrent au contraire les rogues en saumure.

On expédie surtout la rogue de Norvège et son principal marché est Bergen. Le prix en est fort variable et dépend de la pêche à la morue et de la pêche à la sardine ; mais c'est toujours une substance chère, que l'on emploie parcimonieusement, au détriment du résultat ; aussi toutes les crises de la pêche à la sardine remettent-elles en question l'emploi de la rogue.

On pourrait remplacer la rogue de morue par celle d'autres espèces que l'on aurait en abondance. On a essayé aussi l'emploi de farine d'arachide ; mais ce produit, avantageux par son bon marché, détériore le poisson. D'après M. Landrieu, on peut préparer une rogue artificielle avec les résidus de conserves de poissons, hachés et recueillis dans un peu de vieille saumure, puis pétris dans une pâte aisément transportable ; cette matière se conserve très bien, est d'une innocuité absolue et peut donner les mêmes résultats que la rogue véritable. On peut employer les déchets de thon cuit, de sardines et de maquereaux crus, ou mieux un mélange des deux. Il y aurait là un débouché pour des résidus presque sans valeur.

Peaux de poissons. — La peau des sélaciens est recouverte de petites écailles, de formes et de grandeurs diverses, mais constituées toujours d'une base élargie et d'une partie proéminente, à surface très dure ; cette peau est susceptible d'utilisation.

Celle des Roussettes (*Scyllium*), possède des écailles tuberculeuses imbriquées, fines et serrées, transparentes ; celle des chiens de mer (*Scymnus*) est aussi très râpeuse ; on les désigne dans le commerce sous le nom de roussette ou, improprement, de chagrin, le chagrin étant du cuir de cheval pris sur la croupe de l'animal. Ce produit est employé en France, mais surtout en Angleterre, pour polir le bois et l'ivoire.

La peau de requin est mince ; ses petites écailles imbriquées la rendent rude au toucher, mais insuffisamment pour le polissage ; on en recouvre des malles, meubles, étuis, etc.

Les écailles d'Aiguillat (*Acanthias*) sont carrées, d'une transparence opaline, à pointe mousse ; elles ne mordent pas ; aussi la peau de cet animal est-elle réservée aux gainiers et aux armuriers, qui en fabriquent des fourreaux. Celle de Sagre (*Spinax*), plus belle et plus rare, sert aux mêmes usages.

Le galuchat est la peau de raie, surtout de *Sephen* (*Trygon sephen* Forsk.), que l'industrie reçoit particulièrement de la mer Rouge et de la mer de Chine, en morceaux roulés de 40 à 60 centimètres ; sur un fond gris foncé, elle présente des tubercules arrondis, blancs opaques et nacrés ; on l'emploie pour recouvrir des fourreaux, des poignées de sabre, de poignards, etc.

Engrais et tourteaux de poisson. — Les détritus de poissons contiennent en forte proportion de l'azote et de l'acide phosphorique, ce qui permet de les utiliser avec avantage comme engrais ; à cause de l'analogie de teneur en azote avec celle du guano, on leur donne souvent le nom de guano de poisson. Ces engrais sont tantôt des débris de poissons séchés, tantôt des tourteaux résultant de l'extraction de l'huile.

Aux Lofoden, les têtes de morues séchées à l'air libre pendant plusieurs mois, puis déchiquetées à la machine, passées au four et enfin broyées à l'aide d'un moulin, donnent une poudre brune que l'on met en sacs. Cet engrais titre de 6 à 7 o/o d'azote, de 9 à 10 o/o d'acide phosphorique.

En Belgique, les têtes, queues et squelettes de morues, desséchés et pulvérisés, constituent un guano inodore, renfermant 9 à 10 o/o d'azote et 12 o/o d'acide phosphorique.

En Tunisie, on fabrique avec les débris de thon un engrais titrant 8 o/o d'azote et 28 o/o d'acide phosphorique.

Au Japon, on emploie de façon analogue non seulement du poisson pris dans les eaux japonaises, mais aussi d'autre que l'on importe en quantité considérable de Sibérie, de Sakhaline, de Corée. Ce sont surtout les sardines et les harengs qui servent à cet usage ; les sardines et le fretin sont desséchés en entier au soleil ; les harengs sont préalablement dépouillés de leurs filets que l'on fume et sale ; les laitances mises à part constituent une autre sorte d'engrais.

Au Cambodge, on fabrique un engrais de consistance cornée avec des vessies natatoires de petites dimensions (5 à 6 centimètres de long); cette matière, d'après l'analyse du laboratoire de chimie de Saïgon, contient 13,47 o/o d'azote, 0,34 d'acide phosphorique. En raison de sa consistance, ce produit semble devoir se décomposer lentement et il paraît nécessaire de le torréfier vers 150° et de le déchiqueter, comme on le fait pour les matières cornées.

L'utilisation des tourteaux provenant de la fabrication d'huile est encore plus générale ; à Stavanger, les résidus de la fabrication de conserves ; à Christiansund, les harengs entiers cuits et pressés pour faire de l'huile, constituent une nasse que l'on dessèche et que l'on broie, puis que l'on expédie en sacs.

En Suède, l'établissement de Kallviken, près d'Uddervalle, travaille le hareng à la vapeur dans des cuves en bois, puis le presse ;

on obtient ainsi le guano demi-sec, dont une partie est livrée au
commerce ; le reste subit une nouvelle préparation ; dans les cinq premiers jours, une fermentation s'opère, après laquelle le produit peut
être gardé des années sans altération. Chauffé dans des récipients en
fer, il devient le guano pur, sec, qui se trouve dans le commerce sous
forme d'une poudre jaune, grisâtre. Mélangé à du phosphate et à du
chlorure de calcium, il forme le guano au calcium. L'établissement
garantit les compositions suivantes :

Guano	Azote	Phosphate	Calcium
Demi-sec.......	3 à 3,5	1,5 à 2,2	0
Sec pur........	7,2 à 7,9	4,2 à 6,5	1,1
Au calcium.. ..	4,7	10	7,2

Il y a environ 37 o/o d'eau et 33 o/o de graisses ; il est probable
qu'une pression plus forte et une température plus élevée pourraient
abaisser ces chiffres.

Aux Etats-Unis, au Canada, on pulvérise les résidus de fabrication de l'huile, surtout des Menhaden. Un chimiste canadien,
M. Shutt, a trouvé dans un échantillon 10,32 o/o d'azote et 4,78 d'acide
phosphorique, dans un autre, 3,47 d'azote et 17,60 d'acide phosphorique.

Au Japon, la pâte des poissons qui ont été cuits et pressés pour
faire de l'huile est laissée à l'air pendant quelque temps, puis divisée
en morceaux et étalée sur des nattes ; la qualité de l'engrais dépend
du temps qu'il fait pendant cette exposition ; elle est inférieure si le
temps a été humide. Une fois sec l'engrais est mis pour la vente dans
des sacs de paille.

En Indo-Chine, les résidus de la fabrication du *nuoc-mam* sont
employés comme engrais par les indigènes.

Les indications que nous avons données montrent une grande
variabilité dans les proportions de l'azote et de l'acide phosphorique
de ces engrais ; on ne saurait s'en étonner puisque certains d'entre
eux sont presque exclusivement formés de parties osseuses tandis que
d'autres, comme les vessies du Cambodge, n'en contiennent pas du
tout. La quantité de potasse est aussi très variable ; importante dans
les guanos de têtes de morues, elle est insignifiante dans la plupart
des autres ; il est alors utile d'y mélanger des cendres de bois, des

sels de potasse, etc., ou d'en faire un compost avec de la terre noire ou de la tourbe.

Ces engrais sont donc riches en matières fertilisantes et leur fermentation dans le sol est aisée. On peut les employer en couverture, mais il vaut mieux les enfouir par un léger hersage. Ils sont d'une valeur spéciale pour les céréales ; au Japon on les emploie pour la culture du blé, à raison de 60 à 75 kilogrammes pour 10 ares ; pour celle du riz, à raison de 20 à 25 kilogrammes. En outre l'engrais de sardine paraît convenir spécialement à la culture de l'indigo, dont il fortifie les tiges et rend la coloration intense ; celui de hareng est excellent pour les orangers et la Californie en importe pour ses plantations. A Mahé la petite sardine est employée comme engrais par les planteurs de caféiers.

On peut faire servir aussi les tourteaux de poisson à la nourriture des animaux domestiques ; d'après les recherches de Nilson, le meilleur procédé est de les mélanger avec 15 o/o de son ; ils semblent très propres à remplacer les tourteaux de graines de lin ; la variation dans le rapport nutritif est minime ; la graisse et les matières protéiques, d'origine animale, sont digérées aussi facilement que celles qui ont une origine végétale ; le prix est moins élevé et il n'y a aucune différence dans le goût du lait et des matières dérivées. On pourrait même, paraît-il, faire servir ces tourteaux à l'alimentation humaine et on en trouverait l'écoulement parmi les populations les plus pauvres de l'Extrême-Orient.

Nous nous sommes un peu étendus sur ces utilisations secondaires des poissons, pour montrer qu'elles peuvent représenter, à l'occasion, de sérieuses ressources et que, dans l'organisation d'entreprises de pêches modernes, on ne doit laisser perdre aucune partie des déchets. C'est à cette condition seulement que l'on peut espérer une réussite et les exemples ne manquent pas, actuellement, d'industries qui ne réalisent de bénéfices que par l'utilisation judicieuse de leurs produits accessoires.

LES MAMMIFÈRES MARINS

Cétacés. — Si l'homme pouvait tirer parti du corps entier des Cétacés, ces animaux, en raison de leurs proportions souvent colossales, pourraient atteindre une valeur considérable. Mais la chair et les os, dans les grandes espèces (Baleines, Cachalots, Balénoptères, etc.), ne peuvent guère être utilisés qu'en qualité de guano, lorsqu'il est possible d'amener les cadavres à terre pour les dépecer ; dans les autres cas, ces parties sont dédaignées et laissées à la mer. La chair des petites espèces (Marsouins, Dauphins, etc.) est mangée quelquefois par les pêcheurs, mais on peut considérer le fait comme exceptionnel.

Les grands Cétacés fournissent néanmoins un volume énorme de substances utilisées. Les principaux produits que l'on peut en retirer sont des matières grasses. Leur corps est entièrement entouré d'une couche épaisse de tissu graisseux ou lard qui, chauffé ou abandonné à la putréfaction, laisse exsuder une très grande quantité d'huile ; chez les Cachalots, cette huile est également contenue dans de vastes cavités du crâne. Elle a des caractères différents suivant les formes ; l'huile de baleine est généralement foncée et odorante ; celle de cachalot est d'un jaune orangé ; celle de dauphin ou de marsouin est jaune citron, d'odeur forte. On peut assez facilement, par raffinage, enlever à ces huiles leur odeur et leur coloration.

Les huiles de cétacés laissent déposer en quantité variable, surtout abondamment chez les cachalots, de petites paillettes d'une graisse solide, la *cétine*, que l'on peut séparer par filtration d'abord, ensuite par pression, et que l'on peut purifier en la lavant par la potasse et la fondant dans l'eau bouillante. Cette substance est le blanc de baleine ou *sperma ceti* ; elle est très blanche, translucide, se saponifie difficilement et rancit vite.

Les huiles de cétacés peuvent servir à différents usages industriels : fabrication de savons et surtout de savon noir, graissage des machines, fabrication des cuirs ; leur pouvoir éclairant considérable les faisait rechercher autrefois pour l'éclairage. Le blanc de baleine sert surtout à la confection de bougies. Pour tous ces emplois, les graisses de cétacés trouvent des succédanés dans les graisses de poissons ou d'animaux de boucherie ou dans les corps gras minéraux : pétroles, vaselines, paraffines, etc.

Les fanons qui garnissent la mâchoire supérieure des baleines constituent leur produit le plus précieux ; ce sont des lames falciformes, de nature cornée, de structure fibreuse, au nombre de 500 à 700, pouvant atteindre jusqu'à 5 mètres de long. Les pêcheurs les recueillent soigneusement, les nettoient, les divisent en lames minces qu'ils réunissent en paquets ; arrivés à la côte, ils les polissent et les sèchent, puis les livrent au commerce. Les fabricants les ramollissent à l'eau bouillante, les taillent à la forme et à la longueur voulues, puis les polissent à la pierre ponce. C'est ce qui constitue les baleines du commerce, dont les propriétés élastiques sont bien connues, mais qui sont souvent remplacées dans leurs utilisations par de la corne de buffle, du celluloïd ou de l'acier.

L'ambre gris est une substance solide, jaunâtre ou noirâtre, qui se trouve dans l'intestin des cachalots, sous forme de blocs plus ou moins gros, qui représentent probablement des calculs. L'ambre gris répand une odeur douce, suave et pénétrante, pour laquelle on le recherche ; il est d'un grand usage en parfumerie, non seulement isolé, mais surtout comme véhicule pour un grand nombre d'odeurs.

Nous ne pouvons insister sur la pêche des cétacés, qui est actuellement d'une importance nulle pour la France et ses colonies et qui ne paraît pas avoir de chances d'y prospérer jamais. Bien que les Basques paraissent avoir été les premiers en Europe à faire en grand la chasse à la baleine, depuis des siècles les pêcheurs français ne s'y adonnent plus et les tentatives faites pour la remettre en honneur n'ont jamais eu grand succès. D'ailleurs, d'une manière générale, la pêche à la baleine est loin d'être ce qu'elle était autrefois. Sans doute les grands cétacés n'ont jamais été pour l'homme aussi utiles que les poissons, mais autrefois, au milieu du xixe siècle, les capitaux engagés dans leur pêche se chiffraient par centaines de millions. Aujourd'hui que la plupart des produits de ces animaux peuvent trouver des équivalents et que, de plus, la chasse intensive d'autrefois en a réduit considérablement le nombre, cette industrie a bien diminué d'importance ; elle est, pour ainsi dire, entièrement entre les mains des Américains et des Norvégiens. L'armement d'un navire baleinier bien aménagé est très coûteux et revient à plusieurs centaines de mille francs ; de plus il exige un personnel très expérimenté, que l'on ne peut trouver qu'en Amérique ou en Norvège. Aussi, bien que les grands cétacés se rencontrent encore assez fréquemment dans les parages de plusieurs de nos colonies, nous ne pensons pas qu'il s'y crée jamais spontanément, ni même qu'il faille encourager la création d'entreprises ayant pour objet de leur donner la chasse. Tout au plus pourrait-on conseiller aux établissements de pêche qui s'installeraient d'être en état d'armer de petites embarcations pour profiter des cétacés qui passeraient à leur portée et qui, ramenés à terre, pourraient être utilisés avec l'outillage ordinaire.

Les petits cétacés, marsouins, dauphins, causent souvent aux pêcheurs des dégâts importants ; on leur reproche tantôt de détruire le poisson, tantôt de déchirer et d'emporter les filets. Dans la plupart des pays, les pêcheurs les traitent en ennemis ; mais comme ils n'utilisent généralement aucune partie de ces animaux, ils ne retirent de leur chasse aucun bénéfice direct, et ne se trouvent pas encouragés à la pratiquer. Il est cependant possible d'en retirer de l'huile, et de leur peau fine et souple, convenablement tannée, on peut fabriquer un cuir très estimé en Angleterre pour la confection des chaussures. Le reste de leur corps pourrait servir à faire du guano. La destruction nécessaire de ces animaux trouverait donc, au moins en partie, sa rémunération en elle-même. Mais il y a des pays où les marsouins sont considérés, au contraire, comme des auxiliaires par les pêcheurs, qui savent capturer les bandes des poissons poursuivies par ces animaux.

Pinnipèdes. — La chair des phoques, otaries et morses est également peu comestible et la plupart des espèces ne sont utilisables que par l'huile qu'elles fournissent et qui est comparable à celle des cétacés. En outre, certaines formes, les *Çallorhinus,* possèdent une fourrure, assez comparable à celle de la loutre, et qui a une grande valeur.

Abondants surtout dans les mers froides, ces animaux sont pour

nos colonies d'une importance à peu près nulle. Seule l'île Kerguelen
en possédait beaucoup, mais ils ont été en grande partie détruits.
Comme ils viennent à terre en grand nombre sur des espaces limités,
c'est surtout là qu'on les tue ; aussi cette chasse est-elle facile à sur-
veiller et c'est ce que l'on fait actuellement dans beaucoup de pays, où
l'on empêche leur destruction en protégeant les femelles et en donnant
la permission de détruire seulement un certain nombre de mâles.

Siréniens. — Les siréniens sont aujourd'hui bien peu abondants ;
les Dugongs sur les côtes de l'Océan Indien, les Lamentins sur celles
de l'Atlantique, se rencontrent seulement en petites quantités dans les
baies et le cours inférieur des fleuves. La chair de ces animaux herbivores est excellente ; leur peau peut donner un cuir de bonne qualité ;
enfin leur graisse fournit une huile claire, sans goût, que l'on a préconisée en Australie pour remplacer l'huile de foie de morue. Ce
seraient donc des animaux précieux, s'ils étaient abondants ; mais leur
rareté leur enlève toute importance économique et il est probable
que si l'on a jamais à s'en occuper ce sera pour les protéger dans un
intérêt zoologique, plutôt que pour en organiser sérieusement l'utilisation.

LES REPTILES

LES TORTUES

Tout le monde reconnaît à première vue une tortue à sa carapace et à ses mâchoires cornées dépourvues de dents. Le tronc de ces reptiles est, en effet, entièrement recouvert d'une cuirasse osseuse, revêtue ou non de plaques cornées : cette cuirasse se compose d'une carapace dorsale, plus ou moins bombée, et d'un plastron ventral aplati, soudés par leurs bords latéraux, en avant et en arrière desquels émergent la tête, les pattes et la queue.

La carapace et le plastron sont constitués tous deux par des plaques osseuses développées dans le derme; l'ossification intéresse ce tissu dans presque toute son épaisseur, ménageant seulement une mince couche molle sous-cutanée, qui tapisse l'intérieur de cette sorte de boîte. Les plaques du plastron, au nombre de neuf seulement, homologues des clavicules, interclavicules et côtes ventrales d'autres reptiles, sont complètement indépendantes du squelette interne ; celles de la carapace, beaucoup plus nombreuses, sont, au contraire, intimement soudées à une partie élargie des côtes et des apophyses épineuses des vertèbres. Chez les jeunes individus, les plaques incomplètement ossifiées ne sont pas encore soudées et la carapace est dépressible; chez les animaux plus âgés, elles s'unissent pour former un ensemble solide, sauf chez le Luth (*Sphargis coriacea* Gray), où elles sont très nombreuses et demeurent indépendantes. Suivant les familles, les os du plastron sont partout en contact étroit ou séparés par des fontanelles.

Extérieurement la carapace et le plastron sont tapissés, excepté dans la famille des Trionychidés et chez le Luth, de plaques de nature épidermique, dont la substance est connue sous le nom d'écaille. Ces plaques, malgré une certaine similitude, ne correspondent, ni en nombre ni en disposition, aux plaques osseuses, dont elles sont entièrement indépendantes. On en trouve d'ailleurs aussi sur les autres parties du corps : tête, pattes et queue. Leur formation est due à une évolution particulière des couches profondes de l'épiderme (couche de Malpighi), qui subissent une sorte de kératinisation et restent intimément soudées sur une épaisseur assez grande. Chaque écaille se développe individuellement et s'accroît par l'extension périphérique de la couche de Malpighi et la production, sur toute son étendue, d'une nouvelle couche cornée, sous-jacente aux précédentes ; de la sorte, l'épaississement s'accompagne de la formation d'anneaux concentriques autour de la petite écaille primitive, que l'on désigne sous le nom d'aréole ; cette dernière persiste pendant plusieurs années et parfois toute la vie. Dans les pays tempérés, chaque cercle correspond en général à une année, mais on ignore s'il en est de même dans les contrées tropicales. Avec l'âge, les couches les plus anciennes tombent souvent, et l'aréole paraît s'élargir ; au bout d'un nombre assez grand d'années, les anneaux deviennent très fins, irréguliers et indistincts.

L'écaille est colorée par un pigment qui se développe dans la couche de Malpighi et diffuse ensuite dans les plaques cornées ; ce pigment est noir, jaune ou rouge et les diverses teintes résultent de la combinaison de ces couleurs ; ainsi le vert est produit par la superposition d'un réseau noir et d'un réseau jaune.

Lorsque un traumatisme ou toute autre cause vient à détruire une partie de l'écaille, la portion sous-jacente de la carapace osseuse meurt. Ensuite la couche de Malpighi se régénère et s'étend au-dessous de l'os nécrosé, qui est peu à peu éliminé ; puis une nouvelle couche continue d'écaille se forme et l'os se reconstitue par dessous. On cite des carapaces dont un tiers a été ainsi détruit et réparé dans l'espace d'un an ou deux, mais on ne dit pas quelle était la qualité de la nouvelle écaille.

Toutes les tortues se reproduisent au moyen d'œufs, blancs, ronds ou ovales, de forme ou de grosseur assez variables dans une même ponte, entourés d'une coquille tantôt parcheminée, flexible, à peine calcaire, tantôt dure et bien polie. Le nombre d'œufs pondus par chaque femelle est faible pour les tortues terrestres, plus grand et parfois considérable pour les espèces aquatiques. Ces œufs sont aban-

donnés dans un trou creusé dans le sol et l'éclosion a lieu au bout
d'un temps variable, parfois plusieurs mois, ou même l'année
suivante. Ils sont soumis à bien des causes de destruction et les
jeunes, à carapace molle, courent encore de nombreux dangers ; de
plus, la croissance de ces animaux est très lente, de sorte que leur
capacité reproductrice est en somme assez limitée.

Les chéloniens sont des animaux terrestres ou aquatiques : les
Sphargidés et les Chélonidés sont des tortues marines ; adaptées à une
existence pélagique, elles ont des membres transformés en larges
rames aplaties ; elles ne montent sur le rivage qu'au moment de la
ponte et n'y restent que le temps nécessaire à cette opération. Les
Trionychidés et les Chélididés vivent dans les eaux douces ; il en est
de même des Emydés, mais ces dernières passent à terre beaucoup de
temps. Enfin les Testudinidés sont des formes tout à fait terrestres.

Les tortues terrestres ou d'eau douce, surtout abondantes dans les
pays chauds, ont généralement un habitat assez limité, en rapport
avec leur faible mobilité, ce qui a déterminé, particulièrement dans
les îles de l'Océan Indien, la formation d'un grand nombre de variétés
ou d'espèces locales. L'aire de dispersion des espèces marines est, au
contraire, étendue à toutes les mers chaudes, et on les trouve plus ou
moins abondamment dans les eaux de toutes nos colonies des pays
chauds.

Capture des tortues. — Partout où les tortues se trouvent en
abondance suffisante, on leur fait une chasse active. Les Chélonidés
marines, Tortue franche (*Chelone mydas* Latr.), Caret ou tortue à
écaille (*Chelone imbricata* L.), Caouane (*Thalassochelys caretta* L.), se
prennent de façon analogue, bien qu'elles ne fréquentent pas absolument les mêmes fonds, la première espèce affectionnant les prairies
de zostères, dont elle se nourrit, alors que les deux autres espèces sont
carnivores. Tantôt on les harponne quand elles flottent à la surface de
l'eau, ce qui a l'inconvénient d'empêcher de les conserver vivantes et,
souvent, de les détériorer ; tantôt on tend de grands filets à larges
mailles dans les endroits où elles peuvent passer, soit au large, soit
en barrant l'ouverture de petites baies ou des passes étroites. Une
pratique originale et curieuse serait, dit-on, répandue chez les indigènes de Cuba, du détroit de Torrès et de Mozambique, contrées
cependant bien éloignées les unes des autres : les pêcheurs attachent

une ficelle à la queue d'un Rémora, poisson qui possède sur la tête
une ventouse au moyen de laquelle il se fixe sur les objets flottants;
quand ils aperçoivent une tortue endormie à la surface, ils jettent
à la mer le poisson qui se met à nager dans un cercle ayant pour
rayon le lien qui le retient; aussitôt qu'il rencontre la tortue, le
Rémora se fixe sous son plastron et les pêcheurs attirent alors
doucement l'animal avec la ficelle; lorsqu'il est à proximité, on le
prend à l'aide de cordes, de filets et de harpons. Dans certaines contrées les pêcheurs cherchent à voir les tortues au fond de l'eau, lorsqu'elles broutent les zostères; l'un d'eux plonge, saisit la carapace à
laquelle il se cramponne et ses compagnons, à l'aide d'une corde, le
ramènent à bord avec sa capture. Mais le procédé le plus répandu et le
plus destructif consiste à guetter le moment où les tortues viennent à
terre déposer leurs œufs; il faut connaître parfaitement leurs mœurs :
elles affectionnent les rives sablonneuses en pente douce, surtout les
petites plages situées au fond de criques tranquilles; la tortue vient
une première fois reconnaître les lieux de ponte et elle est alors très
timide; elle revient un peu plus tard pour creuser son nid hors
d'atteinte du flot et ne retourne à la mer qu'après avoir pondu une
centaine d'œufs; elle recommence une nouvelle ponte au bout d'une
quinzaine de jours; pendant la ponte on a tout le temps voulu pour la
prendre; on coupe sa retraite et on la retourne sur le dos, ce qui, pour
les grosses franches, exige les efforts réunis de plusieurs hommes;
une fois sur le dos, l'animal est immobilisé et ne peut plus s'enfuir.
On le laisse ainsi jusqu'au moment où l'on voudra l'emporter. Sur des
plages très fréquentées par ces animaux, on peut en retourner de la
sorte un grand nombre, dont quelques unes, oubliées ou ne pouvant
être emportées, sont condamnées à périr sans aucune utilité.

On capture de même au moment de la ponte à terre un certain
nombre de tortues d'eau douce; dans quelques contrées, par exemple
dans la Caroline, on les cherche avec des chiens; on les prend aussi
dans des filets ou dans des trappes où elles sont attirées par des appâts.
Parfois on les recueille sur le fond, quand elles y dorment momentanément ou bien pour leur sommeil hivernal, avec des sortes de
dragues analogues à celles que l'on emploie pour prendre les huîtres.
Enfin les espèces carnivores, telles que les *Chelydra* et les *Trionyx*,
mordent facilement à l'hameçon.

Lorsque les tortues sont capturées, il est facile de les conserver dans des parcs et de les entretenir en leur donnant une nourriture convenable; on peut même les garder assez longtemps à jeun. On transporte les grosses tortues franches à bord des navires dans de grands baquets pleins d'eau ou simplement attachées sur le pont en les recouvrant de toiles que l'on mouille de temps en temps.

Non seulement on chasse les tortues elles-mêmes, mais leurs œufs sont aussi très recherchés. Les nids de tortues marines sont si bien recouverts de sable qu'on ne peut les reconnaître; il faut sonder avec des bâtons les endroits où l'on présume leur présence; mais, lorsqu'on découvre un nid, l'abondance de la prise récompense de la peine. La récolte des œufs d'une tortue d'eau douce (*Podocnemys expansa*) constitue sur les bords des fleuves de l'Amérique du Sud un événement important. Répandues pendant la saison des pluies dans tous les étangs des forêts inondées, ces tortues ont des lieux de ponte de prédilection que les riverains de l'Amazone appellent *praias*, où des quantités immenses d'entre elles semblent se donner rendez-vous. La récolte est réglementée et la date fixée par un surveillant expérimenté chargé de guetter le moment de la ponte. Moyennant le paiement d'un certain droit, chacun arrive au jour dit avec des récipients et creuse activement le sol pour déterrer les œufs, dont il se ramasse ainsi des quantités prodigieuses. Mais beaucoup échappent à la destruction et, au moment de l'éclosion, on attend encore les jeunes qui se rendent à la rivière et on les recueille avec soin.

Protection des tortues. — En raison des obstacles naturels que rencontre leur multiplication, en raison de la guerre qu'on leur fait, les tortues tendent à disparaître. Si la diminution est peu sensible pour les espèces marines à vaste habitat, elle est bien plus accentuée pour les formes d'eau douce, surtout dans les pays très peuplés ; elle est particulièrement frappante pour les tortues terrestres, dont l'anéantissement a été complet dans certaines îles de l'Océan Indien ; la Réunion, Maurice ont été absolument dépeuplées des tortues géantes qui y abondaient au moment de leur découverte.

Il était naturel que l'on cherchât à enrayer cette extinction progressive ; une réglementation est difficile: protéger la ponte reviendrait, en beaucoup d'endroits à arrêter complètement la chasse, d'autant que la surveillance de rivages presque déserts est peu commode. Cependant à l'île Ascension, qui est spécialement fréquentée, on a établi une protection des jeunes et des œufs. Cette protection serait plus facile à assurer si les Gouvernements avaient à faire à des compagnies privilégiées ; mais il semble que cette pêche se prête mal à l'établissement de monopoles et nous ne connaissons qu'un exemple d'une pareille concession donnée par le Gouvernement de l'Australie occidentale. Il nous semble qu'on pourrait préconiser la solution suivante : des sociétés encouragées par les pouvoirs publics, ou bien les administrations elles-mêmes achèteraient en grandes quantités les tortues capturées et les enfermeraient dans des parcs où elles pourraient pondre ; après la ponte les tortues seraient sacrifiées et vendues ; les jeunes seraient protégés et conservés à l'abri de leurs ennemis jusqu'au moment où la solidité de leur carapace permettrait de les abandonner à eux-mêmes. Il serait difficile de pousser plus loin cette sorte d'élevage, à cause de la lenteur extrême du développement ; on pourrait cependant essayer de l'accomplir en entier dans des étangs marins, des baies bien fermées ou des lagons.

L'élevage véritable est déjà employé pour les tortues terrestres et d'eau douce : aux Seychelles, aux Galapagos, les grosses tortues terrestres sont gardées dans des parcs et leur reproduction favorisée. Aux États-Unis, des fermes d'élevage sont aménagées pour les terrapines (*Macroclemys terrapin*) ; les parcs, situés près des rivières et traversés par un petit ruisseau, peuvent mesurer 100 mètres de long et 20 de large ; ils sont divisés en compartiments pour les grosses, les moyennes et les petites. Le sol est recouvert d'une couche de vase de 15 centimètres, dans laquelle les tortues s'enterrent l'hiver. Un établissement peut posséder 40.000 tortues, que l'on nourrit avec des crevettes et des crabes, surtout pour leur donner bon goût, car elles mangeraient de tout ; elles en consomment environ 700 litres par jour. A une extrémité du parc est un endroit sablonneux où les femelles vont pondre ; il faut séparer les jeunes des parents, qui les mangeraient. Ces tortues mettent environ sept ans pour atteindre une taille commerciale, ce qui est bien un peu long.

Utilisation alimentaire. — Beaucoup d'espèces de tortues sont comestibles et leur chair est même regardée dans certains pays comme un mets très délicat. En France, la consommation en est peu répandue, mais dans d'autres pays, surtout en Angleterre, en Amérique et aux colonies, elles sont très recherchées. La plus appréciée de toutes est la tortue franche, dont la taille peut atteindre 1 m. 50 et le poids 150 kilogrammes ; les meilleures sont celles de 10 à 20 kilogrammes. La première fut apportée à Londres en 1752; maintenant il en arrive beaucoup même de très loin; certains centres de production sont fameux, par exemple, l'île Ascension, les Indes occidentales, la côte des Mosquitos. Pour les tuer on leur coupe la tête, puis on les suspend pendant un jour ou deux, de façon à faire égoutter le sang. Tout est utilisé dans cet animal et des enthousiastes l'ont appelé le porc de la mer ; on n'emploie pas seulement la viande, mais aussi la couche de tissu conjonctif qui rêvet l'intérieur de la carapace, le foie, la graisse et même le sang dont on fait des boudins. La chair, très délicate, se prépare de diverses façons, mais on en fait surtout la fameuse soupe à la tortue. La graisse fondue devient une huile qui est utilisée fraîche, pour la cuisine, et rance, pour brûler ou pour graisser les cuirs. Cette graisse est parfois colorée en vert intense et elle est alors beaucoup plus estimée. Dans certaines conditions mal déterminées, la chair peut devenir vénéneuse et occasionner de violentes douleurs et même la mort.

Les autres tortues marines sont beaucoup moins comestibles. La Caouane a une viande huileuse, filamenteuse, coriace, à forte odeur de marée ; cependant, elle peut être mangée sans inconvénient. La chair du caret est, suivant les pays, mangée ou rejetée; il semble que, sans être désagréable au goût, elle soit difficile à digérer et même purgative. La graisse de ces deux espèces, de même que celle du Luth, ne donne que de l'huile à brûler. Les organes génitaux mâles de Luth sont considérés par les Arabes comme doués de propriétés aphrodisiaques.

Beaucoup de tortues d'eau douce sont très bonnes ; les terrapines jouissent aux États-Unis d'une grande réputation et atteignent des prix élevés; elles sont du reste diversement appréciées suivant leur provenance ; les différences de saveur tiennent surtout à leur nourriture ; ainsi celles qui sont nourries avec du foie de bœuf et de la farine sont bien inférieures à celles auxquelles on a donné des crustacés. Les *Podocnemys* de l'Amérique du Sud sont aussi très estimées ; les *Trionyx*, appréciées sur la côte d'Afrique, ont, en Amérique, beaucoup moins de valeur que les terrapines.

Les tortues terrestres sont presque toujours comestibles, mais souvent coriaces; la tortue d'Europe (*Testudo græca* L.) se mange parfois. Les grandes tortues des îles de l'Océan Indien se sont éteintes par suite d'une consommation excessive ; les tortues géantes des Galapagos et des Seychelles, la tortue du Sud de Madagascar sont très délicates.

Les œufs de tortue franche et de caret sont un aliment excellent. Les œufs de tortues d'eau douce sont aussi comestibles ; ceux des *Podocnemys* de l'Amérique du Sud se mangent frits ou pétris avec de la farine de manioc, du sucre et de l'eau ; mais l'immense quantité qu'on en prend sert surtout à faire de l'huile ; on les brasse dans des récipients avec des bâtons, puis on les additionne d'eau et on les abandonne au soleil pendant quelques heures ; l'huile qui monte à la surface est recueillie et sert à la cuisine, à l'éclairage et, mélangée au goudron, à enduire les bateaux. Pour donner une idée de la destruction qui se fait, indiquons que l'Amazone supérieure produit 8.000 jarres de trois gallons d'huile, correspondant à 48 millions d'œufs.

Les jeunes tortues nouvellement écloses contiennent encore dans leur abdomen du vitellus de l'œuf et, frites, constituent, paraît-il, un véritable régal.

Utilisation des écailles (1). — Les tortues donnent à l'industrie avec leur écaille une matière première précieuse ; l'écaille du caret a une valeur incomparablement supérieure à celle des autres espèces.

La carapace du caret est cordiforme et ses bords sont dentelés vers leur partie postérieure ; les plus grandes carapaces mesurent 85 centimètres de long. Les plaques qui recouvrent la carapace, constituant la dossière, sont fortement imbriquées et ne se juxtaposent que chez les individus vieux. Elles forment une rangée médiane de cinq plaques fortement carénées, les neurales, dont l'antérieure est dite nucale, et deux rangées latérales de chacune quatre grandes costales ; ces dernières sont aussi carénées dans le jeune âge, de sorte qu'alors la carapace est marquée de trois carènes longitudinales, convergeant vers l'extrémité postérieure ; mais les deux latérales s'effacent avec l'âge. Ces grandes plaques sont entourées de vingt-cinq autres plus petites, vingt-quatre paires et une impaire, les marginales, qui ont la forme d'un dièdre et appartiennent à la fois à la face supé-

(1) A consulter : Lerchenthal. Rapport sur l'écaille. Congrès international d'aqui-culture et de pêche, 1900.

rieure et à l'inférieure, qu'elles rejoignent entre elles. Les plaques ventrales sont au nombre de douze, disposées en deux rangées.

Dans le commerce, quelques unes des plaques sont désignées par des termes spéciaux ; les deux médianes de chaque rangée latérale portent le nom de feuilles; ce sont les plus grandes de toutes. Les pièces antérieures de ces rangées latérales sont appelées carrés ; les postérieures, ailerons ; la plaque nucale, collet; les quatre autres neurales, buscs ; les plaques du plastron constituent encore des feuilles ; les petites plaques marginales sont les onglons; on en distingue de chaque côté deux assez gros, deux moyens, trois petits, plus des fretins. Les pattes sont aussi pourvues de deux forts onglons. Les petites écailles qui recouvrent le reste des pattes, du cou, de la tête, etc., ont reçu le nom de sertissures.

Pour recueillir l'écaille, il faut opérer rapidement, car elle deviendrait terne et sa qualité baisserait beaucoup, si on laissait à la tortue le temps de se décomposer. Le plus souvent, après avoir tué le caret par section de la tête, on détache le plastron de la carapace et on vide l'intérieur le mieux possible, puis on fait sécher cette dépouille au soleil ; le second jour, les plaques peuvent facilement se détacher. D'autres fois, pour aller plus vite, on présente la tortue au feu, et l'écaille se soulève rapidement. A Célèbes, les indigènes la font bouillir et considèrent l'emploi de la chaleur sèche comme incapable de donner d'aussi bons résultats. A Ceylan, à Bornéo, on expose les tortues au feu vivantes, après quoi on les laisse échapper, dans l'idée qu'elles peuvent encore régénérer leurs plaques. Si le fait était exact, cette sorte de tonte serait un procédé bien plus logique que tous les autres ; mais, en réalité, il semble que les tortues ne résistent pas à ce traitement et meurent ; cependant, d'après le Dr Hose, on prend à Bornéo de nombreux individus à écaille mince, non imbriquée, presque sans valeur, qui seraient des animaux ayant incomplètement réparé leurs mutilations.

L'écaille est une substance d'une consistance, d'une finesse, d'une coloration et d'une transparence remarquables, qui en ont fait de tous temps une matière extrêmement précieuse pour les industries de luxe. Elle se rapproche à bien des points de vue de la corne, mais elle est plus dure et plus cassante ; comme la corne, elle se ramollit sous l'influence d'une chaleur modérée et, si on la soumet alors à l'action de presses dans des moules, elle en conserve la forme après refroidissement. On peut, de la même façon, souder entre eux des morceaux d'écaille, en les comprimant l'un contre l'autre à chaud. Il est nécessaire, pour ces opérations, d'avoir des instruments parfaitement décapés, car la moindre trace de graisse est nuisible. L'écaille une fois froide peut être grattée et recevoir un très beau poli ; on peut aussi la scier et la raboter avec des instruments fins. Les rognures, déchets et sertissures, recueillis et agglutinés à chaud dans des moules de bronze, forment un produit noir facile à bien polir, qu'on appelle l'écaille fondue ; on la mélange souvent, pour cette opération, afin de la rendre un peu moins cassante, avec de la corne de buffle.

Les qualités de l'écaille varient suivant les régions de l'individu et sa provenance. Les treize grands morceaux de la dossière donnent de l'écaille de couleur, dont les nuances varient du noir foncé au rose pâle ; les feuilles sont généralement plus claires que les buscs. La coloration est rarement uniforme, plus habituellement tachetée, tigrée ou marbrée. La couleur la plus estimée est le rouge, d'autant plus qu'il se rapproche davantage du rose pâle, c'est alors l'écaille demi-blonde, dont la valeur est énorme. Les teintes foncées sont les moins recherchées. Dans les plus belles dépouilles, la dossière peut peser jusqu'à 2 kil. 5, mais plus ordinairement 1.200 à 1.800 grammes ; les plus grandes feuilles mesurent 36 centimètres de long, 21 de large et 5 millimètres d'épaisseur ; dans les mauvaises qualités, l'épaisseur n'est que de 1 à 2 millimètres. Dans les meilleures provenances, il y a environ 40 o/o de couleurs foncées, 60 o/o de bonnes couleurs, dont un tiers seulement de belles nuances et un dixième de nuances très fines.

Autrefois les pêcheurs rejetaient les plastrons, qui n'avaient pas de valeur ; mais aujourd'hui l'écaille produite par cette partie est la plus en faveur et la plus chère ; sa couleur est uniforme, blonde, jaunâtre ou rougeâtre, sans jaspures ; la nuance la plus estimée est le blond pâle qui ne se trouve guère que sur les tortues de taille moyenne des Bahamas. Ces feuilles sont minces ; les plus belles ont de 20 à 25 centimètres de long, de 11 à 13 de large, 2 millimètres d'épaisseur et pèsent 35 à 60 grammes ; la généralité atteint à peine 1 millimètre d'épaisseur.

Les onglons ont beaucoup moins de valeur, surtout les petits et les fretins. Dans ces onglons, la partie supérieure a la même couleur que la caparace et l'autre est blonde comme le plastron. La qualité de cette dernière partie détermine celle de l'ensemble. Les gros onglons pèsent 35 à 55 grammes, les petits 20 à 30.

Cette écaille est connue dans le commerce sous le nom d'écaille caret ; c'est de beaucoup la plus belle ; c'est elle seule qui sert à faire les beaux peignes, les éventails, les coffrets, etc. Le caret qui provient des mers de Chine et surtout des Philippines est noir, transparent, avec des jaspures d'un jaune ambré ; le caret des Seychelles, de Mozambique et de Madagascar, qui arrive par Maurice, est épais, moins translucide, d'une teinte vineuse, avec taches d'un jaune moins clair et moins nettement tranché ; celui de l'Inde, appelé aussi caret d'Alexandrie, parce qu'il vient par cette voie, est brun, nuancé de marron ou de rouge, avec des taches citrines ou rougeâtres ; le caret des Antilles présente de grandes jaspures verdâtres, noirâtres, brunâtres ou jaunâtres.

Le prix de l'écaille est surtout fonction de la mode ; le prix moyen du caret a été de 150 francs le kilogramme, vers 1860, tandis qu'il n'est actuellement que de 60 à 80 francs ; les qualités inférieures valent seulement de 20 à 50 francs ; l'écaille jaspée, 50 à 175 francs ; la blonde, 150 à 300 francs ; la demi-blonde 170 à 400 francs.

L'écaille de tortue franche est jaune pâle, tachée de rouge jaunâtre ou de noir ; elle serait assez estimée, si elle n'était en plaques très minces, flexibles, élastiques et transparentes ; aussi la réserve-t-on pour le placage des meubles, les tabatières de Saint-Claude, etc. Elle est souvent galeuse ou lentilleuse. Le prix moyen de l'écaille jaspée est de 4 à 5 francs le kilogramme, celui de la blonde de 10 à 15 francs. Elle vient surtout des Seychelles, de Malacca et de l'Inde.

L'écaille de Caouane est en plaques plus nombreuses et plus petites ; elle est assez épaisse, brune ou rouge avec parfois des taches blanchâtres ; l'éclat est toujours terne ; seul le collet, d'un jaune citrin transparent, est une matière assez jolie. On n'utilise que la dossière. La caouane sert pour le placage des meubles de Boule, des pendules, etc. Elle vaut 8 à 12 francs le kilogramme. En Extrême-Orient, elle est très employée pour fabriquer des peignes vulgaires et autres objets analogues ; souvent on l'applique, après l'avoir ramollie dans l'eau bouillante, sur une feuille de clinquant de cuivre, afin de rehausser sa couleur.

L'écaille des autres espèces de tortues n'est, pour ainsi dire, pas utilisée en Europe. Les tabletiers chinois et annamites utilisent, pour le placage d'objets de faible valeur, les plastrons de *Testudo elongata* et de diverses espèces d'Emydés ; Tirant indique aussi toute la carapace des *Trionyx*, qui pourtant n'ont pas de plaques cornées. Les prix de ces écailles sont très minimes.

On fabrique de fausse écaille avec de la corne, surtout avec de la corne de Buenos-Ayres, blanche, transparente et qui se colore facilement avec des sels métalliques (nitrate d'argent pour le noir, nitrate de mercure pour le brun, or dissous dans l'eau régale pour le rouge), ou avec des couleurs d'aniline après mordançage par la potasse. Mais actuellement, c'est surtout avec le celluloïd qu'on fabrique des imitations de toutes sortes d'objets d'écaille. Mais ces contrefaçons ne peuvent supporter la comparaison avec l'écaille véritable et n'ont guère porté atteinte à son commerce.

Il est difficile d'apprécier à combien monte actuellement le commerce de l'écaille, surtout à cause de l'emploi si répandu de ce produit en Extrême-Orient. Pendant les cinq dernières années, il en a été fourni au commerce entre 120.000 et 150.000 kilogrammes. Le principal marché est Londres, où les arrivages disponibles sont vendus aux enchères tous les deux mois. En France, il en arrive directement beaucoup des Antilles et un peu des Seychelles. L'Allemagne en attire chez elle beaucoup de Mozambique et de Madagascar par Zanzibar, des Philippines et de Célèbes par Singapore. En Hollande, il en arrive un peu des Indes néerlandaises.

C'est surtout à Paris que l'écaille est travaillée ; il y est mis en œuvre annuellement pour un million de francs de matière brute ; c'est là que se font les articles de luxe et de goût. Après Paris viennent Naples, Vienne et Londres.

LES CROCODILES

Les crocodiliens sont des reptiles aquatiques, munis de quatre pattes, d'une longue queue et de dents coniques implantées dans des alvéoles sur les maxillaires supérieur et inférieur seulement ; leur corps est recouvert de plaques constituées d'une partie dermique, formée d'un tissu conjonctif épais, plus ou moins ossifié, et d'un revêtement corné épidermique ; entre ces écailles, la peau est molle. Les Crocodiles proprement dits habitent surtout la région paléotro-

picale; les Gavials, à maxillaires très allongés leur sont mélangés dans les contrées extrême-orientales ; en Amérique existent surtout les Alligators et les Caïmans qui se distinguent des précédents en ce qu'ils sont dépourvus, à la mâchoire supérieure, de fossettes destinées à loger les canines inférieures.

Tous ces animaux sont rapaces et souvent dangereux pour l'homme ; leur demeure est l'eau, où ils guettent leur proie, mais ils montent souvent sur les berges, le jour pour se chauffer au soleil, la nuit pour aller en chasse. Dans les pays un peu froids, ils hivernent au fond de l'eau. Ils pondent dans le sable plusieurs douzaines d'œufs ovales, à coquille dure, à blanc gélatineux très ferme, et à jaune volumineux.

Leur importance est plutôt négative : dans certains pays ils font de nombreuses victimes et la terreur qu'ils inspirent est parfois si grande qu'elle éloigne des rivières les indigènes qui n'osent ni y pêcher, ni y circuler. Ils détruisent aussi des animaux domestiques et du poisson.

Les Européens apprécient, en général, fort peu la chair de ces animaux qui a presque toujours un goût musqué ; mais beaucoup de races s'en nourrissent lorsqu'elles le peuvent et parfois même l'apprécient beaucoup ; d'autres ont au contraire pour les caïmans une vénération religieuse. Leurs œufs sont souvent recherchés.

La peau, dépouillée de la partie cornée peut se tanner et donner un cuir très résistant et absolument imperméable ; on en fait des bottes, des malles, des sacs, portefeuilles, portemonnaie ; l'aspect de ce cuir est très caractéristique, ce qui fait que sa consommation est fortement influencée par les fluctuations de la mode, mais il pourrait rentrer davantage dans les usages courants. On peut aussi trouver dans les dents un ivoire excellent pour faire de petits objets ; des glandes situées sous la mâchoire inférieure peuvent donner un musc de qualité inférieure, utilisable en mélanges. La graisse peut permettre d'extraire de l'huile.

Ces diverses utilisations pourraient rendre la chasse de ces animaux assez rémunératrice et permettre de trouver ainsi dans les pays où ils sont très abondants, par exemple dans beaucoup de nos colonies, des ressources un peu négligées tout en aidant à leur diminution et en assurant par là la sécurité des cours d'eau. Quelques inconvénients inattendus pourraient cependant en résulter ; en

Louisiane, une extermination rapide des alligators a été suivie d'une pullulation des rats musqués qui sont devenus, vers 1890, très incommodants.

Les crocodiles peuvent se chasser au fusil, bien que leur peau résiste souvent aux balles. Les indigènes de différents pays les prennent avec des sortes de lignes appâtées d'entrailles d'animaux ou de morceaux de viande ou de poisson, recouvrant des morceaux de bois pointus, attachés en croix ou disposés de telle façon que l'animal, après avoir mordu, soit pris à un nœud coulant.

CRUSTACÉS

Utilisation alimentaire des crustacés. — Parmi les espèces
très nombreuses que renferme la classe des crustacés, quelques-unes
seulement sont l'objet d'une pêche plus ou moins régulière pour être
ensuite employées à l'alimentation ; elles comptent d'ailleurs parmi les
formes les plus élevées en organisation de la classe et appartiennent
aux deux ordres des Stomatopodes et des Décapodes.

A vrai dire, les Stomatopodes ne sont guère cités ici que pour
mémoire ; bien que ces crustacés, qui habitent exclusivement les mers
chaudes, atteignent parfois une taille considérable, ils sont en général
dédaignés par les pêcheurs ; la belle espèce de la Méditerranée,
Squilla mantis Rond., qui mesure parfois jusqu'à 20 centimètres de
longueur, n'est consommée ni à Marseille ni dans nos possessions du
Nord-Ouest de l'Afrique, malgré qu'elle constitue, au dire des Italiens
qui la pêchent activement dans l'Adriatique, un excellent manger. On
est sans renseignements sur la valeur alimentaire des grands Squil-
lidés des mers tropicales. Seurat nous apprend cependant qu'une
grande Squille est très appréciée des indigènes des Tuamotu.

Beaucoup plus considérable est l'importance économique des
crustacés décapodes et quelques unes des espèces qu'ils fournissent
à nos tables donnent lieu à un mouvement commercial important.

Le sous-ordre des Brachyoures, qui comprend tous les animaux
vulgairement connus sous le nom de crabes, ne renferme que quelques
espèces utilisées comme aliment ; la consommation qui s'en fait n'est
d'ailleurs pas considérable ; nos pêcheurs mangent quelquefois la
chair, assez médiocre, des araignées de mer (*Maia*) qu'ils prennent
dans leurs filets. Beaucoup plus délicate et très fine de goût, la chair
du tourteau (*Cancer pagurus* L.) constitue un aliment que certains
gourmets préfèrent à celle du homard. En Algérie, on mange, outre

le *Carcinus mænas* Leach, également consommé dans toute l'étendue de son aire de dispersion, un autre portunien, le *Portunus arcuatus* Leach, assez estimé des Arabes. Ceux-ci dédaigneraient, bien qu'il soit assez commun partout, depuis le Maroc jusqu'à la Tunisie, un crabe d'eau douce qui est au contraire apprécié dans l'Europe méridionale, le *Potamon edulis* (*Telphusa fluviatilis*) ; les nègres de l'Afrique équatoriale feraient, par contre, d'après les auteurs, une importante consommation de crabes fluviatiles, très abondants au Soudan, en Guinée et dans le Niger entre Tombouctou et Say, mais particulièrement au Congo, où le genre *Potamon* n'est pas représenté par moins de seize espèces. En Indo-Chine, les crabes d'eau douce, très nombreux dans les deltas, vivent aussi dans les rizières et les envahissent parfois au point de causer de sérieux dégâts aux récoltes, en dévorant les grains de riz nouvellement semés. M. Pavie, à qui nous empruntons ce renseignement, ne dit pas que les indigènes mangent ces Potamonidés.

Aux Etats-Unis, on pêche diverses espèces des genres *Gelasimus*, *Cancer*, *Menippe*, *Panopeus*, *Heterograpsus*, etc., et, surtout, le *Callinectes hastatus* Ordway.

A Madagascar, les crabes sont parfois recherchés comme aliment par les indigènes. Les Néo-Calédoniens recueillent sur les rochers, pour s'en nourrir, des brachyoures divers (*Neptunus*, *Lupea*, *Grapsus*). Aux Tuamotu, enfin, la chair de l'*Ocypoda Urvillei* Guérin entre, avec le coco râpé, dans la constitution d'une sauce qui sert de condiment.

Nous dirons enfin quelques mots des Gécarcins ou crabes terrestres, connus dans nos colonies des Antilles et à la Guyane sous le nom vulgaire de *tourlourous* : ces singuliers Brachyoures se tiennent d'ordinaire dans les bois humides, vivant le jour dans des trous qu'ils creusent dans la terre, courant la nuit avec une très grande rapidité, en quête de leur nourriture ; la légende veut que ces tourlourous aillent déterrer les cadavres pour se repaître de leur chair ; ailleurs, on les accuse de se nourrir de baies de mancenillier, ce qui donnerait à leur chair des qualités toxiques ; il paraît probable que les Gécarcins se nourrissent en réalité de matières végétales et tous ceux qui, insoucieux des superstitions locales, mangent ces crabes de terre sont unanimes à déclarer qu'ils constituent un excellent aliment. Le *Cardisoma Guanhami* Marg., le *Gecarcinus ruricola* (L.), paraissent être les formes les plus communes aux Antilles.

On peut mentionner ici l'animal vulgairement connu sous le nom de crabe des cocotiers et qui est en réalité un Macroure de la famille des Cénobitidés, le *Birgus latro* (L.), énorme crustacé qui vit à terre, dans des terriers creusés au pied des arbres ou sous les grosses pierres. Seurat dit que les indigènes des Tuamotu, très friands de sa chair, le capturent avec les plus grandes précautions, car les pinces de cet animal sont très redoutables.

Mais au point de vue où nous nous plaçons, les crustacés les plus importants et de beaucoup sont les Décapodes Macroures appartenant aux familles des Pénéidés, des Palémonidés, des Palinuridés et des Astacidés.

Les Pénéidés et les Palémonidés sont des Décapodes nageurs qui n'atteignent que rarement une taille considérable. Dans la première de ces deux familles, le genre *Penaeus* nous offre quelques espèces très appréciées : *P. caramota* (Risso) est fréquent dans la Méditerranée ; ce beau décapode, à la chair exquise, atteint parfois jusqu'à 25 centimètres de long sans rien perdre de la finesse de son goût ; ce sont les langostines des côtes d'Espagne ; on le pêche aussi en Algérie en même temps que d'autres espèces voisines. *P. setiferus* et *P. brasiliensis* sont pêchés aux Etats-Unis. Le genre *Penaeus* paraît être particulièrement bien représenté dans l'Océan Indien. A. Milne-Edwards en a décrit de nombreuses espèces provenant des deux côtes de l'Inde et dont quelques unes ont une aire de répartition assez vaste ; le *P. canaliculatus* (Ol.), qui ne dépasse guère 15 centimètres de longueur, se trouve depuis Maurice jusqu'au Japon ; le *P. monodon* Fab. depuis Ceylan jusqu'aux Philippines. Le *P. semisulcatus* De Haan existe à Formose, aux Philippines, en Australie et sur les côtes de l'Inde.

Si les Pénéidés sont exclusivement marins, la famille des Palémonidés nous offre, à côté de formes marines, un certain nombre d'espèces dulcaquicoles. Parmi les formes marines nous citerons en premier lieu la crevette rose et la Salicoque (*Leander serratus* Fab. et *L. squilla* L.), cette dernière plus petite de moitié à peu près, communes toutes deux sur les côtes de l'Algérie et très recherchées pour l'alimentation, puis la crevette grise (*Crangon vulgaris* L.), abondante dans toutes les mers d'Europe, sur les deux côtes de l'Amérique du Nord et dans les mers du Japon, et d'autres espèces des genres *Crangon* et *Pandalus*. Mentionnons encore *Nika edulis*

Risso et *Lysmata seticauda* Risso, toutes deux pêchées sur les côtes d'Algérie. Les Palémonidés des mers chaudes sont aussi l'objet d'une pêche active ; mais on n'a jusqu'ici que fort peu de renseignements sur l'utilisation alimentaire des espèces scientifiquement connues ; on sait cependant que le *Palaemon ornatus* Ol. fait, après salaison, l'objet d'un commerce important dans nos possessions d'Indo-Chine. On pêche un peu partout dans les eaux douces des pays tropicaux, des espèces appartenant surtout aux genres *Caridina* et *Palaemon*, fort recherchées à cause de la délicatesse de leur chair et qui sont généralement désignées par les explorateurs sous le nom de Crevettes ; certaines d'entre elles atteignent une taille considérable : la plus grande connue est le *Palaemon carcinus* Fab., trouvé dans le Gange et qui existe aussi dans les eaux douces du Siam et de la Cochinchine ; elle mesure parfois près de 30 centimètres de longueur. Citons aussi le *Palaemon lar* Fab., de Tahiti.

La famille des Palinuridés ne comprend qu'un nombre restreint de genres dont trois seulement nous intéressent à des degrés divers. Les Scyllares sont représentés dans la Méditerranée et dans l'Atlantique jusqu'aux Antilles par une belle espèce, *Scyllarus latus* Rond., qui mesure souvent plus de 30 centimètres et dont la chair est, au dire de quelques uns, un aliment exquis. Une espèce plus petite (*Arctus ursus* Dana) est aussi vendue sur les marchés algériens ; on la trouve sur les côtes de la Sénégambie, en Australie et aux Antilles. Mais ce sont surtout les langoustes (*Palinurus* et genres voisins) qui fournissent un appoint important à l'alimentation dans les diverses régions du globe. Ce sont des crustacés de grande taille, répandus dans toutes les mers et habitant principalement les côtes rocailleuses. La langouste est le plus souvent consommée sur place à l'état frais, parfois exportée vivante dans des bateaux viviers ; dans quelques endroits où elle est particulièrement abondante on a entrepris de la préparer en conserve par les mêmes procédés que nous décrirons plus loin à propos du homard. Nous mentionnerons spécialement les usines établies dans la Baie de la Table, près Capetown, dont la première fut créée en 1893 par des industriels français, employant un personnel en grande partie français ; les produits de ces usines trouvent un débouché facile en France où la langouste est de consommation beaucoup plus courante que le homard.

La dernière famille, celle des Astacidés, comprend les formes d'eau douce généralement désignées sous le nom d'écrevisses et les décapodes marins appartenant au genre *Homarus*. Les écrevisses, si bien représentées par les espèces du genre *Astacus* dans les cours d'eau d'Europe, font complètement défaut dans les eaux courantes de la plupart de nos colonies : l'Afrique continentale n'en possède aucune espèce; à Madagascar les *Astacus* sont remplacés par des formes voisines, les *Astacoides*, spéciales à la grande île et dont on ne connaît qu'une seule espèce, *A. madagascariensis* Guérin. Parmi les autres Astaciens le genre *Cambarus* compte une cinquantaine d'espèces, toutes de l'Amérique du Nord ; le genre *Cambaroides* n'a de représentants que dans le bassin de l'Amour et au Japon. L'Australie et la Nouvelle-Zélande possèdent aussi quelques écrevisses dont certaines atteignent la taille d'un homard (genres *Astacopsis*, *Engaeus*, *Chaerops* et *Paranephrops*). Enfin le Brésil est la patrie des *Parastacus*. Telle est du moins la répartition géographique des Astaciens indiquée par Stebbing ; mais nous croyons devoir faire remarquer ici que Darwin et lady Brassey parlent de petites écrevisses pêchées dans les rivières de Tahiti ; et d'autre part M. Guesd nous a confirmé la présence dans les cours d'eau de la Guadeloupe d'une écrevisse de taille considérable, très appréciée par les habitants.

On a cru pendant longtemps que le genre *Homarus* ne renfermait qu'une seule espèce, répandue sur les côtes de l'Europe septentrionale, de l'Amérique du Nord et de l'Afrique du Sud. A. Milne-Edwards a montré le premier qu'il convenait de distinguer trois espèces qu'il appelle respectivement *H. vulgaris*, *H. americanus* et *H. capensis*. Si *H. vulgaris* M.-E. fait en Europe et surtout en Angleterre, en Allemagne et dans les pays scandinaves l'objet d'une consommation importante, il n'y a cependant aucune comparaison à établir entre le rendement de la pêche de ce crustacé sur notre continent et le rendement de la pêche de son congénère, *H. americanus*, telle qu'elle est pratiquée aux Etats-Unis, au Canada et à Terre-Neuve. L'Amérique du Nord est en effet, par excellence, le centre de production de ces conserves en boîtes qui se répandent ensuite dans le monde entier et l'exploitation des fonds de pêche en vue de la préparation de ces conserves a été tellement intense, tellement inconsidérée, qu'une dépopulation très rapide en a été la conséquence naturelle ; la constatation officielle de cet appauvrissement des fonds a motivé de la part des savants américains une série d'études biologiques dont nous allons exposer les conclusions.

Les pêcheries de Terre-Neuve, entreprises en 1881, accusèrent bientôt les symptômes d'une rapide décroissance, et lorsque le laboratoire de Dildö fut créé, en 1888, Nielsen, directeur de cet établissement, eut à étudier la question de la propagation artificielle du précieux crustacé. Il put constater qu'après une fécondation interne consécutive à un accouplement, la femelle expulse en un jour la totalité des œufs constituant sa ponte. Ces œufs, recouverts d'une surface agglutinante sont, comme on le savait depuis longtemps, maintenus sous l'abdomen de la femelle, et cela jusqu'au moment de l'éclosion qui a lieu neuf mois environ après la ponte. A leur sortie de l'œuf, les jeunes, déjà munis de tous leurs appendices thoraciques, commencent aussitôt à nager ; ils sont très voraces et s'entre-dévorent si on ne leur donne pas une nourriture suffisante ; à Dildö, Nielsen les nourrissait pendant quelque temps de jaunes d'œufs, de foie de poisson frais, de chair de crabe ou de poisson hachée menue, les conservant dans les incubateurs flottants, sortes de caisses de 1 mètre de long sur 45 centimètres de large, profondes de 30 centimètres au centre, de 22 centimètres aux extrémités, jusqu'après la troisième mue, c'est-à-dire pendant trois semaines environ, les mues se succédant à un intervalle d'une semaine à peu près dans le jeune âge. Les jeunes étaient ensuite lâchés en différents points de la côte. Pour se procurer les œufs, Nielsen avait conclu des arrangements avec les homardiers en vue de recueillir sur les femelles capturées les œufs qu'il plaçait dans ses incubateurs. En cinq ans il put ainsi lâcher dans les baies de Terre-Neuve près de 2.500 millions de jeunes homards ; il fait remarquer avec raison que quelque faible que soit le pourcentage des individus qui atteindront, au bout de six ou sept ans, la taille marchande de 25 centimètres, la méthode demeure avantageuse puisque tous les œufs recueillis auraient été détruits dans les usines où il les a pris. Du reste, Nielsen demandait aussi que la pêche fût interdite pendant une partie de l'année, du 15 juillet au 20 août, et préconisait en outre la mise en vigueur d'une réglementation particulière pour l'ouverture des casiers à homards, qui devraient permettre aux crustacés trop jeunes de s'échapper. Il indiquait enfin que, dans les eaux de Terre-Neuve, les homards dont la taille est inférieure à 25 centimètres ne sont pas arrivés à leur maturité sexuelle et publiait le tableau suivant donnant le nombre d'œufs que porte en moyenne une femelle grainée d'une longueur donnée :

Longueur en millimètres	254	279	304	330	355	381
Nombre d'œufs.........	18.000	22.154	23.080	24.105	25.000	25.600

Herrick, qui a repris plus tard l'étude biologique du homard, a constaté que la ponte se produit surtout au début d'août et seulement tous les trois ans ; en ce qui concerne le nombre d'œufs il est arrivé à ce résultat que lorsque la longueur augmente de 5 centimètres, ce nombre s'accroît dans le rapport de 2 à 1 pour les homards dont la taille est comprise entre 20 et 35 centimètres, conformément au tableau suivant :

Longueur en centimètres....	20	25	30	35
Nombre d'œufs.............	5.000	10.000	20.000	40.000

Les homards de moins de 18 centimètres ne sont jamais arrivés à leur maturité sexuelle, et parmi ceux de 26 centimètres il en est très peu qui n'aient pas déjà pondu.

En 1895, Garman a étudié le développement : il admet que la femelle pond tous les deux ans, la ponte ayant lieu du milieu de juin jusqu'à la fin d'août ; les œufs se développent d'abord assez rapidement, puis leur évolution est retardée par le froid pour reprendre, rapide, à la fin de l'hiver. L'éclosion a lieu du commencement de mai à la fin de juillet. A la suite de ces observations, le Gouvernement canadien a interdit la capture des femelles grainées et suspendu la pêche du 1er ou du 15 août jusqu'au 31 décembre de chaque année ; en même temps il prohibait la vente des homards dont la longueur n'était pas de 225 millimètres au moins. En 1904, il a complété ces mesures protectrices par l'établissement sur les côtes de l'île de Cap-Breton d'un vaste enclos de près d'un hectare de superficie, dans lequel il a parqué, de mai à fin juillet, les femelles grainées ; à la fin de la saison de pêche les femelles, dont les œufs allaient éclore, furent mises en liberté le long de la côte ; la construction de ce parc représente une dépense de 25.000 francs environ ; les dépenses d'entretien sont minimes, les homards parqués étant nourris avec du hareng ; le déchet total a été de 10 o/o à peu près et on évalue à 500 millions le nombre des œufs portés par les femelles mises en liberté ; en admettant que 2 o/o seulement des larves qui allaient éclore atteignent leur complet développement, l'opération paraît encore avantageuse, mais bien moins certainement que celle pratiquée par Nielsen à Dildö.

Grâce aux réglementations restrictives de la pêche et aux mesures prises pour assurer dans la limite du possible un repeuplement des fonds, les pêcheries du Canada sont actuellement plus prospères que celles des Etats-Unis ou de Terre-Neuve ; il est pourtant certain que les fonds s'appauvrissent et on en trouve la preuve dans ce fait que la taille des crustacés pêchés va en décroissant graduellement d'année en année : alors qu'en 1880 il fallait deux ou trois homards pour une boîte il en faut aujourd'hui cinq, parfois six et même dans certaines localités sept ou huit.

La préparation des conserves en boîte exige toute une longue série d'opérations. Macphail, qui a étudié la question, préconise la méthode suivante, à laquelle on apporte dans la pratique les simplifications que nous indiquerons.

1° Faire bouillir les homards vivants pendant 12-15 minutes dans l'eau de mer, qui devra être renouvelée chaque jour ;

2° Mettre les crustacés à refroidir sur des tables lavées à la chaux et les retirer aussitôt que possible. — A Terre-Neuve on laisse égoutter toute la nuit sur des tables doublées de fer-blanc ;

3° Séparer les queues et extraire la chair des pattes et des pinces ; les placer séparément dans des vases nettoyés avec de l'eau bouillante. Fendre les queues dans le sens de la longueur ; enlever toute trace d'intestin ; laver une première fois dans l'eau froide douce, une seconde fois dans l'eau douce bouillie et refroidie ; placer les queues ainsi traitées dans des plats de faïence et les couvrir d'un linge propre qui aura été trempé dans l'eau bouillante. Laisser sécher. Pour les pinces, les laver de la même façon et égoutter avec soin. — Les Terre-Neuviens ne fendent pas les queues pour enlever l'intestin ; ils lavent deux fois à l'eau salée et font égoutter la chair des queues et des pattes sur des tables en fer-blanc percées de trous, pendant toute une nuit ;

4° Stériliser toutes les boîtes en faisant disparaître la résine au moyen d'essence de térébenthine et les autres taches avec de l'esprit de bois ou tout autre liquide convenable ; les laver dans l'eau douce et les sécher en les essuyant avec un linge propre ; éviter de toucher l'intérieur avec les doigts ; introduire la doublure en papier parcheminé destinée à empêcher le contact de la chair avec le métal ;

5° Placer le homard dans les boîtes avec la main en le manipulant le moins possible ; les mains de l'opérateur doivent être absolument propres. Ajoutons ici que l'on met les queues au fond, les pinces dessus et que l'on comble les vides avec de petits morceaux ; la boîte est alors pesée et doit contenir un demi-kilo environ.

A partir de là la conservation définitive est en général assurée par deux procédés différents : dans le procédé dit au vide la boîte, pesée à sec, est aussitôt soudée ; on la met alors pendant une heure dans l'eau bouillante ; puis on perce dans le couvercle un petit trou qui livre passage à une certaine quantité d'air ; on ressoude aussitôt et le lendemain, après un nouveau passage de une heure et demie dans l'eau bouillante, on reperce à nouveau le couvercle qui est aussitôt ressoudé d'une façon définitive. Dans le procédé dit à la saumure, après la pesée on fait le plein avec de la saumure marquant trois degrés au pèse-sel ou avec de l'eau de mer ; puis on soude le couvercle et la boîte n'a plus qu'à séjourner deux heures et demie dans l'eau bouillante.

Telles sont les deux méthodes à peu près également employées à Terre-Neuve. Macphail estime qu'elles ne présentent pas de garanties suffisantes et propose de procéder comme il suit :

Introduire dans la boîte une ou deux cuillerées à café de sel par livre, puis la souder en réservant dans le couvercle un trou à air, que l'on bouche après avoir fortement appuyé sur le milieu du couvercle ; les boîtes doivent alors passer dans l'eau bouillante à trois reprises, un intervalle de 12 à 15 heures séparant deux passages successifs ; le séjour dans l'eau bouillante doit durer 50 à 60 minutes 'la première fois, 50 minutes la deuxième et 40 minutes seulement la troisième ; par temps chaud il est prudent de procéder à un quatrième passage de 40 minutes à l'eau bouillante, 12 heures environ après le troisième.

Cette fabrication exige somme toute beaucoup de soins et doit être accomplie dans des conditions de propreté rigoureuse. Aussi ne faut-il pas s'étonner d'avoir à constater parfois des insuccès provenant dans la plupart des cas de la mauvaise qualité des boîtes, dont la soudure et l'étamage peuvent laisser à désirer, parfois aussi de la cuisson dans une eau malpropre.

En 1897, un fabricant saint-pierrais a essayé, sans grand succès d'ailleurs, de conserver les homards entiers avec leur carapace.

On doit attacher plus d'importance à la tentative d'un Terre-Neuvien qui, en 1896, eut l'idée de mettre dans les boîtes de la gélatine préalablement gonflée à l'eau ; pendant les séjours dans l'eau bouillante cette gélatine, se liquéfiant, enrobait la chair et le contenu de la boite rappelait ainsi certaines conserves de viande à la gelée. Le goût en était, paraît-il, des plus agréables. La fabrication de ces conserves fut cependant interdite : il faut, en effet, sous peine de voir la gélatine devenir dure et cassante, abaisser à deux heures, au maximum, la durée totale du séjour dans l'eau bouillante et dans ces conditions la conservation est mal assurée. Le principe de la méthode était intéressant et de nouvelles recherches permettraient sans doute de tourner la difficulté. Malheureusement la situation actuelle des homarderies ne permet pas à leurs propriétaires de se lancer dans des entreprises aléatoires ; aux États-Unis beaucoup d'usines ont dû cesser toute fabrication ; il en est de même à Terre-Neuve et l'on peut prévoir le moment où les homarderies canadiennes elles-mêmes entreront dans la période de déclin.

Utilisation de crustacés comme boette. — Sur notre littoral méditerranéen les pêcheurs usent en guise d'appât de diverses espèces de crustacés : *Idothea tricuspidata* Desm., *Gammarus marinus* Leach, divers *Crangon* et *Palaemon* sont ainsi utilisés ; on emploie aussi comme appât, pour la pêche des poulpes notamment, le *Carcinus mœnas* Leach. Mais parmi les crustacés ce sont surtout les Pagures, vulgairement désignés sous le nom de *piades*, qui sont employés, leur abdomen mou et volumineux formant une excellente garniture pour les hameçons des lignes à main, des palangrotes ou des palangres.

Les Américains garnissent aussi parfois leurs hameçons avec des crabes et des *Crangon*.

Aux Tuamotu, les indigènes emploient comme appât l'abdomen des Cénobites qui sont d'une abondance extrême dans tous les les atolls, aux environs des cases où elles cherchent les débris organiques dont elles se nourrissent ; généralement ces crustacés logent leur abdomen dans une coquille de *Turbo setosus* Gmelin.

MOLLUSQUES

Les mollusques sont, comme l'on sait, des animaux pour la plupart marins ; quelques uns cependant habitent les eaux douces et d'autres sont terrestres. Le corps mou de ces animaux est en général plus ou moins complètement protégé par une coquille calcaire, secrétée par un repli des téguments que l'on appelle le manteau ; toutefois cette coquille est absente dans certains types.

Les zoologistes divisent le groupe des mollusques en cinq classes : Amphineures, Scaphopodes, Lamellibranches, Gastéropodes et Céphalopodes ; seules les trois dernières ont une importance réelle au point de vue qui nous occupe, importance d'ailleurs très inégale suivant la classe que l'on considère.

A tous égards les Lamellibranches tiennent le premier rang ; dans l'énorme quantité de mollusques consommée chaque jour ils entrent pour la part de beaucoup la plus considérable et c'est encore eux qui fournissent à l'industrie la majeure partie des coquilles qu'elle utilise. Il nous suffira, au reste, de rappeler que l'huître comestible et la moule d'une part, l'huître à nacre d'autre part, appar-

Principaux documents consultés : Simmonds. The commercial products of the sea, 2e édition, Londres 1883. — Bouchon-Brandely. Rapport au ministre de la Marine et des Colonies sur la pêche et la culture des huîtres perlières à Tahiti, Journal Officiel, juin 1885. — G.-B. Goode. The fisheries and fishery industries of the United States, section V : History and methods of the fisheries, Washington 1887. — Gobin. La pisciculture en eaux salées, Paris 1891. — Saville Kent. The great Barrier Reef of Australia, Londres 1893. — S. Grand. Méthode de culture de l'huître perlière dans les lagons de Tahiti, Bulletin des Pêches maritimes 1895. — Vassel. La Pintadine de Vaillant et l'acclimatation de la mère-perle sur le littoral tunisien, Revue Tunisienne 1898. — Seurat. L'huître perlière, nacre et perles, Paris 1901. — W.-A. Herdman. Report to the Government of Ceylon on the pearl-oyster fisheries of the gulf of Manaar, 4 volumes in-4°, Londres 1903-1905, etc.

tiennent à cette classe des Lamellibranches pour donner une première idée du rôle économique de ces bivalves.

La chair souvent coriace des Gatéropodes est en général peu estimée et le nombre des espèces de cette classe qui entrent d'une façon normale dans la consommation est assez restreint. Mais de tout temps les coquilles univalves de certains de ces mollusques ont attiré l'attention des hommes, séduits par la beauté ou l'étrangeté de leurs formes, par l'éclat de leurs couleurs. A l'état naturel ces coquilles ont été employées comme monnaies, comme parure ; travaillées par d'habiles artisans elles deviennent des camées dont quelques uns ont une réelle valeur artistique et peuvent atteindre un prix élevé.

La nacre des coquilles du nautile, les os de seiche sont susceptibles de diverses applications industrielles ; mais c'est surtout pour leur chair que les Céphalopodes sont recherchés par l'homme, qui s'en nourrit dans certaines contrées et qui, ailleurs, l'emploie comme appât pour la pêche.

Les Mollusques comme aliment.

Pour donner une idée approximative du rôle que les mollusques jouent dans l'alimentation et de leur importance économique à ce point de vue, nous rappellerons ici que, en 1902, les pêcheurs et propriétaires de parcs du littoral français ont livré au commerce pour 18.480.777 francs d'huîtres, indigènes ou portugaises, pour 2.130.230 francs de moules et pour 1.062.013 francs d'autres mollusques comestibles. Le total de 21.673.020 francs que l'on obtient en additionnant les trois nombres qui précèdent représente près de 17 o/o de la valeur globale (128.501.592 francs) des produits pêchés sur nos côtes ou par les navires armés dans nos ports. Aux États-Unis, la pêche et l'élevage des huîtres comestibles occupaient, en 1880, 52.000 personnes qui jetaient sur les marchés pour plus de 67 millions de francs de ces mollusques ; on estime aujourd'hui à plus de 100 millions de francs la valeur des huîtres qui sont consommées chaque année aux États-Unis ; les autres coquillages y donnent lieu aussi à un mouvement commercial important.

Huîtres. — L'huître occupe bien certainement le premier rang parmi les mollusques comestibles ; c'est ce qui résulte des chiffres qui précèdent. Le genre *Ostrea*, répandu dans toutes les mers, y est représenté par une cinquantaine d'espèces, généralement recherchées pour la finesse de leur goût. La chair de ces bivalves constitue d'ailleurs un excellent aliment, de digestion facile, dont nous donnons ci-dessous la composition centésimale à l'état normal et à l'état sec :

	État normal	État sec
Eau	80.50	0
Matières azotées	8.70	44 60
Matières grasses	1.43	7.32
Matières extractives	7.33	37.61
Cendres	2.04	10.47

L'huître était déjà appréciée des anciens qui exploitèrent d'abord les bancs naturels de la Méditerranée et, plus tard, ceux des côtes de la Grande-Bretagne. Vers le début du deuxième siècle avant J.-C., Sergius Orata réalisa une fortune en installant à Baia des viviers où il parquait et engraissait les huîtres prises sur le banc de Brindisi ; et il trouva rapidement de nombreux imitateurs.

Les Chinois semblent pratiquer l'ostréiculture depuis l'antiquité la plus reculée.

En France on s'est borné pendant longtemps à pêcher sur les bancs, assez nombreux, qui se répartissent le long de nos côtes ; puis ces bancs allèrent s'appauvrissant à la suite de l'exploitation inconsidérée qui en était faite pour répondre aux exigences sans cesse croissantes de la consommation. En 1858, Coste constatait que la plupart des gisements signalés en 1759 par Duhamel de Monceau étaient complètement détruits et que l'existence de bien d'autres était gravement compromise ; quelques essais de parquage avaient bien été faits avant cette époque ; mais ce n'est qu'à partir de 1870 que l'ostréiculture a pris en France un développement considérable ; sous les efforts de de Bon et de Coste, aidés et encouragés par le Ministère de la Marine, la technique ostréicole a précisé ses méthodes et s'occupe aujourd'hui de recueillir le frai de l'huître ou naissain, de le parquer et de l'élever, d'améliorer et d'engraisser les huîtres.

L'Angleterre, la Belgique, la Hollande, l'Allemagne, l'Espagne, le Portugal, les États-Unis pratiquent aussi l'ostréiculture.

On trouve dans la plupart de nos colonies des bancs plus ou moins étendus d'huitres comestibles ; mais aucun essai ostréicole sérieux n'a été entrepris dans nos possessions. Il semble pourtant que, en plus d'un point, on pourrait obtenir des résultats favorables en employant les méthodes italiennes d'ostréiculture en eaux profondes.

A côté du genre *Ostrea* nous citerons ici le genre *Gryphea* dont un représentant bien connu est la *G. angulata* Lmck., vulgairement désignée sous le nom d'huître portugaise.

Moules. — Moins estimés que les huitres, les mollusques de la famille des Mytilidés, que l'on groupe généralement sous le nom de moules, donnent cependant lieu encore à un commerce important. Nous possédons sur les côtes d'Europe de nombreux représentants du genre *Mytilus* et l'analyse qui en a été faite montre que la chair de la moule contient moins de matières grasses (1,21 o/o) et de matières extractives (4,04 o/o) que celle de l'huître ; elle est par contre plus riche en matières azotées (11,25 o/o) ; la moule commune (*Mytilus edulis* L.) de nos pays se trouve aussi sur les côtes de l'Amérique du Nord et l'on consomme aussi aux États-Unis des espèces des genres voisins *Modiola* et *Modiolaria*. La consommation des moules en Europe est assez considérable pour que l'élevage de ces mollusques ait été entrepris et constitue aujourd'hui dans divers pays une industrie importante ; dans la baie de l'Aiguillon et dans la rade de Toulon, dans les estuaires des fleuves écossais, en Zélande, à Kiel, à Tarente, à la Spezzia, la mytiliculture est pratiquée par des procédés qui varient suivant les régions mais qui donnent tous de bons résultats commerciaux.

La mytiliculture n'est pratiquée dans aucune de nos colonies et nous n'avons guère de renseignements sur l'utilisation alimentaire des Mytilidés qu'en ce qui concerne l'Algérie ; il y existe quelques moulières naturelles dont la production est du reste trop faible pour suffire à la consommation locale.

Autres Lamellibranches. — Nous n'avons pas la prétention d'établir ici une liste complète des bivalves pêchés de façon plus ou moins régulière en vue de l'alimentation ; quelque longue qu'elle fût une semblable liste serait toujours incomplète ; nous manquons pour bien des pays de renseignements précis sur les espèces utilisées comme aliment ; nous nous contenterons donc d'énumérer les formes que l'on voit le plus communément sur les marchés en Europe en Amérique et dans quelques unes de nos colonies.

Les Peignes (*Pecten maximus* L., *P. jacobaeus* L., *P. opercularis* L., etc.), connus en France sous le nom de coquilles Saint-Jacques, ne font l'objet, dans la plupart des pays d'Europe, que d'une consommation insignifiante. Cependant les Irlandais pêchent activement le *P. opercularis* L., qu'ils désignent sous le nom de *quin*. En Algérie la coquille Saint-Jacques est quelque peu consommée dans le quartier de Philippeville. En Amérique et à New-York surtout, le *P. irradians* Lmck., désigné sous le nom de *scallop*, est, au contraire, très apprécié et la pêche en est pratiquée d'une façon régulière.

On désigne en France, sous des noms qui varient beaucoup avec les contrées, un certain nombre de Lamellibranches groupés dans les pays de langue anglaise sous la dénomination générique de *clams* ; le nombre en est assez considérable.

A Marseille, par exemple, nous voyons couramment sur les marchés les *clovisses* (*Tapes decussatus* L., *T. geographicus* Chemn., *T. aureus* Gm., *T. petalinus* Lmck., etc.), les *praires doubles* (*Venus verrucosa* L.), les *praires simples* ou *praires rouges* (*Venericardia sulcata* Payr.), les *mourgues* (*Cardium edule* L., *C. paucicostatum* Sow.), et, plus rarement, les *dattes de mer* (*Lithodomus lithophagus* L.) ; ces dernières sont répandues dans toute la Méditerranée, dans la mer Rouge et jusqu'à la Réunion. On mange aussi sur le littoral méditerranéen la Pholade, le *dattero di mare* des Italiens (*Pholas dactylus* L.), dont le goût est, paraît-il, des plus agréables, et les couteaux (*Solen ensis* L., *S. siliqua* L., *S. vagina* L.), dont la chair coriace manque de finesse. Le *dati* de Cette est le *Modiola adriatica* Lmck. En Sardaigne le *Cardium tuberculatum* L. remplace les mourgues. *Venus verrucosa* L. et *Cardium edule* L. sont pêchés en divers points de l'Algérie ; les clovisses (*Tapes*) y sont par contre assez rares et l'on vend surtout sur les marchés des grandes villes des *Donax* (*D. trunculus* L. notamment), désignés sous les noms de *clonis* ou de *haricots de mer*. A Catane on pêche une grande Mactre (*Mactra stultorum* L.) ; dans l'Adriatique un mollusque voisin de cette mactre (*Lutraria oblonga* Chemn.) est fort estimé sous les noms de *loca* à Trieste et de *caparazolo satile* à Venise ; cette Lutraire est d'ailleurs commune aussi dans l'Atlantique, depuis le Sénégal jusqu'à la Norvège ; dénommée *lavagnon* ou *lavignon* sur nos côtes de l'Atlantique, elle y a fait un moment l'objet d'un élevage en parc et est encore expédiée en certaine quantité aux halles de Paris. Sous le nom de *lavignon* on vend aussi la *Scrobicularia piperata* Gmel.

Dans l'Ouest et dans le Nord de la France on consomme, outre les *palourdes* et les *sourdons*, qui ne sont autre chose que les *clovisses* et les *mourgues* de la Méditerranée, des *Donax*, que l'on mange cuits, les *lavignons* dont nous venons de parler, et aussi une Pholade (*Pholas crispata* L.), connue dans l'Ouest sous le nom de *Dail*. Bien que *Mya arenaria* L. soit abondante dans la mer du Nord, elle n'y est pas pêchée. On la vend à Rochefort sous le nom de *bec de jars*.

Cette même espèce est de l'autre côté de l'Atlantique l'objet d'une pêche intensive et est très appréciée comme aliment aux États-Unis. Avec elle, sur les côtes de l'Atlantique, on pêche *Venus mercenaria* L., *Hemimactra solidissima* Chemn., *Cyprina islandica* L., *Callista gigantea* Flor., *Rangia cuneata* Gray. Dans le Pacifique les pêcheurs américains recherchent d'autres espèces. *Saxidomus aratus* Gld., *Chione succincta* Val., *Mactrinula ovalina* Lmck., *Tresus maximus* Middf., *Macoma nasuta* Conr., *Ensis americana* Gld., *Tapes straminea* Conr., *Modiola capax* Conr., etc. Les *Donax* et les *Solen* sont très appréciés à Panama, où l'on pêche aussi les *Anomalocardia grandis* Brod. et S.

On trouve sur le marché de Suez des *Avicula* et des *Cytherea* comestibles. Aux Philippines, la classe pauvre mange, après les avoir fait cuire, des Lamellibranches du genre *Arca* (*A. inaequivalvis* Blfd.). En Corée une espèce de *Monodonta* et une espèce de *Mytilus* sont appréciées pour leur goût poivré. Les *Tridacna* et les *Hippopus* sont mangés par les indigènes de la Nouvelle-Guinée. En Chine on élève pour la manger une espèce d'*Anodonta* (*A. edulis* Houde).

Seurat nous a récemment fourni quelques renseignements sur l'utilisation alimentaire des mollusques à Tahiti ; le muscle adducteur de l'huître perlière y est séché au soleil pour être consommé plus tard. *Modiola australis* Lmck. et *Asaphis deflorata* L. sont les deux Lamellibranches les plus recherchés par les indigènes, qui les mangent à l'état frais.

Nous savons aussi qu'aux Antilles on pêche des coquillages désignés sous les noms de *soudon* et de *palourde* et qui doivent, par conséquent, se rapprocher des *Cardium* et des *Tapes*.

Les nègres de l'Afrique mangent les *Aetheria* (*A. electrina* Lmck. et *A. semilunata* Lmck. du Sénégal notamment), qui sont très communes dans les fleuves.

Mais de façon générale, nous n'avons pas beaucoup de renseignements sur les Lamellibranches utilisés comme aliment dans nos diverses colonies.

Gastéropodes. — En regard d'un nombre si considérable de bivalves nous n'avons à citer ici, comme étant comestibles, qu'un nombre restreint de Gastéropodes, dont la plupart n'ont aucune importance économique véritable.

On fait en France, sur les côtes de l'Océan et de la Manche, une consommation assez considérable d'un petit Gastéropode qui, désigné dans l'Ouest sous les noms de *vignol* ou de *vignette*, est connu à Paris, où l'on en reçoit quelque peu, sous celui de *bigorneau;* il constitue d'ailleurs à tous égards un aliment des plus médiocres. Ce bigorneau est la *Littorina littorea* L. des zoologistes, facile à recueillir à marée basse sur les rochers où elle abonde.

Sur notre littoral méditerranéen, les gens du peuple mangent volontiers quelques espèces de patelles ou de fissurelles, qu'ils confondent sous le nom d'*arapèdes*. Les *rochers* (*Murex brandaris* L. *M. erinaceus* L., etc.) sont aussi mangés à l'état frais, mais employés surtout comme l'un des ingrédients de la bouillabaisse.

Les Espagnols et les Italiens consomment encore diverses espèces des genres *Natica, Turbo* et *Triton*. A Suez on pêche les *Strombus* et les *Melongena*. A Maurice les eaux douces fournissent aux habitants des *Navicella* et des *Neritina*. Outre les *Haliotis* desséchés au soleil, les Malais mangent *Teloscopium fuscum* Schm. et *Pyrazus palustris* L. A la Nouvelle-Guinée les indigènes recherchent les espèces des genres *Strombus, Nerita, Purpura, Turbo*. Les Paludines sont pêchées au Cambodge. Sur les côtes méridionales de la Chine on mange *Pyrula colossea* Lmck., *Rapana bezoar* L., et *Purpura luteostoma* Ch. A Panama les indigènes mangent de grands *Murex* et des *Pyrula*. Sur les côtes du Chili les habitants pêchent pour s'en nourrir le *Turbo niger* Gray et le *Concholepas peruviana* Lmck. Aux Antilles enfin *Strombus gigas* L. et *Livona pica* L. sont très recherchés. A la Martinique en particulier le *lambi*, qui est sans doute le *Strombus gigas* L., est très apprécié des gourmets, au dire desquels il constitue après cuisson un aliment délicieux.

Seurat nous apprend que les habitants de Tuamotu et des Gambier recherchent sur les rochers des *Helcioniscus*, formes voisines des Patelles, et des *Turbo*, consommant les premiers à l'état frais, faisant sécher les seconds au soleil. Entre autres Gastéropodes, les Néo-Calédoniens apprécient le *Strombus luhuanus* L., le *Turbo chrysostoma* L., le *Trochus niloticus* L. et la *Patella testudinaria* L.

Il est cependant un genre de Gastéropodes qui mérite de retenir quelque temps notre attention : nous voulons parler des *Haliotis*, vulgairement désignées chez nous sous les noms d'*oreille de mer*, d'*ormier*, de *cofish* (en Bretagne) et sous ceux d'*abalones* aux Etats-Unis et d'*awabi* au Japon. Les pêcheurs de nos côtes de l'Océan ramassent l'*Haliotis tuberculata* L., qu'ils portent sur les marchés, où elle est vendue à l'état frais ; on a même proposé de multiplier l'espèce et de l'élever dans des parcs-viviers. Mais c'est surtout dans le Pacifique que se pratique la pêche des *Haliotis*, qui donne lieu à une véritable industrie : les Chinois sont très friands de la chair desséchée de ces mollusques et en font une consommation considérable; le Japon leur a fourni, en 1897, pour plus de 900.000 francs d'*awabi*. Comme les *Haliotis* sont abondants sur la côte occidentale de l'Amérique du Nord, où l'on trouve en particulier *H. Cracherodi* Leach, *H. splendens* Rv., *H. corrugata* Gray et *H. rufescens* Sow., quelques Chinois installés aux Etats-Unis ont établi, sur les côtes de la Californie notamment, des pêcheries d'*abalones* donnant d'assez beaux revenus. En 1879, par exemple, la valeur totale du produit de cette pêche s'est élevée à 638.525 francs; mais il faut noter que les coquilles, recherchées pour leur nacre, entrent dans ce total pour plus des 2/3, le produit alimentaire n'ayant fourni à la vente que 194.400 francs.

Aucune de nos colonies n'a jusqu'ici entrepris la préparation des *Haliotis*. Il semble cependant que cette industrie pourrait s'établir avec de sérieuses chances de succès en Indo-Chine.

Céphalopodes. — La chair des Céphalopodes était fort goûtée des anciens; elle est encore consommée dans toute l'Europe occidentale à l'état frais, après cuisson, par la plupart des populations maritimes. Desséchée, elle est appréciée des peuples de la Grèce et du Levant, des habitants de l'Inde, du Siam, de l'Indo-Chine, de la Chine, du Japon et de l'Océanie.

En Normandie, en Bretagne, dans le Languedoc, la Provence et le Roussillon, le poulpe (*Octopus vulgaris* Lmck.) est abondant sur les marchés; la chair, même après une malaxation prolongée, en est coriace, mais son goût rappelle un peu celui du homard. On mange encore dans le midi la chair de l'*Eledone moschata* Leach. La seiche (*Sepia officinalis* L.) entre aussi dans la consommation, mais pour une part moins importante que les espèces précédentes. Elle est d'ailleurs moins abondante.

Sous le nom de *supion* les populations du littoral méditerranéen mangent, en friture à l'huile, diverses espèces de Céphalopodes, sépioles, petites seiches, jeunes calmars, qui constituent un mets assez fin au dire de ceux qui peuvent surmonter la répugnance instinctive que les Céphalopodes inspirent à bien des personnes.

Les poulpes sont aussi consommés à l'état frais dans nos colonies des Antilles, où on les désigne sous le nom de *chartroux*.

Nous verrons plus loin que la Tunisie pêche et prépare chaque année une grande quantité de poulpes en vue de l'exportation qu'elle en fait vers la Grèce et le Levant. Elle est concurrencée dans cette industrie par le Portugal.

En Extrême-Orient enfin, tous les peuples cités plus haut pratiquent la pêche des Céphalopodes, qu'ils dessèchent ensuite. Sous le nom de *susume*, le Japon expédie chaque année des quantités considérables de seiches et de calmars séchés vers la Chine, qui en fait une énorme consommation. En 1897, la valeur des mollusques divers et des seiches exportés par le Japon s'élevait à 4.702.000 francs. A Tahiti, les indigènes pêchent les poulpes, arrachent les bras, dont ils se serviront pour appâter leurs hameçons et, après avoir ouvert le corps de l'animal, le font sécher au soleil pour le manger plus tard. Dans l'Inde, où les seiches constituent pour nos établissements un produit d'exportation, on trouve dans les bazars et sur les marchés des Céphalopodes desséchés; de même au Siam et en Indo-Chine. Aux Etats-Unis, les Chinois pratiquent, sur la côte californienne notamment, la pêche des encornets et des poulpes, *Ommastrephes Tryoni* Gabb et *Octopus punctatus* Gabb, utilisés comme aliment à l'état frais ou après dessiccation.

Les Mollusques comme boette.

La voracité de certains poissons est telle qu'ils mordent à tout appât, quel qu'il soit ; et l'homme a dû avoir de très bonne heure l'idée de garnir ses hameçons avec la chair des mollusques qu'il peut se procurer sans beaucoup de peine en quantité plus que suffisante. Plus tard d'ailleurs, en examinant le contenu de l'intestin des poissons, on s'est vite convaincu que certains de ces animaux s'attaquent normalement aux mollusques pour se nourrir de leur chair et on n'ignore plus que parmi les ennemis les plus redoutables de l'huître comestible on peut citer divers Sélaciens (*Carcharias glaucus* Ag. et *Trygon pastinaca* Cv. en particulier), puis la Vieille de mer (*Labrus maculatus* Bl.), le Rousseau (*Pagellus centrodontus* C. V.) et le Gros-Yeux (*Dentex macrophthalmus* C. V.). Les *Trygon* et les *Balistes* des mers chaudes causent des ravages assez sérieux dans les bancs de méléagrines et les poissons plats sont à bon droit redoutés des mytiliculteurs, dont ils fréquentent les moulières à la fin du printemps et pendant l'été, se nourrissant de jeunes moules.

En tout état de cause, divers mollusques sont couramment employés comme appât et nous devons signaler ici ceux qui offrent à cet égard un intérêt général.

Dans le Nord de l'Angleterre et en Ecosse surtout d'une part, en Norvège d'autre part, un nombre important de pêcheurs utilisent les lignes de fond en garnissant les hameçons avec des moules fraîches qui constituent, à leur dire, une excellente boette ; très goûtée des poissons, la moule présente en outre, pour des navires pratiquant la pêche au large, l'immense avantage de pouvoir être facilement transportée et de se conserver longtemps fraîche. En 1892 l'Ecosse employa 14.000 tonnes de moules comme boette ; en 1893, 12.000 tonnes seulement ; or les statistiques montrent que la vente du poisson provenant de la pêche à la ligne accusa, en 1893, une moins-value de 1.330.000 francs environ sur le chiffre de 1892.

Le rôle que la moule joue ainsi en Europe est tenu en Amérique par la coque, *Mya arenaria* L., qui est pêchée en grande quantité sur les rivages des Etats-Unis et du Canada pour servir plus tard de boette, après salaison. Les quelques navires portugais qui vont chaque année pêcher la morue sur les Bancs de Terre-Neuve n'emploient pas d'autre appât que ces coques salées. Beaucoup de pêcheurs américains déclarent qu'il n'y a pas d'appât supérieur à celui-là quand il s'agit de garnir les hameçons des lignes à mains. Nos Terre-Neuvas reconnaissent aussi que la moule et la coque sont d'excellentes boettes, trop rares malheureusement à Saint-Pierre et Miquelon pour qu'on puisse espérer voir se généraliser leur emploi. Seuls quelques petits pêcheurs peuvent les utiliser.

Outre les moules et les coques, les coquilles de Saint-Jacques (*Pecten*), les sourdons (*Cardium*) et les couteaux (*Solen*) sont employés aussi comme boette.

Parmi les Gastéropodes nous ne voyons guère à citer ici que l'animal désigné par nos pêcheurs de Terre-Neuve sous les noms de *bulot*, de *coucou* ou de *bigorneau*, et qui est le *Buccinum undatum* L. Ce Mollusque est utilisé par beaucoup de nos pêcheurs des Bancs pour appâter leurs hameçons depuis le début de la campagne jusqu'au moment où l'encornet fait son apparition. On évalue à 300 millions le nombre des bulots pêchés chaque année sur le Grand-Banc, où l'animal est très abondant. L'amiral de Maigret estime qu'il n'y a pas lieu néanmoins de craindre la disparition du bulot parce que ce Gastéropode est très prolifique. Mais les femelles sont beaucoup moins nombreuses que les mâles : M. Bavay n'a trouvé qu'une femelle pour 15 ou 20 mâles.

Restent enfin les Céphalopodes. Un peu partout la chair coriace de ces animaux est employée comme appât. Nous savons par Seurat que les Tahitiens garnissent leurs hameçons avec les bras des poulpes. Sur tout notre littoral on boette certains engins avec la chair des Céphalopodes. Ces animaux sont aussi utilisés comme appât par les Américains, qui pêchent à cet effet *Loligo peali* Les., *Ommastrephes Tryoni* Gabb, *Octopus punctatus* Gabb, etc., et aussi, quand ils les rencontrent, les grands *Architeuthis*. Au Nord du cap Cod, on ne trouve plus qu'une seule espèce, excessivement abondante de la fin de juillet jusqu'aux premiers jours de novembre en année normale ; c'est l'*encornet* de nos marins banquiers, *Ommastrephes illecebrosa* Verrill ; dès qu'il fait son apparition dans les eaux de Terre-Neuve, il constitue pour tous les pêcheurs de morue la boette normale, supérieure à tout autre quand la chair peut en être utilisée à l'état frais, très bonne encore après salaison. La pêche de l'encornet se fait, sur les Bancs et à Saint-Pierre et Miquelon au moyen d'un engin dénommé *turlutte* et qui est formé d'une ligne à l'extrémité de laquelle pend un morceau de bois peint en rouge et terminé inférieurement par une couronne d'hameçons.

Les Mollusques et les Applications industrielles

Substances colorantes extraites des mollusques. — Nous commencerons par rappeler brièvement ici qu'un certain nombre de mollusques sécrètent des substances colorantes qui ont été employées par les anciens ou sont encore en usage aujourd'hui.

La poche du noir des Céphalopodes et celle de *Sepia officinalis* L. en particulier contient un produit qui est employé dans la fabrication de la couleur désignée sous le nom de sepia. Le noir de seiche était autrefois préparé par une méthode (ébullition des poches du noir dans l'acide chlorhydrique) qui fournissait un produit utilisable seulement pour la peinture à l'eau et encore sous la condition d'être mélangé d'une petite quantité d'une couleur étrangère, sienne ou autre. Aujourd'hui, le mode de préparation, qui consiste à traiter les poches par la potasse ou la soude caustiques, fournit une poudre soluble dans les alcalis, insoluble dans l'eau et les acides.

La pourpre est une substance colorante qui a eu jadis une importance considérable et qui atteignait des prix très élevés, mais qui n'est plus employée aujourd'hui. C'est un produit de sécrétion qui, naturellement blanc, prend sous l'action de la lumière une coloration sur laquelle les auteurs ont beaucoup discuté. D'après Lacaze-Duthiers, la couleur de la pourpre primitive naturellement obtenue a dû être un violet, peut-être un peu différent avec les espèces de coquillages, mais un violet ; cette couleur pouvait sans doute être modifiée et poussée au rouge sombre par les procédés techniques de la teinture des anciens, qui nous sont encore inconnus. Mais ce rouge, obtenu avec la matière à pourpre, était toujours de la série des carmins, un rouge transparent, dans lequel on démêle plus ou moins facilement une pointe de bleu ; les soies et lainages teints avec la vraie pourpre offrent une demi-transparence, une chaleur de tons qui rendaient les étoffes pourprées si précieuses aux anciens ; développée par l'insolation, cette couleur magnifique non seulement résistait à la grande lumière des pays chauds mais encore pouvait, sous les rayons du soleil d'Orient, acquérir un éclat des plus vifs. Ce sont là des propriétés dont manquent, malheureusement, les succédanés actuels de la pourpre, couleurs extraites de la houille, des anilines.

Six espèces surtout fournissent la matière colorante qui, ainsi que nous l'avons dit, est naturellement blanche et doit être soumise à l'action du soleil pour prendre une couleur qui, selon l'expression de Gœthe, flotte sur la limite du rouge et du bleu et tourne tantôt à l'écarlate et tantôt au violet. Lacaze-Duthiers a obtenu, avec la matière à pourpre empruntée au *Murex trunculus* L., des épreuves dont la couleur variait entre le plus beau bleu de ciel et le brun ; avec *Purpura haemastoma* L., la teinte est cramoisie, sa nuance variant entre le rose et un cramoisi foncé qui arrive presque au noir. Les autres mollusques ordinairement employés à la fabrication de la pourpre, étaient *Purpura lapillus* L., *Purpura patula* L., *Murex erinaceus* L. et *M. brandaris* L.

Soie marine. — Nous n'insisterons pas non plus sur le produit désigné sous le nom de soie marine ou *lana pinna* et qui n'est autre chose que le byssus de *Pinna nobilis* L. ou de quelqu'une des autres espèces du genre *Pinna*. Les anciens appréciaient beaucoup les fibres qui constituent le byssus des *Pinna*, aussi fines que la soie, et qu'ils utilisaient pour en faire une étoffe, sorte de drap soyeux d'un brun doré, dite « tarentine ». En 1880, il existait à Palerme une manufacture importante qui traitait ce produit. Actuellement encore, on tisse en Sicile et en Calabre des bas et des gants en soie marine, et la Pouille fabrique de la tarentine.

Os de seiche. — Longs de 7 à 25 centimètres, les os de seiche, dont le poids spécifique est de 0,935, sont formés en majeure partie de carbonate de calcium (83 o/o en poids) ; ils contiennent, en outre, un peu de magnésie, du chlorure de sodium et une faible quantité de substance organique. La poudre obtenue en broyant ces os est employée après dessiccation pour polir divers objets, et entre aussi dans la composition de certaines pâtes dentifrices. On connaît l'usage qui est fait des os de seiche entiers, que l'on donne aux oiseaux en cage pour qu'ils puissent, en même temps qu'ils aiguisent leur bec, absorber le carbonate de calcium nécessaire à la constitution de leurs os et de leurs œufs.

Coquillages employés comme monnaie. — Un certain nombre de coquilles de mollusques ont été jadis et sont encore parfois employées comme monnaie pour les échanges courants dans divers pays et, en particulier, dans certaines de nos colonies.

Dans toute l'Afrique occidentale et centrale, de Sierra-Leone à Mossamédès et depuis le Tchad jusqu'au Zambèze, les *cauris* ont été jadis très employés de la sorte ; sous ce nom on désigne de petits Gastéropodes du genre *Cypraea*, qui vivent sur les côtes rocheuses à une faible profondeur. Les espèces employées comme monnaie sont de petite taille, à coquille entièrement blanche ; la plus répandue, *Cypraea moneta* L., provenait surtout des Maldives et, au cours des trois années 1868-1870, le seul port de Lagos en reçut 8.731 tonnes. Une autre espèce, moins estimée, *Cypraea annulus* L., était pêchée sur les côtes de Zanzibar. *Cypraea moneta* qui, depuis les temps les plus anciens, a servi de monnaie sur toute la côte d'Afrique, n'est plus guère employée aujourd'hui que dans quelques régions de l'intérieur où les produits européens qui, ailleurs, servent aux échanges ne pénètrent encore que difficilement.

Les cauris sont aussi employés comme monnaie par les Hindous.

Marginella monilis L., beaucoup plus petite que les cauris, est aussi utilisée comme monnaie.

La valeur qui s'attache à ces coquillages varie beaucoup suivant les pays. Ainsi à une époque où le millier de cauris valait 0 fr. 30 environ dans l'Inde anglaise, on le payait sur la côte occidentale d'Afrique jusqu'à 1 franc et même 1 fr. 50.

Pendant longtemps les capitaines des navires qui allaient aux Nouvelles-Hébrides prendre des cargaisons de bois de santal qu'ils rapportaient ensuite en Chine, ont payé les achats faits par eux aux Néo-Hébridais avec un coquillage voisin des cauris, l'*Ovula tortilis* Martyn, qu'ils allaient tout exprès chercher aux îles Tonga ; et on prétend qu'ils obtenaient parfois jusqu'à une tonne de bois de santal en échange d'une seule coquille, payée par eux une piastre au maximum aux habitants des Tonga.

Nerita polita L. a été aussi utilisée comme monnaie dans le Pacifique du Sud.

Beaucoup de tribus indiennes de l'Amérique du Nord ont aussi employé jadis, en guise de monnaie, des colliers fabriqués avec des coquilles entières ou des fragments découpés dans des coquilles.

Ces colliers étaient formés parfois de petites perles cylindriques (*wampum*), longues de 6 millimètres environ, à surface striée longitudinalement, taillées dans la partie interne colorée en bleu ou en violet de la coquille de *Venus mercenaria* L. ; ailleurs on perforait dans leur longueur les grandes épines que porte la coquille de certains Gastéropodes ; parfois enfin, les colliers (*sarquo*) étaient faits simplement avec les coquilles allongées et ouvertes aux deux bouts d'un Scaphopode, le *Dentalium indianorum* Crptr.

En Californie *Oliva biplicata* Sow. était couramment employée comme monnaie. Ailleurs on utilisait encore des disques découpés dans les coquilles de *Saxidomus aratus* Gld. ou des *Haliotis*.

Coquillages employés comme parure. — Il va sans dire que bien souvent les ligatures de cauris et les colliers de perles taillées qui servaient de monnaie étaient employés aussi, à l'occasion, pour la parure et bien d'autres coquillages que ceux que nous avons cités servaient de même d'ornement. Le genre *Cypraea*, outre les deux espèces mentionnées plus haut, en contient un grand nombre d'autres et la plupart sont remarquables par le fini de leur poli et par leurs vives couleurs, agencées de façon à former des dessins qui varient avec les espèces, taches, lignes en zig-zag, lignes ondulées, etc.; on en fait, en divers pays, des broches, des bracelets, des amulettes. *Cypraea diliculum* Rv., *C. zic-zac* L., *C. reticulata* Martyn, etc., sont ainsi employées. Aux îles des Amis un grand cauri de couleur orangée, la *Cypraea aurora* Sol., est le signe distinctif des chefs de tribu. Et à la Nouvelle-Guinée les notables des villages ont seuls le droit de porter comme ornement une coquille de *Calpurnus verrucosus* L. Parfois les coquilles de *Cypraea moneta* L. destinées à servir de parure sont sculptées en camée. A la terre de Van-Diemen les femmes portent de fort jolis colliers faits avec les coquilles d'*Elenchus irisodontes* Quoy; et à un certain moment la mode s'était répandue en Angleterre de porter de ces colliers. Les Néo-Zélandais emploient aussi ces coquilles d'*Elenchus*, mais en guise de boutons d'oreille. Dans les îles du Pacifique les bracelets et les colliers faits de coquillages sont du reste fort en usage ; les coquilles les plus employées sont celles d'*Ovula ovum* L., de *Natica melanostoma* Sw., de *Nassa gibbosula* L. On voit aussi de ces bijoux qui sont faits de fragments prélevés sur les grandes coquilles de *Strombus luhuanus* L. ou de *Cassis cornuta* L.

Les Indiens de l'Amérique du Nord employaient de même comme ornements des coquilles de *Marginella*, de *Natica* ou d'*Oliva*, perforées de façon à pouvoir être enfilées pour former des colliers ou des bracelets; ils taillaient aussi des perles dans la columelle des coquilles du *Strombus gigas* L.

Sur la côte occidentale d'Afrique les coquilles de *Turbo sarmaticus* L. servaient à faire des sortes de médaillons ou de broches. Au Congo, le *Conus papilionaceus* Brug. des côtes de Guinée et l'*Olivancillaria nana* Lmck. que l'on pêchait à Loanda étaient recherchés comme joyaux. Le *Conus imperialis* L., des Moluques, beaucoup plus rare, était porté comme ornement par les rois et leurs femmes seulement.

Aux Indes, *Turbinella pirum* Lmck., désignée sous le nom de *chank*, est considérée comme sacrée par les Hindous (1). Les coquilles vides rejetées sur les plages et qui ont perdu leur periostracum (*chank blanc*) n'ont pas grande valeur ; mais sur la côte coromandelle et dans le golfe de Manaar de nombreux plongeurs vont chercher par trois à six mètres de fond les coquilles contenant encore l'animal vivant (*chank vert*), qui sont très recherchées. Il n'est pas rare qu'ils pêchent dans une seule année de 4 à 5 millions de ces chanks verts, valant de 250.000 à 400.000 francs. Une partie est expédiée sur Madras et Calcutta, où on vend ces coquilles pour faire des lampes dans les temples indiens ou encore pour calandrer le coton ou glacer le papier ; le reste va à Dacca, où on travaille les coquilles, les découpant en segments annulaires, qui, assemblés, forment des bracelets, des anneaux de cheville, parfois gravés, peints, dorés ou agrémentés de pierres précieuses. Après la mort ces « *sankka* » sont laissés sur le cadavre.

On fait aussi des bracelets avec des segments annulaires plus ou moins hauts découpés dans la coquille des grandes espèces du genre *Conus* (*Conus litteratus* L. notamment) et des *Turbo*. A Bornéo on taille encore des bracelets qui finissent par acquérir le poli de l'ivoire dans la coquille des Tridacnes.

En Europe, les coquilles de *Cypraea*, de *Rotella*, d'*Oliva*, de *Turritella*, de *Phasianella* sont employées parfois pour faire des boutons de

(1) *Turbinella pirum* est normalement dextre. Les coquilles senestres de cette espèce sont particulièrement recherchées et, en raison de leur rareté, atteignent des prix énormes. On les paie au poids de l'or, jusqu'à 1.000 ou 1.250 francs la pièce.

manchettes. On a aussi tiré parti de l'éclat que présentent, après polissage, les opercules de quelques Gastéropodes pour en faire des broches ou des têtes d'épingles. Enfin on taille dans les coquilles nacrées du *Turbo marmoratus* L. des boucles pour les chapeaux des femmes, pour les souliers, etc.

Il fut un temps où les pélerins portaient en souvenir de leur voyage en Palestine, fixée à leur chapeau ou à leur capuchon, une coquille de Saint-Jacques (*Pecten*) ornée ou non de dessins plus ou moins artistiques.

Usages divers des coquilles. — Nous ne pouvons songer à énumérer ici les applications innombrables que l'on a faites des coquilles des mollusques et devons nous borner sur ce point à des indications sommaires.

Les naturels des Fidji se servent des grosses coquilles de *Turbo argyrostoma* L. et de *Turbo crenulatus* Gm. pour lester leurs filets.

Un certain nombre de grands coquillages sont employés dans divers pays en guise de trompe ; citons notamment les Buccins (Inde et Lithuanie), les *Strombus* (Antilles), les *Turbinella* et les *Triton* (Indes), le *Pyrula colossea* Lmck., les *Ranella*, les Casques, etc.

Ailleurs les indigènes se fabriquent des pipes dont le fourneau est constitué par la coquille d'un *Turbo* ou d'une *Mitra* (*M. papalis* L. et *M. episcopalis* L. notamment), ou encore d'un *Cerithium* ou d'une *Terebra*.

Les valves de *Batissa*, d'*Unio* et de *Mytilus* sont utilisées en guise d'instruments tranchants; on découpe aussi des sortes de couteaux dans la coquille des *Avicula*. Des hameçons sont taillés dans les coquilles des *Avicula* et des *Haliotis*.

La coquille translucide de *Placuna placenta* L. est utilisée comme vitre par les Chinois.

Tout le monde connait l'emploi qui est fait, comme bénitiers, des grandes coquilles de Tridacnes.

En raison de leur forme, bien des coquilles sont utilisées par les marins pour servir de cuillères ou d'écopes ; d'autres, remplies d'une huile dans laquelle trempe une mèche, servent de lampe.

Diverses espèces des genres *Dentalium*, *Oliva*, *Marginella*, *Pholas*, *Tellina*, *Cardium*, etc., sont utilisées en Europe pour fabriquer des objets de fantaisie d'un goût plus ou moins pur.

L'agriculture utilise aussi certaines coquilles, entières ou triturées, à titre d'engrais.

Liverpool importe chaque année des quantités assez considérables de coquilles de *Strombus gigas* L., jusqu'à 300.000 coquilles par an ; la poudre obtenue en broyant ces coquilles est utilisée dans la fabrication des vernis et de l'émail des poteries fines.

La poudre très fine que fournit la trituration de beaucoup de coquillages est aussi employée par les fabricants de poudres dentifrices. En Chine cette même poudre, soigneusement lavée, a les mêmes usages qu'ont chez nous les poudres de riz et d'amidon.

Les coquilles calcinées fournissent une chaux très pure, désignée en Orient sous le nom de *chunam* et qui entre, avec la noix d'areca, dans la composition du bétel.

Industrie des camées. — Il nous reste enfin, à dire quelques mots des camées.

Dans les coquilles porcelanées de certains Gastéropodes les couches successives constituant la coquille présentent souvent des différences de texture entraînant des différences dans la dureté et, en outre, des différences plus ou moins marquées dans leur coloration. On conçoit qu'il soit possible, en mettant à profit ces circonstances, d'utiliser ces coquilles pour y sculpter des camées analogues à ceux qui sont gravés sur l'onyx et la sardoine. La couche superficielle, enlevée dans certaines parties, laisse apparaître alors l'assise sous-jacente et le dessin formé par les parties réservées de la couche externe claire se détache ainsi en relief sur un fond plus foncé. L'effet est parfois des plus heureux et certains camées sont de véritables œuvres d'art.

Pour qu'une coquille ou une partie de coquille puisse être taillée en camée, diverses conditions sont nécessaires. Il faut d'abord qu'il y ait entre les couches successives une adhérence assez étroite pour que cette coquille ne se clive pas trop facilement suivant le plan de séparation de ses diverses couches. Il est nécessaire aussi que les assises internes, qui doivent seules subsister dans certaines parties, présentent une épaisseur suffisante pour que le camée, une fois achevé, ne soit pas trop fragile. Il faut enfin qu'il y ait entre les couleurs des deux couches utilisées une différence assez marquée pour que le dessin se détache nettement sur le fond.

Les espèces les plus employées appartiennent au genre *Cassis*. Au premier rang il faut citer le Casque rouge, *Cassis rufa* L., dont la couche externe est blanche et la couche interne d'une teinte rouge orangé. Le Casque noir, *Cassis cameo* Stimpson, et le *Cassis madagascariensis* Lmck. fournissent des camées dont le fond rouge vineux foncé fait admirablement ressortir les sculptures en relief, qui sont de teinte blanche. *Cassis cornuta* L. a une couche interne d'un jaune orangé, mais se clive trop facilement. On emploie aussi, à l'occasion, la coquille de divers autres Casques, *Cassis flammea* L., *C. decussata* Lmck., *C. tuberosa* L., chez lesquels l'assise interne est d'un rouge vineux foncé, et celle du *Strombus gigas* L., dont la couche interne est rosée.

Jusque vers le milieu du XIXe siècle, Rome et Gênes ont été les seuls centres où cette industrie des camées sur coquille ait été exercée par de nombreux graveurs, dont quelques uns étaient de véritables artistes. Rome en occupait 80 environ, Gênes une trentaine seulement. Puis l'industrie génoise des camées périclita ; et, vers la même époque, un graveur italien vint se fixer à Paris, où il trouva d'abord de nombreux imitateurs. Mais aujourd'hui la taille des camées sur coquilles est redevenue une industrie exclusivement italienne, qui s'exerce à Rome, à Florence, à Milan et surtout à Naples.

Nacre et perles. — Mais c'est surtout par la nacre et les perles que produisent certains d'entre eux que les mollusques intéressent l'industrie. Et comme cette question des nacres et des perles intéresse au plus haut point quelques unes de nos colonies, et, au premier rang de celles-ci, nos Etablissements de l'Océanie, nous avons cru devoir donner quelque développement à l'étude, forcément bien rapide encore, que nous allons en faire.

Mollusques producteurs de nacre ou de perles. — Nous commencerons par rappeler ici que, si les Lamellibranches de la famille des Aviculidés, vulgairement désignés sous les noms d'huîtres à nacre ou d'huîtres perlières, sont, par excellence, les mollusques nacriers et perliers, la faculté de produire la nacre et les perles ne leur est cependant pas exclusivement réservée et qu'un certain nombre d'autres mollusques la partagent avec eux. Passons-les rapidement en revue.

Parmi les Céphalopodes, le Nautile (*Nautilus pompilius* L.) a une coquille dont la couche nacrée, d'un bel éclat, mais malheureusement très mince, est parfois utilisée par les indigènes des îles du Pacifique pour faire des incrustations.

Dans la classe des Gastéropodes, les *Turbo* et notamment *T. marmoratus* L., *T. margaritaceus* L., *T. sarmaticus* L., qui sont désignés dans le commerce sous le nom de *burgos* et les *Trochus*, vulgairement appelés *trocas*, ont une nacre très brillante, assez épaisse pour être utilisée dans l'industrie. Les *Haliotis* ont une coquille présentant une nacre assez épaisse, souvent vivement colorée, d'une belle irisation, employée surtout en tabletterie. Nous donnons plus loin la liste des espèces les plus recherchées par l'industrie. D'après M. Diguet, l'*Haliotis splendens* Rv., de la Basse-Californie, donnerait parfois des perles colorées comme la nacre, et atteignant jusqu'à deux ou trois centimètres de diamètre.

Nous avons vu plus haut que la coquille du *Strombus gigas* L., appelée Conque des Indes occidentales, était parfois employée pour la confection des camées. Ce beau Gastéropode doit aussi retenir notre attention comme mollusque producteur de perles ; ces perles, colorées le plus souvent en un rose pâle qui rappelle un peu celui du corail, parfois jaunes ou d'un noir violet, atteignent fréquemment un prix considérable ; l'une d'elle a été vendue 4.000 francs et une autre était évaluée à 100.000 francs.

Mais c'est surtout la classe des Lamellibranches qui va nous fournir des exemples de mollusques producteurs de nacre ou de perles.

Une Trigonie d'Australie (*Trigonia pectinata* Lmck.) sécrète une nacre assez appréciée ; mais sa coquille est de petites dimensions. La nacre des grands jambonneaux de la Méditerranée (*Pinna nobilis* L.) est belle, mais très mince, et ne peut servir que pour les incrustations.

Placuna placenta L. est pêchée sur la côte Nord-Est de Ceylan, dans le lac salé de Timblegan, près de Trincomali, pour les perles qu'elle contient souvent. Ces perles, généralement très petites et d'une couleur grisâtre, sont surtout employées par les Chinois à la fabrication d'électuaires. La concession de la pêche dans le lac procure au Gouvernement un revenu annuel de 800 francs.

Diverses espèces d'huîtres comestibles peuvent accidentellement renfermer des perles ; le cas est pourtant assez rare. On cite, entre autres, une perle trouvée, en 1829, dans l'huître commune (*Ostrea edulis* L.), à Granville, par Audouin et H. Milne-Edwards, et conservée dans les collections du Muséum de Paris ; une autre perle a été trouvée dans une huître qu'il s'apprêtait à manger par un habitant de Hambourg qui la vendit 120 francs à un joaillier. Mentionnons encore, d'après Friedel, une perle de la grosseur d'un petit pois, mais dépourvue d'éclat, qui fut découverte dans une huître pied de cheval (*Ostrea hippopus* L.) du Danemark.

Les Mytilidés, eux aussi, contiennent parfois des perles qui n'ont du reste pas grande valeur en général. Pourtant les modioles (*Modiola modiolus* L.) de la côte norvégienne renferment parfois des perles grises, arrondies, de 5 à 10 millimètres de diamètre, dont les plus belles peuvent être utilisées en joaillerie. Et le baron d'Hamonville a signalé, en 1894, l'existence à Billiers, à l'embouchure de la Vilaine, d'une colonie, d'ailleurs très localisée, de moules communes (*Mytilus edulis* L.) qui contiennent parfois un assez grand nombre de perles, peu brillantes et sans orient.

Les couteaux (*Solen*) et les bénitiers (*Tridacna*) sont aussi cités parmi les Lamellibranches qui peuvent, de façon accidentelle, sécréter des masses calcaires arrondies, morphologiquement comparables aux perles, mais auxquelles manque cet éclat qui fait la valeur de ces productions.

Chez les jambonneaux (*Pinna*) la présence des perles n'est déjà plus, comme dans les cas précédents, un fait absolument exceptionnel. Il est au contraire assez fréquent que la grande nacre (*Pinna nobilis* L.) de la Méditerranée contienne des perles, le plus souvent irrégulières, d'une teinte rose ou rougeâtre, appréciées au Maroc. Une autre grande espèce de *Pinna*, qui vit à l'île des Pins (Nouvelle-Calédonie), fournit parfois des perles noires, parfaitement sphériques, dont la taille peut atteindre celle d'une noisette.

On trouve dans les lagons du Pacifique une espèce du genre *Venus*, qui renferme souvent des perles fort estimées. Aux Gambier, l'huître marteau (*Malleus*) sécrète des perles d'un éclat bronzé.

Mais, les Aviculidés toujours exceptés, les seuls Lamellibranches dont la pêche ait été ou soit encore couramment pratiquée en vue d'obtenir la nacre ou les perles qu'ils sécrètent sont les formes d'eau douce appartenant à la famille des Unionidés. Nous rappellerons d'abord ici que les Chinois et les Japonais recherchent pour leur nacre de grandes Anodontes (*Dipsas plicatus* Leach) et qu'ils savent en outre faire produire à ces mollusques, par un procédé sur lequel nous aurons l'occasion de revenir, des perles et des pseudo-camées.

Sous les noms de *mulette* et de *palourde*, nous désignons, en France, toute une série d'espèces appartenant aux genres *Margaritana*, *Unio* et à quelques genres voisins et qui, pêchées très activement autrefois pour les perles qu'elles renferment souvent, sont aujourd'hui encore recherchées dans certaines contrées pour la nacre qu'elles produisent. La pêche des mulettes a eu jadis et jusque vers le début du xixᵉ siècle une réelle importance en Europe et notamment dans la Péninsule scandinave, où Linné fit ses expériences célèbres sur la production artificielle des perles.

En Russie, la pêche des Unionidés producteurs de perles est pratiquée surtout dans les parties occidentale et septentrionale de l'empire, en Finlande, en Livonie, en Esthonie et dans quelques unes des rivières tributaires de la mer Blanche.

Certaines rivières de Bohême sont aussi exploitées par quelques pêcheurs. Mais c'est en Allemagne, en Ecosse et en France surtout que la pêche de mulettes a été activement pratiquée. Les pêcheries de la Bavière, du grand duché de Bade, de la Hesse et de la Silésie n'ont jamais eu une bien grande importance. En Saxe, par contre, les mulettes perlières sont particulièrement abondantes dans les rivières du Voigtland, où elles atteignent souvent des dimensions considérables. La pêche pratiquée depuis le début du xviᵉ siècle seulement, fut dès 1621 monopolisée par la Couronne qui confia le soin d'en réglementer l'exercice à un fonctionnaire spécial dit premier pêcheur de perles. Il faut reconnaître que les mesures prises ont eu des résultats excellents ; la pêche n'est permise qu'en été et dans certains cours d'eau seulement ; grâce à ce cantonnement alternatif, les mulettes ont le temps de se reproduire et de croître. De plus, on a soin de rejeter à l'eau les mollusques chez lesquels un examen pratiqué sans blesser l'animal n'a fait reconnaître la présence d'aucune perle et ceux aussi qui renferment seulement des perles trop petites pour être utilisées et que l'on marque extérieurement d'un signe spécial qui permettra de les reconnaître plus tard. Le revenu des pêcheries de perles de la Saxe, très variable naturellement suivant les années, a été parfois considérable. Depuis 1850, sur l'initiative du premier pêcheur en fonctions à cette époque, on s'est mis à utiliser la nacre des *Margaritana*.

Les perles que l'on trouvait dans les mulettes des rivières de l'Ecosse étaient déjà connues et appréciées des Romains; elles ont été recherchées jusque vers la fin du xviiie siècle et donnaient lieu, dans certaines années, à un mouvement commercial assez important. En 1705, J. Spruel, d'Edimbourg, paya l'une de ces perles 425 francs et il affirmait qu'il pouvait montrer de ces productions qui étaient aussi fines, aussi dures, aussi belles que n'importe quelle perle d'Orient. Reprises en 1860, les pêcheries de perles de l'Ecosse ont dû alors rapporter d'assez beaux bénéfices car, par suite sans doute du long repos accordé aux bancs, les résultats dépassèrent toutes les espérances : la production de 1865 est évaluée à 300.000 francs et l'on trouva des perles fort belles dont l'une fut achetée 1000 francs par la reine d'Angleterre.

On trouve aussi des mulettes perlières dans les rivières du Cumberland, du pays de Galles et de l'Irlande.

En France, la *Margaritana margaritifera* L. a été et est encore assez abondante dans certains cours d'eau. On ne la pêche plus guère dans la Vologne, petit affluent de la Moselle, où elle était activement recherchée au début du xixe siècle pour les perles parfois fort belles qu'elle contenait, ni dans les rivières de la Bretagne, où elle est cependant très répandue. La mulette existe aussi dans la Charente et dans son affluent, la Seugne ou Sévigne; elle est connue dans ces contrées sous le nom de *palourde*; la pêche est pratiquée à la drague et les mollusques recueillis sont mis à cuire dans l'eau bouillante jusqu'à ce que les chairs se détachent facilement, ce qui facilite la recherche des perles.

Deux espèces du genre *Unio*, productrices de nacre, sont recherchées par des scaphandriers dans la Garonne et dans quelques uns de ses affluents, le Gers, le Tarn et l'Isle notamment, ainsi que dans l'Adour et dans la Charente.

La famille des Unionidés est représentée dans l'Amérique du Nord par de nombreuses espèces dont beaucoup peuvent produire des perles et étaient jadis très recherchées par les Indiens. Parmi les espèces le plus fréquemment perlières on peut citer les suivantes : *Unio plicatus* Say., *U. ebena* Lea, *U. capax* Green, *U. ligamentinus* Lmck., *U. fallax* Lea, *U. rectus* Lmck., *U. tuberculatus* Rfq. La pêche n'en fut guère pratiquée que d'une façon accidentelle jusqu'au jour où la découverte d'une fort belle perle achetée en 1857 par l'impératrice

Eugénie au prix de 12.500 francs, attira à nouveau l'attention sur les mulettes perlières et provoqua, dans le New-Jersey d'abord, cette *fièvre des perles* qui s'étendit petit à petit aux Etats voisins et au Canada, et atteignit, en 1897, l'Arkansas, où l'excitation fut particulièrement considérable. La transparence des perles des mulettes perlières est en général plus grande que celle des perles marines ; leur couleur est très variable ; le blanc opaque, le gris, le rose vif, le rose saumon, le jaune, le jaune cuivré sont les teintes les plus fréquentes. Depuis quelques années les Unionidés du Mississipi sont pêchés pour leur nacre dans l'Etat d'Iowa (1).

Dans l'Afrique occidentale, un autre mollusque de la famille des Unionidés, *Spatha rubens* Desh., fournit une nacre rose, employée pour les incrustations.

Les genres *Castalia* et *Hyria*, du bassin de l'Amazone, sont aussi à citer ici pour les applications dont leur nacre est susceptible.

Nous avons eu déjà l'occasion de citer dans les lignes qui précèdent, des formes, comme les *Malleus*, qui appartiennent à la famille des Aviculidés. Cette famille comprend aussi, entre autres, un genre qui présente, au point de vue où nous nous plaçons ici, un intérêt tout particulier, le genre *Meleagrina* (2) : sur un total de 8.240 tonnes de coquillages nacrés recueillis au cours de l'année 1899, ce genre en a fourni à lui seul près de 7.000, et de la qualité la plus estimée ; les méléagrines, encore appelées pintadines, sont en outre, par excellence, les mollusques producteurs de l'admirable joyau qu'est la perle fine. Le genre *Meleagrina* est représenté dans l'Océan Indien, dans le Pacifique et sur les côtes américaines de l'Atlantique par des formes dont nous devons mentionner ici les plus importantes.

(1) H. Fischer vient de rappeler que la nacre des coquilles d'eau douce se prête admirablement aux combinaisons décoratives et peut, en particulier, être employée dans la bijouterie de grand luxe et dans la confection des bijoux d'art moderne. Les dents de la charnière de certains *Unio* d'Amérique, de forme ramassée ou allongée suivant les espèces, parfois cannelées dans leur longueur, ou bosselées irrégulièrement, peuvent aussi être employées, au lieu de perles. L'auteur attire ensuite l'attention sur ce fait qu'il existe dans plusieurs de nos colonies des Unionidés dont la nacre pourrait être utilisée. A côté de *Spatha rubens*, que l'on trouve au Sénégal, il cite diverses formes de la région indo-chinoise, *Unio Cumingi* à nacre bleu foncé, *U. Leai* à nacre blanche, *U. nodulosus* dont la nacre très épaisse pourrait fournir des boutons et enfin *U. Haineanus*, du Siam, qui a une belle nacre polychrome et des dents cardinales d'un beau vert foncé. (*Note ajoutée en cours d'impression*).

(2) Démembré du genre *Avicula* L. par Lamarck, le genre *Meleagrina* a été encore subdivisé par les auteurs récents en un certain nombre de sous-genres, dont nous ne croyons pas utile de tenir compte ici.

Meleagrina margaritifera L. — Mer Rouge, canal de Mozambique. golfe Persique, Océan Indien, îles de la Sonde, Philippines, Nouvelle-Guinée, Australie, Nouvelle-Calédonie, Tuamotu, Gambier. Cette espèce peut atteindre 30 centimètres de diamètre, mais ne mesure en général que de 15 à 25 centimètres. Elle est pêchée pour sa nacre surtout, qui est de toutes la plus estimée. Mais elle fournit aussi des perles d'un bel orient.

Meleagrina vulgaris Schum. (*M. fucata* Gould ; *Meleagrina albina* Lmck.). Nouvelle-Zélande, Australie, Nouvelle Guinée, Malaisie, Maldives, Ceylan, Golfe Persique, Mer Rouge, Méditerranée. Plus petite que la précédente, cette espèce mesure 9 centimètres de diamètre au maximum. La couche nacrée de sa coquille est trop mince pour être utilisée. Elle produit les perles les plus estimées.

Meleagrina imbricata. — Shark's Bay (Australie). Plus petite et à coquille plus mince que la *M. margaritifera* L., elle est pêchée pour sa nacre, peu estimée, et pour les perles qu'elle contient.

Meleagrina californica Carp. — Côtes occidentales de l'Amérique et principalement golfe de Californie. La coquille, qui a de 10 à 15 et parfois 17 centimètres de diamètre, est assez mince ; la nacre en est brillante et translucide. Elle produit des perles de couleurs variées, fréquemment noires.

Meleagrina Martensi Dunker (*M. japonica* Dunker). — Côtes orientales du Japon. Longtemps pêchée pour ses perles seulement, cette espèce fournit aujourd'hui la nacre que de nombreux ouvriers travaillent sur place.

Meleagrina squamulosa Lmck. — Côtes atlantiques de l'Amérique centrale et de l'Amérique du Sud, depuis la mer des Caraïbes jusqu'au Brésil. Cette espèce fournit une nacre brillante, mais de couleur plus foncée que celle de *M. margaritifera* L. Elle sécrète aussi des perles, parfois très belles, mais en général moins estimées que les perles d'Orient, en raison de leur teinte plus foncée.

Origine et formation de la nacre. — Le corps des Mollusques est plus ou moins complètement enveloppé par un repli des téguments, le *manteau*, qui prend naissance sur la face dorsale de l'animal et qui, chez les Lamellibranches, dont nous nous occuperons plus spécialement ici, se divise en deux lobes symétriques qui s'étalent l'un à droite et l'autre à gauche du corps. Chacun de ces lobes présente une structure simple et est formé d'une couche assez mince de tissu conjonctif, comprise entre deux assises de cellules épidermiques. Sur son bord libre le manteau s'épaissit un peu ; le bourrelet ainsi formé est divisé par un sillon profond qui règne sur toute sa

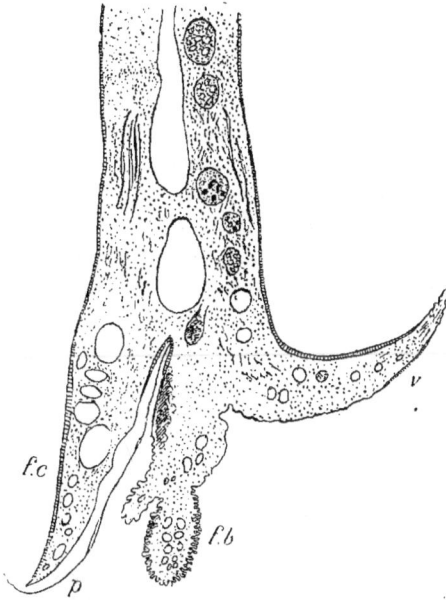

Fig. 1. — COUPE DANS LE BORD DU MANTEAU D'UNE MÉLÉAGRINE

fb, Feuillet branchial ; *fc*, Feuillet conchylien ; *p*, Periostracum ; *v*, Voile. (D'après Herdman).

longueur en deux feuillets, l'un externe dit *feuillet conchylien,* et l'autre interne appelé *feuillet branchial ;* assez souvent le feuillet branchial est à nouveau subdivisé de la même façon en deux parties, dont l'interne prend le nom de *voile.* Une coupe pratiquée dans cette région présentera alors l'aspect qu'indique le schéma ci-joint (fig. 1). C'est le manteau qui sécrète la coquille. Chez un certain nombre de mollusques, cette coquille est revêtue intérieurement d'une couche douée d'un magnifique éclat irisé et qui constitue la nacre ; cette couche nacrée se trouve donc au contact de la face externe du manteau. En dehors de la couche nacrée nous trouverons une couche calcaire qui, en général, forme la plus grande partie de l'épaisseur de la coquille et qui est elle-même revêtue enfin par une couche cuticulaire le plus souvent très mince, désignée sous le nom de *periostracum*.

A l'examen microscopique, la couche nacrée apparaît comme constituée par un grand nombre de lamelles très minces, disposées parallèlement à la surface de la coquille, légèrement ondulées, et qui sont alternativement organiques et calcaires. La substance ferme et coriace qui constitue les lamelles organiques a reçu le nom de conchyoline. Les lamelles calcaires sont elles-mêmes constituées par un très grand nombre de petits prismes de carbonate de calcium, étroitement juxtaposés, orientés obliquement par rapport à la surface de la lamelle; il résulte de cette structure que, pour si unie qu'elle puisse nous paraître, la surface de la couche nacrée présente toujours une double série de stries, excessivement fines, que le travail de polissage le plus achevé n'arrive pas à faire disparaître; et ceci est d'ailleurs fort heureux, car c'est précisément au jeu de la lumière dans le réseau formé par ces stries qu'est due l'irisation de la nacre, d'autant plus vive et plus belle que les stries sont plus fines et plus rapprochées.

Comment se forme la coquille? Tandis que la face interne du manteau, celle qui est tournée vers le corps, est revêtue d'un simple épithélium vibratile, l'épithélium de sa face externe, qui est au contact de la couche nacrée de la coquille, présente de très nombreuses cellules glandulaires dont la sécrétion constitue la nacre ; on voit qu'ainsi l'épaisseur de la couche nacrée va sans cesse en croissant au cours de la vie de l'animal, et l'on peut aussi prévoir que cette couche sera plus épaisse dans les parties les plus vieilles de la coquille, c'est-à-dire au voisinage de la charnière sur laquelle s'unissent les deux valves. Sur le feuillet conchylien, l'épithélium de la face externe est, lui aussi, glandulaire et sécrète la couche calcaire de la coquille, constituée par des prismes de carbonate de calcium cristallisé à l'état d'aragonite, prismes orientés perpendiculairement à la surface. La coquille accroît ainsi ses diamètres antéro-postérieur et dorso-ventral, par addition d'éléments nouveaux sur ses bords. Mais, une fois constituée, la couche des prismes n'augmentera plus d'épaisseur. Sur le feuillet branchial, enfin, l'épithélium glandulaire de la face externe sécrète le periostracum. Notons, en passant, que, normalement, c'est-à-dire lorsque le periostracum et le manteau sont intacts dans toute leur étendue, la coquille se trouve entièrement contenue à l'intérieur d'une sorte d'étui constitué par le manteau, le periostracum et le ligament qui unit les deux valves.

Chez un certain nombre de Gastéropodes, le manteau se réfléchit de façon à recouvrir la coquille. Le periostracum fait alors défaut et les parties réfléchies du manteau déposent à la face externe de la coquille une couche nouvelle, qui est morphologiquement comparable à la couche nacrée mais ne possède pas l'éclat irisé de celle-ci. Souvent vivement colorée, cette couche présente un brillant poli et son aspect rappelle celui de la porcelaine ; d'où le nom de couche porcelanée sous lequel on la désigne ordinairement.

Données sommaires sur la biologie des méléagrines.— On trouvera dans le volume de l'Encyclopédie des aide-mémoire que Seurat a consacré à l'histoire de l'Huître perlière quelques détails anatomiques sur la grande pintadine, *Meleagrina margaritifera* L., et un exposé de nos connaissances sur la biologie de ce Mollusque. Par ailleurs, Herdman a publié, en 1903 et 1904, dans son rapport sur sa mission à Ceylan, deux études très complètes sur l'anatomie et la biologie de la *Meleagrina vulgaris* Schum. Nous ne pouvons retenir ici que les faits absolument essentiels.

La figure ci-jointe (fig. 2) suffit à donner une idée de l'anatomie de l'animal.

Les méléagrines sont dioïques et le sexe d'un individu donné demeure le même pendant tout le cours de son existence. Kelaart pensait que, dans l'espèce de Ceylan tout au moins, le nombre des mâles était très faible en comparaison de celui des femelles : il dit n'avoir pas trouvé plus de trois ou quatre mâles sur 100 individus. Les recherches de Herdman et Hornell ont au contraire montré qu'il y a dans cette espèce une hyperpolyandrie assez forte : sur un lot de 210 individus recueillis dans diverses localités entre le 16 octobre et le 18 novembre, cinquante-deux n'avaient pas développé de produits génitaux ou les avaient déjà déchargés et parmi les 158 autres quatre-vingt-sept étaient mâles et soixante-onze seulement femelles.

La maturité sexuelle est atteinte avant la fin de la première année. La fécondité est très grande, les ovaires d'une femelle pouvant contenir jusqu'à douze millions d'œufs. L'époque de la ponte paraît être sous la dépendance très étroite des conditions locales ; elle varie d'une île à l'autre dans un même archipel.

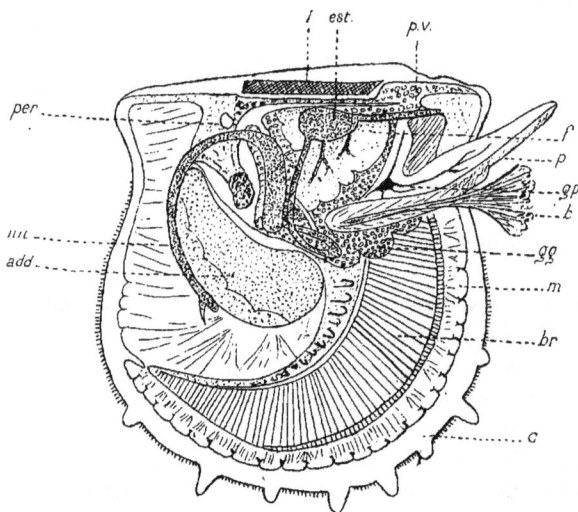

Fig. 2. — ANATOMIE DE MELEAGRINA VULGARIS (SCHUM.)

add, muscle adducteur ; *b*, byssus ; *br*, branchie ; *c*, coquille ; *est*, estomac ; *f*, glande hépato-pancréatique ; *gp*, ganglion pédieux ; *gg*, glande génitale ; *int*, intestin ; *l*, ligament ; *m*, manteau ; *per*, péricarde ; *p.v.*, palpe labial ventral.

Les œufs sont flottants et la fécondation est abandonnée au hasard. Le développement embryonnaire est très court ; quatre heures après la pénétration du spermatozoïde, il sort de l'œuf une larve ciliée qui nage librement ; seize heures plus tard la trochosphère est constituée et vers la fin du second jour, la coquille commence à apparaître et s'accroît rapidement. Herdman estime que les larves, qui, jusque-là, ont nagé librement à la surface de la mer, peuvent se fixer après cinq jours seulement de cette existence pélagique, à un moment où elles ne mesurent qu'un dixième de millimètre de longueur (fig. 3, *a*). Mais la fixation peut, si les circonstances l'exigent, être longtemps différée.

L'animal s'attache alors à un support par un byssus, dont les filaments sont sécrétés par une glande placée à la face ventrale du pied. Mais cette première fixation n'est pas définitive. Les individus jeunes se déplacent très facilement et avec une certaine rapidité, rejetant alors leur ancien byssus pour en former un nouveau après avoir quelque temps rampé en s'aidant des contractions de leur pied. Les mouvements ont lieu surtout la nuit. Cette faculté de locomotion persiste chez les individus âgés, comme l'ont montré les expériences de Herdman sur des méléagrines de deux ans et demi. Toutefois, les déplacements, dans les conditions normales, sont moins fréquents. A cet âge, le byssus, qui peut comprendre jusqu'à 40 ou 50 filaments, est très résistant. Les exemplaires très âgés de la grande pintadine sont dépourvus de tout byssus et reposent simplement sur le fond.

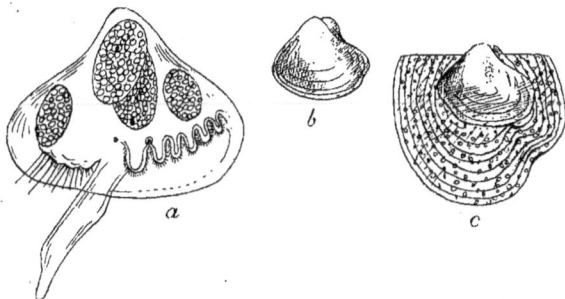

Fig. 3. — Meleagrina vulgaris (Schum.)

a, Larve libre, prête à se fixer, avec le pied en extension ; *b*, Naissain venant de se fixer ; *c*, Naissain fixé depuis quelque temps et ayant déjà formé, autour de la coquille larvaire, le début de la coquille définitive. (D'après Herdman).

La rapidité de la croissance dépend, dans une grande mesure, du milieu dans lequel vit l'animal, de la nature du fond, de l'intensité des courants, de la profondeur et, naturellement, de l'abondance de la nourriture. A Ceylan, les fonds les plus favorables sont des bancs de madrépores de hauteur variable qui s'élèvent au-dessus du sable corallien, la profondeur sur les bancs étant de 8 à 15 mètres. Dans nos possessions de l'Océanie, la préférence doit être donnée aux graviers conchylifères. Dans tous les cas, le sable est fatal aux méléagrines.

La taille définitive n'est jamais atteinte avant l'âge de trois ans et la coquille peut montrer des pousses extensives jusque dans le courant de la sixième année.

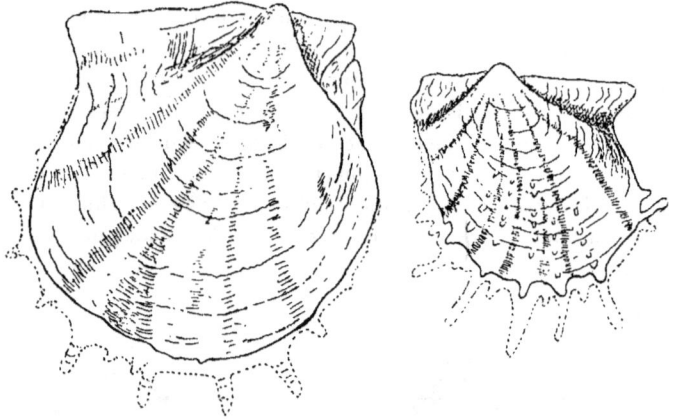

Fig. 4.— Accroissement de la coquille chez Meleagrina vulgaris (Schum.)

Le trait plein indique le contour de l'animal au moment où il a été mis en observation ; le trait pointillé, son contour trois semaines plus tard environ ; 23 jours pour la coquille de gauche, 21 pour celle de droite. (D'après Herdman).

Perles de nacre. — Sous la dénomination commune de perles on groupe en général des productions pathologiques d'ordres très divers, qui peuvent apparaître chez les mollusques sous l'influence de causes variées. Il nous paraît préférable d'établir dès le début une distinction bien tranchée entre les « perles de nacre » d'une part et les « perles fines » de l'autre, les premières se développant entre le manteau et la coquille et demeurant adhérentes à celle-ci, tandis que les secondes, au contraire, se forment dans l'épaisseur des tissus du mollusque.

La formation des perles de nacre, encore désignées sous le nom de *chicots*, est toujours déterminée par une cause provoquant une irritation locale qui a pour effet d'exagérer l'activité sécrétrice des cellules épithéliales dans une partie plus ou moins étendue de la face externe du manteau.

Dans les conditions naturelles, l'irritation peut être due à un traumatisme de la coquille ou à la présence entre cette coquille et le manteau d'un corps étranger. Herdman et Hornell ont trouvé des perles de nacre dans des méléagrines dont les valves étaient minées par des *Cliona*, des *Leucodore* ou d'autres animaux perforants. Les mêmes auteurs disent que de petits grains de sables ou d'autres particules de matière inorganique peuvent aussi devenir le noyau d'une semblable perle ; mais il faut, pensent-ils, que la coquille ait été détériorée par quelque accident pour que de pareilles particules puissent pénétrer entre l'une des valves et le manteau. Parfois c'est une perle fine expulsée par le mollusque et tombée entre le manteau et la coquille qui devient le noyau d'un chicot. La présence d'un organisme vivant, parasite ou non, peut enfin être la cause déterminante de l'hypersécrétion qui donnera naissance à une perle de nacre. Il existe un certain nombre de distomes parasites des Lamellibranches dont la présence peut, dans certains cas, déterminer chez l'hôte la formation de perles dont certaines demeurent attachées à la coquille et rentrent par conséquent dans la catégorie que nous étudions ici. C'est ce qui fut constaté pour la première fois en 1852 par de Filippi chez les anodontes (*Anodonta cygnea* Lmck.) des étangs de Racconigi, près de Turin. Choisissant, pour examiner leur contenu, celles des concrétions perlières de la face interne de la coquille qui lui paraissaient les plus jeunes, ce savant put toujours retrouver les restes d'un petit trématode, le *Distoma duplicatum* von Baer, dont la fréquence dans les anodontes étudiées avait précisément attiré son attention. Chez les moules (*Mytilus edulis* L.) Garner avait, dès 1873, montré le rôle joué par un petit distome parasite dans la formation des perles que l'on trouve souvent dans l'épaisseur du manteau. Dans les moules de Billiers, qui renferment en très grande quantité des perles dont les unes sont adhérentes à la coquille et les autres noyées dans les tissus du manteau, M. Raphaël Dubois, en 1901, et M. Lyster Jameson, en 1902, ont montré que la formation de ces perles est provoquée par la présence d'un distome, que L. Jameson identifie avec le *Brachycœlium somateriæ* Levinsen. En 1897 Giard a trouvé dans les *Donax* et les *Tellina* un trématode appartenant à ce même genre *Brachycœlium* et qui détermine chez ces mollusques des formations perlières insignifiantes. Mais, tout en constatant que le nucleus des perles de nacre est le plus souvent formé par un trématode, de Filippi et Garner, d'ailleurs suivis par d'autres auteurs, sont d'accord aussi pour admettre que d'autres corps étrangers et notamment les œufs ou les embryons hexapodes d'un hydrachnide, l'*Atax ypsilophorus* van Ben., peuvent accidentellement s'introduire entre le manteau et la coquille et provoquer ainsi une irritation qui amène la formation de perles de nacre.

Les Chinois et les Japonais savent depuis longtemps qu'un corps étranger introduit entre les valves et le manteau ne tarde pas à se recouvrir d'une couche de nacre ; ils ont mis à profit leurs observations à ce sujet et se livrent activement, depuis plus de 600 ans, à la fabrication de perles et de camées artificiels, qu'ils obtiennent en glissant entre la coquille et le manteau d'une grande mulette, le *Dipsas plicatus* Leach, des sphérules de nacre, des grains de plomb, des fragments d'os ou enfin des figurines découpées dans une feuille mince d'étain et représentant des idoles. Les mulettes, replacées dans l'étang après l'opération, seront pêchées à nouveau au bout d'un temps qui varie de dix mois à trois ans suivant l'épaisseur que l'on désire voir acquérir à la couche nacrée qui se déposera sur les objets introduits. Cette méthode a été appliquée en Europe, mais sans grand succès.

On a aussi employé, pour obtenir des perles de nacre, un procédé tout différent, qui consiste à trépaner la coquille ; on pense que c'est en cela que consistait la méthode préconisée par Linné et appliquée quelque temps par le Gouvernement suédois. Cette méthode a été reprise plus tard par le docteur de Bauran et par Moquin-Tandon en France et par Bouchon-Brandely aux Tuamotu.

En 1860 un savant allemand, Wall, combina en quelque sorte la méthode chinoise et le procédé de Linné, trépanant les coquilles et introduisant par l'ouverture ainsi pratiquée des corps étrangers qu'il glissait entre le manteau et les valves. Boutan a repris en 1898 des expériences analogues à celles de Wall, mais en opérant sur des Gastéropodes marins, du genre *Haliotis*. Nous croyons, avec Seurat, que « les expériences de Linné et des savants qui ont adopté sa méthode n'ont qu'une valeur spéculative et ne sont susceptibles d'aucune application pratique ».

Perles fines. — Complètement libres de toute attache avec la coquille, les perles fines, situées à l'intérieur du corps des mollusques, dans l'épaisseur des tissus, peuvent être rencontrées dans les organes les plus divers : on en trouve dans le manteau et celles qui s'y développent dans la partie qui avoisine la charnière comptent, en général, parmi les plus belles ; mais on en rencontre aussi dans les glandes génitales, dans le foie, dans le péricarde et le système circulatoire, autour des muscles et dans ces muscles même. Quelle que soit leur position, ces perles sont toujours enfermées dans une vésicule entièrement close limitée par une couche épithéliale.

Dans un travail récent, Herdman et Hornell disent qu'il faut établir ici encore deux catégories : « beaucoup de perles se trouvent dans les muscles et spécialement au voisinage des points d'insertion des muscles élévateurs du pied et des muscles palléaux ; et elles se forment autour de petites concrétions calcaires, les calcosphérules, qui apparaissent dans les tissus et deviennent un centre d'irritation »; les auteurs les appellent *muscle-pearls* ; les autres, désignées par Herdman et Hornell sous le nom de *cyst-pearls*, contiennent les restes d'un parasite du groupe des plathelminthes, de sorte que le stimulus qui occasionne la formation de ces perles est dû, comme divers auteurs l'avaient déjà admis, à la présence d'un petit ver parasite. En tous cas, quel que soit le nucleus, la perle, comme le nacre, est produite par une couche épithéliale.

L'historique rapide de la question de l'origine des perles va nous faire connaître les deux théories émises à ce sujet : l'une d'elles envisage les perles comme des calcosphérites, c'est-à-dire des corpuscules calcaires à base organique ; l'autre attribue leur production à un parasite ; il semble, d'après Herdman et Hornell, que chacune de ces deux théories trouve son application dans un cas particulier et ainsi se trouve justifiée l'opinion émise dès 1899 par M. Dastre ; après avoir constaté que l'on n'est pas instruit du mécanisme intime de la formation des perles et parlé des deux théories en présence, l'éminent physiologiste ajoutait : « dans l'impossibilité où nous sommes de décider entre ces deux théories il est prudent d'admettre que chacune contient une part de vérité ».

Nous ne nous arrêterons pas aux fictions plus ou moins poétiques par lesquelles les peuples de l'Orient et les Indiens de l'Amérique centrale prétendaient expliquer la production des perles. Et nous nous contenterons aussi de signaler l'opinion qui avait cours aux XVIe et XVIIe siècles et d'après laquelle les perles seraient les œufs du mollusque (1). Dès 1554 Rondelet avait fait justice de cette opinion et pour lui les perles n'étaient que des concrétions pathologiques comparables aux calculs morbides que l'on trouve chez les mammifères. Rondelet se faisait ainsi le promoteur d'une théorie encore en honneur aujourd'hui et connue sous le nom de théorie des calcosphérites. Von Baer, en 1830, Meckel en 1856, Pagenstecher et von Hessling en 1858, Harting en 1873, G. et H. Harley en 1887 et Saville Kent en 1893 ont admis, pour expliquer la formation des perles fines, des théories qui se rapprochent plus ou moins de celle-là et d'après lesquelles ces perles seraient formées autour d'un noyau qui est pour les uns un granule ou un amas de granules de la substance qui forme le periostracum de la coquille, pour d'autres une masse muqueuse ou un coagulum dont l'origine n'a pas été observée. Ces théories ont en commun ce caractère qu'elles ne font en aucune façon intervenir dans la production de la perle l'action d'un parasite.

Nous devons mentionner ici de façon toute spéciale les recherches de M. Diguet, faites sur la méléagrine du golfe de Californie. D'après M. Diguet, « la perle fine ne se forme pas d'emblée, comme la perle de nacre ; elle subit une évolution pendant laquelle on verra ses éléments constituants se modifier et apparaître successivement. Au début elle se manifeste sous la forme d'une ampoule ou mieux d'une phlyctène remplie d'une humeur dont la matière organique en solution, se condensant progressivement, arrive, après s'être maintenue un certain temps à l'état gélatineux et avant de se calcifier, à se transformer en une substance analogue à la conchyoline. Cette condensation accomplie, la masse, par suite d'un mécanisme spécial, se subdivise en une série de couches concentriques plus ou moins régulières laissant entre chaque zone des interstices que le dépôt de calcaire cristallisé viendra occuper. Cette stratification concentrique doit, dans la nature, s'accomplir simultanément avec la pénétration de la solution calcaire fournie par les liquides de l'organisme... La calcification s'accomplit progressivement : c'est d'abord une sorte d'incrustation ou magma cristallin qui vient prendre naissance dans les intervalles

---

(1) Rappelons ici qu'en 1826 Home émit l'idée que les perles se formaient à la surface d'œufs que le mollusque n'aurait pas expulsés. Et Kelaart, en 1857, admettait que les œufs échappés de l'ovaire trop distendu pouvaient, dans certains cas, former le nucleus d'une perle. Ces opinions n'ont jamais été prises en sérieuse considération.

produits par le retrait de la matière organique, laquelle, réduite en minces feuillets, forme des planchers de cristallisation sur lesquels les premiers dépôts se nourrissent par l'apport et l'endosmose des liquides chargés de calcaire de l'organisme. Si l'on pratique une coupe dans une perle dont la calcification est complètement achevée, on voit des couches successives plus ou moins fines, plus ou moins régulières, d'un dépôt cristallin compact, séparées les unes des autres par une faible épaisseur de conchyoline. La partie centrale est occupée par un espace plus ou moins vide, occupé, souvent incomplètement, par de la matière organique et aussi par quelques cristaux de calcaire.

Pendant toute son évolution la perle reste comprise dans l'ampoule qui lui a servi de matrice. Cette enveloppe se détruit pendant la calcification, au point que lorsque l'opération sera achevée il ne restera plus qu'une mince membrane que le mollusque pourra rompre au moindre effort, ce qui lui permettra d'expulser la perle. »

Et pour M. Diguet la perle fine est ainsi le résultat d'une opération physiologique qui a pour but l'élimination d'un parasite ou d'une cause d'irritation.

Nous avons vu plus haut comment de Filippi avait été amené, en 1852, à attribuer à un distome la production des perles de nacre des anodontes ; il annonça aussi que les perles fines contenues dans le manteau de ces mollusques se développent autour d'un noyau dans lequel on peut reconnaître, avec plus ou moins de difficulté, les restes d'un être organisé : et l'ensemble de ses observations le conduit à admettre que cet être est un helminthe, le même qui produit les perles de nacre. Dans certains cas, cependant, le parasite dont la présence donne lieu à la formation de la perle peut appartenir à un autre groupe : de Filippi a trouvé dans une perle du manteau les épines buccales d'un *Echinostomum* et d'autres perles ont pour noyau un individu jeune d'*Atax ypsilophorus* van Ben.

Pour Küchenmeister la formation des perles serait due, dans l'immense majorité des cas, à la présence des *Atax* et, plus rarement, à celle de *Mermis* ou d'embryons de cestodes ou de trématodes.

Mœbius, qui a examiné un assez grand nombre de perles de provenances diverses, a trouvé dans un petit nombre d'entre elles un noyau calcaire cristallin dans lequel le calcaire est disposé en lamelles radiales ; mais dans la plupart des cas le nucleus était de nature organique et parfois l'on pouvait y reconnaître les restes d'un helminthe.

Kelaart et Humbert (1859) ont trouvé dans les organes de la méléagrine de Ceylan divers parasites helminthes auxquels ils attribuent un rôle important dans la formation des perles.

Nous avons parlé plus haut des recherches de Garner, de Raphaël Dubois et de Lyster Jameson, touchant l'origine des perles que l'on trouve dans le manteau des moules, perles dont le noyau est formé par un petit trématode, qui serait, d'après Jameson, le *Brachycœlium somateriae* Levinsen. M. Boutan a aussi étudié en 1903 ces formations perlières des moules.

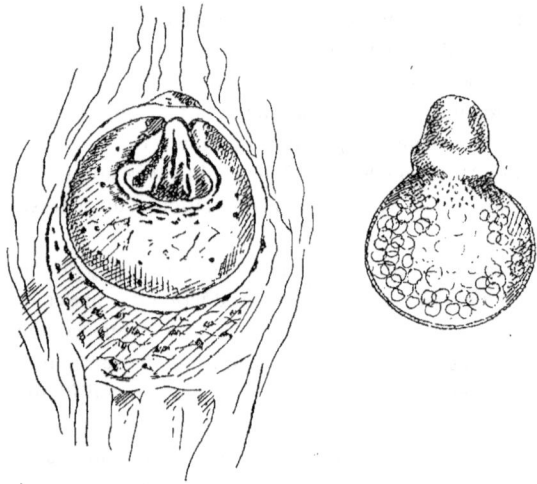

Fig. 5. — SCOLEX DU TETRARHYNCHUS UNIONIFACTOR, PARASITE MARGARITIGÈNE DE MELEAGRINA VULGARIS (SCHUM.)

A gauche l'animal est vu dans le kyste qu'il détermine au sein des tissus; la trompe est entièrement rétractée. A droite l'animal, extrait du kyste, a sa trompe entièrement dévaginée (d'après Herdman).

Dans une note présentée à l'Académie des Sciences en 1903, M. R. Dubois dit qu'en plaçant de petites pintadines (*Meleagrina vulgaris* Schum.) dans des milieux naturels ou artificiels où les moules (*Mytilus edulis* var. *gallo-provincialis* Lmck.) deviennent perlières par suite de la contamination parasitaire, on provoque facilement chez ces pintadines la production de perles fines, dont il attribue par conséquent la formation au distome margaritigène des moules.

Dans la note dont nous avons plus haut reproduit un extrait, Herdman et Hornell attribuent la formation des *cyst-pearls* chez la *Meleagrina vulgaris* Schum. à la larve d'un cestode qu'ils appellent *Tetrarhynchus unionifactor* ; ils ont trouvé les stades larvaires jeunes de cet animal nageant librement dans le golfe de Manaar et les ont aussi rencontrés sur les branchies des méléagrines ; les stades ultérieurs sont communs dans le foie, le manteau et les branchies du mollusque ; un stade plus avancé encore a été trouvé dans les *Balistes*, qui se nourrissent de méléagrines. Le cestode adulte et sexué n'a pas encore été rencontré ; il est permis de penser qu'il vit dans le corps des grands Sélaciens qui sont si abondants sur les bancs de Ceylan ou encore chez de petits cétacés, toutes formes qui peuvent dévorer les *Balistes*.

Enfin Seurat a trouvé dans la grande méléagrine des Gambier (*M. margaritifera* L.) un parasite qui ressemble beaucoup au cestode décrit par Herdman et Hornell. Comme le disent ces auteurs, les deux cestodes, celui de Ceylan et celui des Gambier, appartiennent certainement à la même famille et très probablement au même genre. En 1904, bien que Giard, en faisant connaître la découverte de Seurat, ait cru devoir rapporter les scolex découverts par ce naturaliste à quelque forme du groupe des *Pseudophyllidea* van Ben., Herdman et Hornell pensent cependant trouver dans leurs observations personnelles des raisons suffisantes de maintenir leur détermination première et de ranger le parasite dans le genre *Tetrarhynchus*, qui n'appartient pas à l'ordre des *Pseudophyllidea*.

Quoi qu'il en soit, il semble bien que les principaux producteurs de perles, chez les méléagrines, à Ceylan comme aux Gambier, soient des scolex de cestodes. L'idée qui vient naturellement à l'esprit, lorsque l'on admet ce rôle margaritigène des parasites, est de produire artificiellement des perles en infestant de parasites les bancs de méléagrines. Mais, comme le dit Giard, « le point essentiel dans la question serait de bien connaître les parasites margaritigènes, leur organisation, leurs mœurs, leur évolution et leur distribution géographique ». Malgré les expériences intéressantes de Raphaël Dubois, la question ne paraît donc pas près d'être pratiquement résolue.

Il semble, d'après les recherches de Diguet, que la perle doive toujours présenter une structure déterminée par son mode même de formation : elle serait formée d'assises concentriques de nacre, séparées par des couches intercalées de conchyoline, l'ensemble étant disposé autour d'un noyau central, organique ou calcaire. Cependant Mœbius a montré que certaines perles sont constituées, sous quelques assises concentriques de nacre, par une couche de prismes calcaires reposant sur une couche qui présente tous les caractères du periostracum de la coquille et qui limite une petite cavité centrale. Et tout récemment Raphaël Dubois a décrit dans certaines perles de *Pinna* une structure entièrement rayonnée, la masse tout entière de la perle étant constituée par des pyramides de calcite dont les bases sont à la périphérie et les pointes au centre de la perle ; ces pyramides sont engainées dans de véritables alvéoles dont les parois sont constituées par de la matière organique. Mais typiquement les perles ont la structure décrite en premier lieu et c'est précisément la disposition de la nacre en assises concentriques excessivement minces qui donne aux perles toutes les qualités qui les font tant rechercher. La lumière, en se jouant au travers de ces lamelles nacrées, donne au joyau ce lustre magnifique, cet orient qui fait toute sa valeur.

Les huîtres perlières dans la Méditerranée. — Comme nous le verrons, il existe dans la mer Rouge deux espèces au moins du genre *Meleagrina*. Après le percement de l'isthme de Suez, la plus petite de ces deux espèces, qui n'est autre que la *M. vulgaris* Schum, que nous retrouverons à Ceylan, a pénétré dans la Méditerranée. Keller a suivi les étapes de sa migration à travers le canal ; divers auteurs ont signalé sa présence à Alexandrie (Monterosato), à Port-Saïd et à l'oued Melah (Vassel), à Djerba (Bouchon-Brandely et Berthoule), à Gabès, devant la Skira et à la baie des Surkennis (Chevreux), à Malte (Jameson). MM. Bouchon-Brandely et Berthoule ont proposé d'en faire la culture industrielle sur le littoral de la petite Syrte. M. Vassel ne pense pas qu'on puisse y trouver grand avantage ; car, au point de vue alimentaire, bien qu'il soit consommé à Suez, ce mollusque n'a pas grande valeur ; et par ailleurs, M. Vassel déclare que la nacre, sans épaisseur, lui paraît tout au plus propre à être employée pour les incrustations et que, malgré qu'il ait ouvert des centaines d'exemplaires méditerranéens de cette méléagrine, il n'y a jamais trouvé de perles. D'après M. Dubois, *Meleagrina vulgaris* produit en Tunisie des perles, petites mais régulières, d'un très bel orient ; elles sont extrêmement rares, puisqu'il faut ouvrir 1.200 à 1.500

huîtres pour trouver une perle. Il convient toutefois de remarquer ici avec Giard que si la *M. vulgaris* méditerranéenne paraît aujourd'hui peu perlière, il est possible qu'elle le devienne beaucoup avec le temps « car il arrive souvent que les parasites ne suivent pas immédiatement leur hôte dans ses migrations ».

En se basant sur ce fait que la grande et la petite pintadine (*M. margaritifera* L. et *M. vulgaris* Schum.) vivent dans la même zone bathymétrique, dite zone des laminaires, et aussi sur ce fait que *M. margaritifera* L. existe à Suez, M. Vassel pense que l'acclimatation spontanée de la méléagrine vulgaire dans le golfe de Gabès est d'un heureux augure pour le succès des tentatives que l'on pourrait faire en vue d'acclimater dans les mêmes parages la grande pintadine. Et il est convaincu qu'il suffirait de quelques milliers de francs pour arriver à ce résultat. Aucune expérience n'a pu, malheureusement, être faite par lui dans ce sens.

Pêcheries de la mer Rouge. — C'est, croyons-nous, M. Vassel qui a le premier attiré l'attention sur les pêcheries de perles et de nacre de la mer Rouge. Il a rappelé que, du temps où ils faisaient escale en divers ports des côtes de cette mer, les paquebots apportaient assez régulièrement à Suez de petits lots de nacre ; et pour les perles il rapporte ce que Pline en disait, les comparant à celles de l'Inde : « *Et in candore ipso magna differentia ; clarior in rubro mari repertis* ». En fait, la grande pintadine est aujourd'hui encore pêchée, pour sa nacre surtout, le long des côtes occidentales de la mer Rouge, de Souakim à Massouah, et en particulier aux îles Dahlak, où l'on pêchait déjà du temps des Romains. Les Arabes désignent cette espèce sous le nom de *sadof* et appellent *bulbul* une autre forme beaucoup plus petite et qui est, elle, très margaritifère. Trois cent cinquante bateaux environ, avec des équipages de quinze à quatre-vingts hommes, venant pour la plupart des côtes d'Arabie, pratiquent la pêche au printemps et en automne. On évalue à 4.500 000 francs la valeur des perles obtenues chaque année. Le droit de sortie qui frappait jadis les nacres exportées par Massouah a été supprimé en 1892, et du coup le chiffre des exportations par ce port s'est accru dans l'énorme proportion de 3 à 1. Les envois sont faits surtout sur Trieste ; cette nacre est, d'ailleurs, peu appréciée ; on la payait 840 francs la tonne seulement en 1895.

Pêcheries de la côte des Somalis et de Madagascar. — On retrouve dans le golfe de Tadjourah les deux espèces dont nous venons de parler. Les indigènes les recueillent à la plonge et font d'assez belles récoltes qu'ils sont obligés d'aller vendre à Zeilah, ne trouvant pas à les écouler sur place. Dans les eaux territoriales, en vertu d'un décret de 1899, la pêche des méléagrines peut être concédée, à titre onéreux, à des sujets ou citoyens français. Deux concessionnaires emploient le scaphandre dans le golfe de Tadjourah ; mais la houle contrarie les opérations des plongeurs.

A Madagascar, les huitres perlières existent un peu partout, mais les bancs n'ont jamais été sérieusement explorés ni exploités. Cependant une compagnie américaine se livrait jadis au commerce des nacres. Il serait désirable que des sociétés sérieuses ou des particuliers offrant les garanties voulues pussent obtenir des concessions et essayer d'exploiter les bancs profonds à l'aide du scaphandre, dont l'emploi s'impose puisque la plonge à nu serait impossible à pratiquer dans des eaux infestées de requins.

Pêcheries du Mozambique. — Au mois de septembre 1904 le Gouvernement portugais a établi une réglementation nouvelle pour la pêche des nacres et du corail dans sa colonie de Mozambique. Il est désormais interdit, sous peine d'une amende de 2.800 à 18.000 francs de pratiquer cette pêche sans autorisation. La côte de la colonie est divisée en un certain nombre de zones de 50 kilomètres de longueur environ et l'on peut se rendre acquéreur du droit exclusif de pêcher dans une de ces zones en payant une somme fixe de 2.800 francs, une fois versée, plus une redevance annuelle calculée à raison de 11 fr. 25 par kilomètre concédé ; de plus le concessionnaire doit verser à l'État 2 o/o sur ses bénéfices. Les concessions sont accordées pour trois ans et renouvelables ; mais à la fin de la vingtième année d'exploitation d'une zone, le droit de pêcher dans cette zone sera mis aux enchères. Un même concessionnaire ne peut exploiter que six zones au maximum. Jusqu'ici la pêche avait été surtout pratiquée sur la partie de la côte qui s'étend entre Sofala et l'île Bazaruto.

On a récemment découvert des bancs d'huitres à nacre, qui paraissent assez importants, sur les côtes de l'île Pemba, au Nord de Zanzibar. Il paraît vraisemblable que les méléagrines, que l'on pêche aussi entre le cap Guardafui et Sokotora, existent en plus ou moins grande abondance tout le long des côtes orientales de l'Afrique.

Pêcheries du Golfe Persique. — Connues dès la plus haute antiquité, les pêcheries de perles du Golfe Persique n'ont jamais cessé d'être exploitées. Elles sont d'ailleurs les plus riches du monde entier, puisqu'on s'accorde en général pour estimer leur produit annuel à dix millions de francs. Jadis le commerce des perles était fait dans ces parages par les marchands chaldéens ou phéniciens qui faisaient le commerce entre les Indes, l'Arabie et les rivages de la Méditerranée. Aujourd'hui ce sont des marchands arabes ou hindous qui se rendent dans les centres où se fait la vente, et notamment à l'île Delma, et qui se portent acquéreurs de la plupart des lots offerts ; les Européens ont, à plusieurs reprises mais toujours en vain, essayé de se mettre en rapports directs avec les pêcheurs. Ceux-ci étaient jadis des esclaves noirs venus de la côte orientale d'Afrique ou de Zanzibar ; aujourd'hui ce sont pour la plupart des Arabes.

Le mode de pêche employé est absolument comparable à celui qui est en usage à Ceylan : il nécessite l'emploi de deux cordes, dont l'une est ici attachée autour des reins du plongeur et servira à le remonter, quand il en donnera le signal ; l'autre corde porte une lourde pierre, qui accélère la descente ; le plongeur suspend à son cou le filet destiné à recevoir sa récolte.

La profondeur à laquelle sont situés les bancs varie beaucoup d'un point à un autre, de 9 à 30 mètres et plus ; les plongeurs ne restent guère plus d'une minute sous l'eau ; leur dur métier, qui amène souvent chez eux des ophthalmies, de l'amaurose et les frappe parfois de cécité complète, est rendu plus dangereux encore par le grand nombre des requins et des poissons-scies, qui pullulent dans les eaux du golfe ; et il ne se passe guère d'année où l'on n'ait pas à déplorer la disparition de 15 ou 20 hommes au moins.

La saison de pêche dure du milieu de mai à la fin de septembre. Les centres principaux de la pêche sont El Kueit (420 bateaux et 7.560 hommes en 1902), l'île Bahrein (700 bateaux, 12.000 hommes) et El Bidaa. Au total on peut admettre que 4.000 bateaux sont armés chaque année et que la pêche occupe 30.000 personnes.

Les bancs sont assez éloignés du rivage, à 30 ou 40 kilomètres en mer. Aussi les bateaux ne reviennent pas chaque jour à leur port d'attache et séjournent parfois plusieurs semaines sur les lieux de pêche.

L'équipage de chaque bateau recherche les perles qui peuvent se

rencontrer dans les méléagrines rapportées par les plongeurs ; le
patron recueille et évalue ces perles, se servant de tamis analogues à
ceux de Ceylan ; il les vend plus tard aux marchands, qui généralement l'exploitent de façon scandaleuse et qui, à leur tour, iront les
vendre à Bombay. Sur le marché de cette ville il est passé en 1902
pour 4.400.000 roupies de perles provenant du golfe Persique.

Autrefois les coquilles des méléagrines pêchées demeuraient inuti-
lisées. Depuis plusieurs années d'importantes expéditions en sont
faites sur la Syrie et la Turquie et sur Londres. M. Sarassin évaluait
en 1899 à 2.400 tonnes le poids des coquilles venues du golfe Persique
sur les grands marchés de nacre. Mais la valeur en est très faible.

Pêcheries de Ceylan. — La *Meleagrina vulgaris* Schum. (*Avicula
.fucata* Gould.), que l'on pêche dans le golfe de Manaar, est recherchée
uniquement pour les perles qu'elle produit ; la nacre très brillante
de ses valves est malheureusement trop mince pour que l'on puisse
l'utiliser (1) ; et la coquille ne peut servir que pour fournir, après
calcination, une chaux très pure qui est très appréciée par les indigènes.

Les pêcheries de Ceylan sont probablement les plus anciennes de
toutes celles qui existent aujourd'hui ; elles ont été exploitées de tout
temps par les Cingalais et l'un de leurs livres, le « Mahanwaro », fait
mention de perles envoyées comme présent par le roi de Ceylan
Vijaya à son beau-père, en l'an 540 avant J.-C. ; Marco Polo (1291)
parle des perles comme d'une des richesses de Ceylan et d'après
F. Jordanus il y avait, vers 1330, 8.000 bateaux occupés à la pêche des
perles dans le golfe de Manaar.

De nos jours ces pêcheries ont été successivement exploitées par les
Portugais, depuis le commencement du xvime siècle jusqu'au milieu
du xviime, puis par les Hollandais jusqu'en 1795, et, depuis lors, par
le Gouvernement anglais, qui autorise ou interdit la pêche, en règle
les conditions et prélève les deux tiers des récoltes faites par les plongeurs. Le revenu de ces pêcheries est éminemment variable : en
années ordinaires les Hollandais ne recueillaient guère que de 100.000
à 250.000 francs de perles ; et souvent la pêche n'était pas pratiquée

(1) En 1890 on a envoyé à Londres 4.500.000 coquilles de *Meleagrina vulgaris*
Schum., vendues 340.000 francs. En présence des mauvais résultats obtenus dans
les essais tentés pour en utiliser la nacre, l'expérience n'a pas été renouvelée.

parce qu'elle n'eût pas été suffisamment rémunératrice ; c'est ainsi
qu'il y eut, de 1732 à 1746, une longue interruption, après laquelle trois
campagnes consécutives (1747-1749) fournirent pour 3.500.000 francs
de perles. La dernière pêcherie des Hollandais eut lieu en 1767. Les
bancs avaient donc eu un long repos de près de trente années lorsque
les Anglais s'établirent à Ceylan en 1796 et ceux-ci purent faire, dans
les premières années de leur occupation (1796-1799) quatre campagnes
qui rapportèrent au Gouvernement 9.500.000 francs environ. De 1800
à 1820 la pêche eut lieu dix fois seulement, rapportant au Gouvernement une somme totale de 3.708.859 roupies. On peut citer comme
exceptionnelles dans des sens divers les deux campagnes de 1814 et de
1815 qui sont l'une la meilleure et l'autre la moins productive de celles
faites dans le courant du xixᵐᵉ siècle. La première rapporta le chiffre
énorme de 1.051.876 roupies et la seconde 5.842 roupies seulement.
Après une interruption de sept années on pêcha à nouveau de 1828 à
1833 et de 1835 à 1837 ; l'ensemble de ces neuf pêcheries donne, comme
part du Gouvernement, 2.335.314 roupies. Puis long repos, après
lequel les six campagnes des années 1855, 1857-1860 et 1863 fournissent
un bénéfice de 1.913.206 roupies. Depuis lors les seules années où la
pêche ait été ouverte au xixᵐᵉ siècle sont celles qui sont inscrites dans
le tableau ci-dessous, où se trouve aussi indiquée en roupies la somme
touchée par le Gouvernement (1) :

Années	Roupies	Années	Roupies
1874	101.199	1887	396.094
1877	189.011	1888	804 247
1879	95.694	1889	498.377
1881	200.152	1890	313.177
1884	599.533	1891	963.748

A titre de renseignement indiquons que plus de 44 millions de
méléagrines furent pêchées en 1891 et 636.000 seulement en 1884.

En 1903 le Gouvernement a pu autoriser à nouveau la pêche et a
eu pour sa part 27.453.425 méléagrines, dont la vente lui a rapporté
829.548 roupies. Comme résultats cette campagne de 1903 ne le cédait
qu'à celles de 1814, de 1891 et de 1808.

Ouverte aussi en 1904, la pêche a fourni des résultats plus

(1) Tous les chiffres donnés ici sont empruntés à l'ouvrage de W. A. Herdman.
Notons aussi que le cours actuel de la roupie est de 1 fr. 70 environ.

brillants encore : le Gouvernement a touché 1.065,571 roupies, bien que le nombre des huîtres pêchées (41.039.085) soit demeuré légèrement inférieur à celui de 1903 (41.180.137). Cette campagne de 1904 serait la meilleure de toutes celles accomplies sous la domination anglaise si nous n'avions à enregistrer ici les résultats vraiment extraordinaires de la pêcherie de 1905, qui a duré 47 jours et au cours de laquelle 81.580.716 méléagrines ont été pêchées. La part du Gouvernement (54.386.476 méléagrines) a été vendue par lui 2.150.727 roupies, tout près de 4.200.000 francs !

Il nous faut maintenant dire quelques mots des conditions dans lesquelles s'accomplit la pêche.

Les bancs de méléagrines sont situés dans le golfe de Manaar, le long de la côte occidentale de Ceylan, entre Chilaw et le haut fond sableux, recouvert de quelques pieds d'eau seulement, que les Anglais appellent l'Adam's Bridge et qui, avec l'île de Manaar et l'île Rameswaram forme, en effet, une sorte de pont entre l'île de Ceylan et la péninsule indienne. Ces bancs sont en général à 10 ou 12 milles de la côte, par 8 à 15 mètres de fond ; les principaux sont ceux qui sont situés en face d'Aripo : ce sont le Cheval Paar, le Periya Paar Kerrai, le Modragam Paar ; plus au large, mais toujours sur le même parallèle, à six lieues environ de la côte, est le Periya Paar (Grand Banc) sur lequel la profondeur varie entre 15 et 25 mètres. En se dirigeant vers le Sud on trouve successivement le Karatiwo Paar, le Muttuvaratu Paar et enfin le Chilaw Paar. C'est surtout le Cheval Paar et le Modragam Paar qui sont exploités.

Tous les bancs sont soigneusement repérés et l'emplacement de chacun d'eux est indiqué par des bouées. Chaque année l'Inspecteur des pêcheries de perles visite les bancs, vers les mois d'octobre ou de novembre, dans la période d'accalmie entre la mousson du Sud-Ouest et celle du Nord-Est et, grâce aux opérations de plongeurs qui l'accompagnent, peut se rendre un compte exact de l'état des bancs et évaluer le nombre et l'âge des méléagrines qui s'y trouvent alors. Les huîtres recueillies par les plongeurs sont examinées pour déterminer la proportion de celles qui contiennent des perles et la valeur de ces perles. Si les résultats de cette inspection sont satisfaisants le Gouvernement fait annoncer que la pêche sera ouverte l'année suivante et une nouvelle inspection des bancs a lieu alors en février, juste avant l'ouverture de la campagne. Ces visites annuelles sont rendues nécessaires par ce fait que des causes encore mal connues peuvent amener rapidement de très grands changements dans les bancs : d'une année à l'autre les méléagrines peuvent être dévorées par les Raies, ou ensevelies sous des sables mouvants ou encore arrachées de leurs supports par les courants. C'est ce qui explique l'irrégularité des pêcheries comme époque et comme rendement.

La campagne s'ouvre en général au début de mars, pour se terminer deux mois plus tard, après 30 à 50 jours de pêche. Les conditions en sont rigoureusement déterminées par le Gouvernement. Si le temps le permet les bateaux quittent le port à minuit pour arriver sur les bancs vers la pointe du jour; la pêche commence aussitôt, pour durer sans interruption jusqu'à midi. Chaque barque porte, en dehors du patron et de dix rameurs, cinq équipes de deux plongeurs chacune, opérant comme il suit : chaque équipe à deux cordes, l'une à laquelle est suspendu un filet dans lequel sera placée la récolte, l'autre qui soutient une grosse pierre pesant une vingtaine de kilogs. L'un des hommes saisit une corde de chaque main et passe son pied dans une boucle de la corde à laquelle est attachée la pierre. Au signal donné par ce plongeur, son camarade resté sur le bateau laisse filer les cordes et le plongeur entraîné par la pierre arrive rapidement sur le fond. Il lâche aussitôt la pierre, qui est immédiatement remontée, et se couche à plat ventre sur le fond pour recueillir les méléagrines qu'il place dans le filet, dont il tient toujours la corde ; il peut ainsi rester de 40 à 90 secondes sous l'eau ; puis il tire la corde du filet, pour avertir son compagnon qui, aussitôt, d'une secousse brusque, donne au plongeur l'élan qui lui permettra de revenir rapidement à la surface et, en même temps, ramène le filet. Quand après plusieurs opérations semblables, séparées par des intervalles de une ou deux minutes, le plongeur se sent fatigué, il remonte dans le bateau pour manier à son tour les cordes, tandis que son camarade plongera.

Au signal donné, à midi précis, par un coup de canon tiré par le navire de l'administration chargé de la surveillance de la pêche, les barques regagnent la côte et viennent déposer les méléagrines recueillies à leur bord dans un camp (fishery town), construit à cet effet par le Gouvernement ; les plongeurs font alors trois parts égales de leur récolte et remportent l'une de ces parts, en laissant les deux autres à l'administration, qui les vendra aux enchères le lendemain, par lots de 1.000 méléagrines chacun. Le prix minimum demandé pour chaque lot est fixé d'après le nombre et la qualité des perles trouvées dans 5.000 méléagrines prélevées sur les récoltes faites par les plongeurs au cours de l'inspection de février. En général, les acheteurs paient de 12 à 70 roupies par lot. En 1905, le Gouvernement aurait cédé ses lots à des prix variant entre 8 roupies et 24,65 roupies, suivant la provenance. Mais les enchères ont été si vives qu'aucun lot n'a été vendu au-dessous de 24 roupies et que certains ont été payés 124 roupies; le prix moyen fut de 48,89 roupies (73 fr. environ) pour 1.000 méléagrines.

Les acheteurs, installés dans les environs du camp, étalent au soleil, sur des nattes en sparterie, les méléagrines, dont la chair ne tarde pas à se décomposer; les coquilles s'ouvrent naturellement et on y cherche les perles qu'elles peuvent contenir; puis on fait bouillir la chair et on la passe sur un tamis très fin pour ne laisser échapper aucune perle.

On procède ensuite au premier classement des perles, en les faisant passer sur une série de tamis en treillis de cuivre percés de trous dont les dimensions sont fixées par les usages; le premier tamis a 20 trous, les suivants en ont 30, 40, 50, 80, 100, 200, 400, 600, 800, 1.000. On classe *mell* les perles qui restent sur les cinq premiers tamis, *vadivoo* celles qui sont arrêtées par les cinq tamis suivants, *tool* les autres, qui constituent ce que nos joailliers appellent la grenaille ou la semence de perles. Les perles moyennes ou petites sont ensuite perforées et enfilées sur une soie pour constituer un *rang*; plusieurs *rangs* de même choix, réunis par un lien de ruban, constituent une unité de vente connue sous le nom de *masse*. Les perles *tool* seront vendues au poids ou au volume. Les perles *mell* enfin sont classées à nouveau suivant leur forme et leur éclat.

Pêcheries de Tuticorin. — Outre les bancs d'huîtres perlières dont il vient d'être question, le golfe de Manaar en renferme quelques autres de moindre importance, situés toujours à hauteur d'Aripo, mais sur l'autre rive du golfe, le long des côtes de la péninsule indienne. Ce sont les bancs dits de Tennevelly ou de Tuticorin, plus nombreux et mieux groupés que ceux de Ceylan, mais beaucoup moins vastes au total. Sous la domination hollandaise ces bancs ont été exploités activement ; la pêche avait lieu tous les ans ou presque, contrairement à ce qui se passait à Ceylan. Vers le milieu du xviiie siècle elle rapportait 500.000 francs par an environ. Le Gouvernement anglais exploita les bancs de Tuticorin, de 1796 à 1799, en tirant, en quatre ans, trois millions de francs environ. Puis la pêche fut suspendue jusqu'en 1821. En 1822 elle produisit 325.000 francs. Pratiquée à nouveau en 1830, elle laissa au Gouvernement un bénéfice net de 250.000 francs. La troisième campagne du xixe siècle eut lieu en 1860 seulement et rapporta 500.000 francs tous frais payés. Les quelques pêcheries faites depuis lors n'ont pas donné de résultats satisfaisants.

Pêcheries de Mergui. — Depuis une quinzaine d'années on exploite sur la côte de Mergui des pêcheries comprises entre les îles Malcolm et Owen. Les méléagrines se trouvent sur des fonds de 12 à 30 mètres et les coquilles de 20 centimètres de diamètre ne sont pas rares. On y trouve quelquefois des perles, dont quelques unes sont fort belles. Il est bien vraisemblable que les bancs s'étendent sur une bonne partie de la côte orientale de la péninsule malaise dans le Sud de la région exploitée. La pêche a été concédée à trois sociétés et à des particuliers qui emploient des plongeurs originaires de Manille et que l'on a fait venir des pêcheries d'Australie. En 1894 il y avait 60 scaphandriers occupés sur ces bancs. Le Gouvernement perçoit un droit de 8 roupies par mois et par scaphandre employé.

Pêcheries des colonies françaises de l'Océanie. — Nous nous bornerons à rappeler ici qu'il existe en Nouvelle-Calédonie des bancs nacriers dont l'exploitation n'est peut-être pas poursuivie avec toute l'activité désirable.

Nous réservons de même pour la traiter dans la seconde partie l'étude des pêcheries des Tuamotu et des Gambier et nous donnons seulement ici quelques indications sommaires sur les espèces pêchées et les procédés employés. L'espèce la plus commune est la *Meleagrina margaritifera* L. var. *Cumingi* Rv., que l'on trouve jusqu'à 45 mètres de profondeur ; mais on rencontre aussi, en assez grande quantité, une autre forme, *M. panasesae* Jam., appelée *pipi* par les indigènes, dont la nacre et les perles sont peu estimées, parce qu'elles perdent rapidement leur éclat. Seurat dit que les indigènes qui pratiquent la plonge à nu peuvent descendre, sans s'aider d'un pierre, jusqu'à 25 et même 28 mètres et demeurer deux minutes et demie sous l'eau. On a pratiqué aussi dans nos Établissements de l'Océanie jusqu'en 1892 et on pratique à nouveau, depuis 1902, la pêche au scaphandre (1).

Pêcheries de l'Australie occidentale. — La *Meleagrina margaritifera* L. var.

radiata est abondante le long des côtes septentrionales de l'Australie occidentale et on la pêche surtout, depuis 1868, dans la région comprise entre le golfe d'Exmouth et King's Sound. Le principal port d'attache de l'importante flottille qui pratique cette pêche est Broome; les bateaux sont en général des lougres de dix tonneaux de jauge, dont l'armement, pour une campagne qui dure de septembre à fin mars, coûte 5.500 francs environ; il y a aussi quelques grands schooners de 30 à 100 tonneaux de jauge et plus, qui ont surtout pour rôle de ravitailler les lougres et de recueillir le produit de leur pêche. Cette pêche se fait au scaphandre, sur des fonds de 15 à 40 mètres et plus. Les plongeurs reçoivent une somme de 500 francs par tonne de nacre pêchée.

Après avoir, de 1889 à 1893, fourni plus de 700 tonnes par an, en moyenne, d'une nacre de qualité tout à fait supérieure, les pêcheries de l'Australie occidentale ont passé par une période difficile : de 1894 à 1898 la production annuelle moyenne a été de 408 tonnes seulement. Elle se relève à 639 tonnes en 1899, à 733 tonnes en 1900; en 1901, la vente des 697 tonnes de nacre recueillies a produit 1.375.000 francs. En 1903, la pêche a donné plus de 900 tonnes de nacre, vendues 4.350.000 francs environ. La flotte de pêche qui comprenait, en 1898, 107 bateaux avec 839 hommes d'équipage, se composait, en 1903, de 400 barques, montées par 2.785 hommes dont 2.480 Asiatiques, 245 Européens et 60 indigènes.

Outre la nacre, les méléagrines fournissent des perles fines. Au cours des années 1889-1898, la production annuelle moyenne a été évaluée, en ce qui concerne les perles, à 750.000 francs; en 1899, les perles récoltées ont été vendues 350.000 francs seulement. En 1903, on en a vendu pour un million de francs.

Plus au Sud, mais toujours sur les côtes de l'Australie occiden-

---

(1) Dans un travail tout récent (1906), Seurat déclare qu'en présence des procédés des scaphandriers, qui exploitent les fonds sans aucun ménagement, il faudra, pour assurer le repeuplement des bancs, interdire de nouveau, et à très bref délai, l'usage du scaphandre. (*Note ajoutée au cours de l'impression*)

tale, on trouve à Shark's Bay une autre espèce de méléagrine, la *M. imbricata*, plus petite et à coquille plus mince que la *M, margaritifera* L. La nacre et les perles en sont également exploitées. En 1902, on avait pêché plus de 150 tonnes de coquilles, valant 364.000 francs. La campagne de 1903 n'en a produit que 53 tonnes, pour une valeur de 125.000 francs; 23 barques, montées par 54 hommes, étaient employées à la pêche. Les perles sont, en général, petites, mais d'un bel orient; on en a vendu pour 87.000 francs en 1903. Signalons que l'on a récemment essayé d'implanter la *M. margaritifera* L. dans les eaux de Shark's Bay.

On pêche encore la *M. margaritifera* L. à Port-Darwin, où près de 300 personnes sont employées à cette pêche. La production annuelle oscille autour de 200 tonnes : elle a été de 212 tonnes en 1899, de 175 en 1900 et de 141 en 1901. Le revenu fut de 740.000 francs en 1899, de 470.000 et de 430.000 francs dans les deux années suivantes.

Pêcheries du Queensland. — Le centre des pêcheries de nacre du Queensland est à l'île Thursday; mais certains bateaux vont opérer jusque sur les côtes de la Nouvelle-Guinée britannique, de l'autre côté du détroit de Torrès. On récolte dans ces parages, sur des fonds de 12 à 15 mètres en général, de beaux échantillons de *Meleagrina margaritifera* L. Les bateaux qui veulent se livrer à cette pêche et qui sont pour la plupart des lougres de 10 tonneaux, doivent se munir d'une licence dont le coût est de 75 francs pour un bateau de 10 tonneaux et de 12 fr. 50 par tonneau en plus de 10 ; ils ont en outre à acquitter un droit de 12 fr. 50 par embarcation de plongeur qu'ils emploient. La pêche se fait au scaphandre et les plongeurs ne sont autorisés à recueillir que les méléagrines dont le diamètre extérieur atteint 17 centimètres au moins. La flottille de pêche comprend plus de 300 bateaux (331 en 1901), montés par 2.200 hommes à peu près, dont 600 environ sont des Japonais. En 1898, il a été recueilli 1.061 tonnes de nacre valant 2.834.000 francs ; en 1900, l'exportation, qui se fait tout entière par Port-Kennedy (île Thursday), atteignit 1212 tonnes, pour une valeur de 3.734.000 francs ; elle est tombée, en 1901, à 925 tonnes (2.635.000 francs). On est sans renseignements précis sur la valeur des perles, qui sont d'ailleurs assez rares, puisqu'on ouvre fréquemment 3.000 ou 4.000 méléagrines sans trouver une seule perle ; on en a cependant trouvé de très belles et l'une d'elles fut vendue 10.000 francs.

Pêcheries des Indes néerlandaises. — Nous venons de voir que les pêcheurs de l'île Thursday viennent chercher les méléagrines jusque sur les côtes de la Nouvelle-Guinée britannique. Un peu à l'Ouest du point où ils opèrent ainsi, les Hollandais recherchent aussi le précieux mollusque aux îles Aroe; ils exploitent encore des pêcheries de nacre à l'île Ceram, à l'île Salawati (pointe Ouest de la Nouvelle-Guinée), le long des côtes de l'île Célèbes, puis à Timor et enfin, depuis 1896, à Bima dans l'île de Soembawa.

Macassar est le centre où sont rassemblées toutes les nacres pêchées dans ces diverses parties des Indes néerlandaises et en a exporté, en 1900, pour 5.460.000 francs.

L'exploitation des bancs n'a été entreprise régulièrement que depuis une quinzaine d'années. Auparavant les indigènes seuls pratiquaient la pêche, et en eaux peu profondes seulement. Puis, en 1893, une compagnie anglaise exploita quelque temps les bancs, en employant des scaphandriers, jusqu'au jour où une loi de 1894 vint interdire la pêche des nacres aux étrangers. En 1898, une compagnie hollandaise se constitua à Macassar pour l'exploitation des pêcheries de méléagrines dans les Indes néerlandaises. Toutefois la pêche demeurait libre pour tous les sujets hollandais et chacun pouvait, sans aucun contrôle, la pratiquer à son gré; le plus souvent même on omettait de demander au Gouvernement l'autorisation préalable prévue par les règlements administratifs et qui était pourtant délivrée à tout venant sans aucun frais; il est vrai qu'en accordant cette autorisation le Gouvernement déclarait ne garantir en aucune façon au requérant la jouissance exclusive du droit de pêche des nacres dans les eaux territoriales désignées par lui. Depuis 1902 une réglementation nouvelle a mis fin à ce régime de bon plaisir, pour le plus grand bien des pêcheries.

Pêcheries de Bornéo et des Philippines. — De tout temps, la pêche des huîtres perlières a été pratiquée sur la côte Nord-Ouest de Bornéo.

Dans l'Est de Bornéo, à l'entrée de la baie Darvel, commence à l'île Sibutu une longue série d'îles qui se termine dans le Nord-Est à l'île Basilan, qu'un étroit chenal sépare de Mindanao (Philippines); ce sont les îles Jolo ou Soulou, qui séparent la mer de Célèbes de la mer de Soulou. La pêche des méléagrines y est activement pratiquée;

leur nacre est brillante, mais de teinte jaune, avec le bord d'un jaune plus accentué ; les perles qu'elles fournissent assez fréquemment sont grosses et d'un bel orient au moment où on les recueille, mais deviennent jaunes au bout de quelques années.

Pêcheries des côtes orientales de l'Asie. — On a signalé dans le golfe du Siam et en certains points des côtes de l'Annam l'existence d'une méléagrine qui renferme souvent des perles. Mais elle n'est pas pêchée.

Plus au Nord, dans le golfe du Tonkin, les Chinois exploitent à Pak-hoi des pêcheries assez importantes de méléagrines perlières.

Pêcheries du Japon. — Depuis trois ou quatre siècles au moins les Japonais pratiquent la pêche des méléagrines sur la côte orientale du Japon central et principalement dans la baie d'Ago, sur des bancs assez rapprochés du rivage et situés à une faible profondeur. Recherchée pendant longtemps pour ses perles seulement, la *Meleagrina Martensi* Dunker, qui constitue ces bancs, est aujourd'hui exploitée aussi pour sa nacre, que les habitants travaillent sur place, et qui donne lieu à un mouvement commercial important (947.000 fr. environ en 1903).

Pêcheries du Mexique. — La péninsule que forme la Basse-Californie possède sur sa côte orientale, qui borde le golfe de Californie, des bancs assez étendus, formés en majeure partie par la *Meleagrina californica* Crptr. Ces bancs, exploités depuis la découverte du Mexique par Fernan Cortez, sont situés surtout au voisinage de La Paz (îles Espiritu-Santo, San-Jose, Cerralvo) et de Santa-Rosalia (baies de Santa-Anna, de Santa-Inès) ainsi qu'à l'île Carmen, à mi-chemin à peu près entre Santa-Rosalia et La Paz, et à l'île San-Lorenzo, au Nord de Santa-Rosalia. Les perles qu'on y recueille jouissent depuis quelques années d'un regain de faveur. A un moment donné ces perles de La Paz ont même primé les perles d'Orient, à cause de leur éclat très vif et des dimensions considérables qu'elles atteignent parfois.

La pêche est pratiquée au scaphandre, dans des fonds de 20 à 30 mètres; la campagne annuelle, à laquelle prennent part quinze ou vingt barques, montées chacune par six hommes, ne dure guère plus de trois mois. Après que les perles ont été recueillies les coquilles sont mises de côté pour être vendues comme coquillages nacrés. M. Sarassin estime la production de nacre de ces pêcheries, pour 1899, à 100 tonnes, valant 150.000 francs.

Le Mexique a aussi possédé autrefois des pêcheries de perles entre Acalpuco et le golfe de Tehuantepec et dans la baie de Fonseca qui appartient aujourd'hui au Honduras.

Pêcheries de Costa-Rica. — Les pêcheries de perles sur la côte du Costa-Rica ont été jadis très prospères, dans la baie de Nicoya et dans la baie Dulce en particulier. Après une longue période d'accalmie il semble qu'elles doivent entrer maintenant dans une ère d'activité nouvelle et le Gouvernement s'est préoccupé, en 1902, de réglementer l'exercice de cette pêche. La côte occidentale a été divisée en deux districts, d'étendues d'ailleurs très inégales, séparés par la pointe du cap Velas. La pêche ne peut être pratiquée dans le district Nord que de mai à octobre et dans le district Sud de novembre à avril seulement. Tout bateau désirant s'y livrer doit s'inscrire à Punta-Arenas et y prendre une licence valable pour trois mois seulement, moyennant quoi il a le droit de pêcher, en un point donné de la côte, toutes les huîtres perlières dont le diamètre ne descend pas au-dessous de 87 millimètres. Aucune entreprise ne peut employer à la pêche plus de trois scaphandres et il est perçu pour chaque appareil mis en service un droit mensuel de 225 francs. Pour une entreprise à deux scaphandres la mise de fonds nécessaire (appareils et bateaux) peut être évaluée à 50.000 francs environ ; les frais pour une campagne de trois mois s'élèvent à 15.000 francs environ (salaire des scaphandriers et des équipages, nourriture des hommes, licence). En trois mois les deux scaphandriers pourraient récolter pour 25.000 francs de perles et 10.000 francs de nacre, en sorte que l'affaire apparaît comme bonne dans son ensemble.

Pêcheries de la Colombie. — Les pêcheries de perles de la baie de Panama étaient exploitées par les Indiens avant la découverte de l'Amérique. Vasco Nunez de Balboa est le premier Européen qui en ait eu connaissance. Les colons espagnols exploitèrent activement, en employant des plongeurs nègres, les riches pêcheries de l'archipel de Las Perlas ; ils devaient abandonner au roi d'Espagne un cinquième des bénéfices que leur procurait cette industrie. Petit à petit la pêche cessa d'être pratiquée parce qu'elle n'était plus d'un rapport suffisant, par suite de l'épuisement des bancs. Mais le 20 février 1901 le Gouvernement colombien annonça qu'il était disposé à recevoir des propositions pour la concession pendant une période de quinze années du droit exclusif de pêcher les perles et les coraux dans les eaux territoriales et notamment à l'archipel de Las Perlas. M. James Garzon obtint alors, moyennant une redevance mensuelle de 1.500 francs environ, le droit en question sur toute la partie de la côte occidentale de la Colombie qui s'étend entre le cap Burica et la baie de Cupica. En même temps, ou presque, le comte Louis de Montebello se fit concéder, moyennant un paiement mensuel de 500 francs, le droit exclusif de pêcher les perles, le corail, les éponges et les huitres sur la côte orientale de la péninsule de Goajira, dans l'Atlantique. Mais la concession, renouvelable il est vrai, n'était accordée que pour six mois. Nous ignorons ce qu'il en est advenu.

Pêcheries du Venezuela. — Dès 1509 des colons espagnols installés dans l'île de Cuaga, sur la côte du Venezuela, employaient à la pêche des perles des Indiens réduits en esclavage. Une partie des bénéfices réalisés par eux était prélevée par le roi d'Espagne, qui touchait de ce fait un revenu annuel de 15.000 ducats. En 1528 on trouva des perles à l'île Coche. Charles-Quint ordonna que la pêche des perles eût lieu seulement en été ; les plongeurs ne devaient travailler que quatre heures par jour au maximum et sur des fonds de 5 à 8 brasses au plus ; mais ces décisions ne furent pas appliquées. Au surplus la pêche perdit peu à peu de son importance et cessa complètement à la fin du xvie siècle. En 1828 des Anglais obtinrent l'autorisation de pêcher les perles avec la drague, dite *arrastre*, qu'emploient certains pêcheurs de la Méditerranée. Mais leur entreprise n'eut pas de durée et la pêche fut de nouveau interrompue jusqu'en 1845, reprise de 1845 à 1850, abandonnée jusqu'en 1853, pratiquée de 1853 à 1857. Ce n'est qu'en 1895 qu'elle a été tentée à nouveau.

De 1895 à 1900, 300 barques à cinq ou six hommes d'équipage chacune, ont opéré dans les parages de l'île Margarita. On pêchait à la plonge, à l'arrastre et aussi — mais très peu, faute d'hommes exercés — au scaphandre. La production en 1899 est évaluée à 2 millions de francs.

A partir de 1900, le Gouvernement vénézuélien a concédé à

M. Cipriani, pour vingt-cinq ans, le droit exclusif de pêcher tous les produits de la mer, les poissons exceptés, entre la côte et l'archipel dont fait partie l'île Margarita. Le concessionnaire doit donner au Gouvernement 10 o/o sur les bénéfices qu'il pourra réaliser. Une autre concession vient d'être accordée en 1905, pour vingt-cinq ans, à un citoyen vénézuélien pour la pêche des nacres, des perles, etc., dans le golfe de Cariaco ; le concessionnaire est autorisé à se servir de tous engins, sauf les dragues. Le Gouvernement lui accorde l'entrée en franchise des appareils et matériaux qui lui seront nécessaires et prélèvera 15 o/o sur les bénéfices de l'exploitation.

L'espèce pêchée au Venezuela est la *Meleagrina squamulosa* Lmck. La nacre en est brillante, mais de teinte foncée ; les perles ont aussi une teinte plus foncée et sont, par suite, moins appréciées que celles d'Orient. L'une d'elles, pêchée en 1754 et acquise par le roi d'Espagne, pesait 25 carats et était estimée 750.000 francs.

Les huîtres perlières ont été signalées aussi dans la région septentrionale des côtes du Venezuela, sur le littoral de la presqu'île de Paraguana.

Huîtres perlières à la Guyane. — En 1902, M. de Fitz-James a obtenu l'autorisation de rechercher et de pêcher les méléagrines sur les côtes de la Guyane française. La concession, accordée pour trois ans, a dû prendre fin au mois de mai 1905. Nous ne pensons pas qu'elle ait été renouvelée.

Utilisation de la nacre. — Les peuples de l'Extrême-Orient, les Chinois et les Japonais surtout, savaient bien avant nous tirer parti des qualités ornementales de la nacre ; il y a eu depuis les temps les plus reculés et il y a encore chez eux de merveilleux artisans qui, par des procédés qui nous demeurent inconnus, arrivent à donner à leurs nacres gravées et à leurs incrustations un fini qui fait l'admiration et l'envie des meilleurs ouvriers européens.

En Europe, bien que la nacre soit connue et ait été employée comme ornement depuis l'antiquité, le travail de cette substance n'a donné lieu à une industrie véritable qu'à une époque relativement récente, au xviiie siècle. Mais cette industrie a pris bien vite un grand développement et son importance va croissant tous les jours.

L'Angleterre a pendant longtemps tenu le premier rang dans l'industrie nacrière : il fut un temps où à Birmingham près de 5 mille ouvriers étaient employés à cette industrie ; et à Sheffield les couteliers utilisaient aussi des quantités considérables de coquillages nacrés, qu'ils faisaient travailler sur place, y découpant des manches de couteaux et des plaquettes destinées à garnir les montures des canifs. Aujourd'hui, c'est la France qui vient au premier rang. M. Sarassin estime à 3.500 ou 4.000 le nombre des ouvriers qui sont employés dans nos usines de l'Oise, de Paris, des Vosges et du Dauphiné. L'Allemagne occupe aussi 3.500 ouvriers environ, répartis entre Berlin, Frankenhausen, Solingen, Hannover, Gardelegen et Adorf. L'Autriche-Hongrie vient ensuite avec 3.000 ou 3.500 ouvriers qui habitent surtout la Bohême et la Moravie. En Angleterre, Birmingham et Sheffield n'occupent plus guère que 2.500 hommes au total. Les État-Unis ont à New-York, à Philadelphie et à Chicago près de 3.000 ouvriers employés au travail de la nacre. Au Japon il y a dans les villages de pêcheurs de la côte orientale une industrie à domicile pour la fabrication des boutons de nacre. Les produits en sont rassemblés à Osaka et à Kobe et donnent lieu à une exportation dont l'importance va croissant tous les ans (348.000 francs en 1901, 606.000 francs en 1002 et 947.000 francs en 1903). Citons encore Barcelone et Varsovie et nous aurons énuméré les principaux centres où la nacre est aujourd'hui mise en œuvre.

Les coquillages nacrés sont expédiés des centres de pêche à destination de Londres, de Hambourg, du Hàvre, de Marseille, de Rotterdam, de Trieste et de New-York. Le marché le plus important est à Londres où les acheteurs de diverses nationalités viennent s'approvisionner dans les ventes publiques qui ont lieu toutes les six semaines.

Aux outils rudimentaires jadis en usage, qui étaient des tours marchant au pied, il y a une tendance de plus en plus marquée à substituer des machines perfectionnées, actionnées par la vapeur ou par l'électricité. Ceci a naturellement entraîné une modification du sort des ouvriers tailleurs de nacre. Jadis ils travaillaient chez eux, à façon, pour le compte d'un entrepreneur. Aujourd'hui ils sont rassemblés dans de grandes usines, avec installation moderne, dont quelques unes occupent un très grand nombre d'ouvriers payés à la journée, sur la base de 5 à 6 francs par jour. Toutefois on trouve encore dans quelques campagnes l'ancienne organisation du travail à domicile.

· Les usages de la nacre sont infiniment variés et la consommation qui est faite de cette matière première va croissant tous les jours, absorbant sans peine une production qui augmente sans cesse.

La majeure partie de la nacre sert à fabriquer des boutons, de toutes formes et de toutes dimensions, depuis le minuscule bouton de gant jusqu'aux boutons aussi larges ou plus larges qu'une pièce de cinq francs qui ornent les vêtements des femmes et auxquels la gravure exécutée à leur surface par d'habiles artisans donne souvent un cachet véritablement artistique. Les procédés de teinture permettent d'ailleurs, tout en conservant les superbes reflets de la nacre, de donner à celle-ci les nuances les plus variées, suivant les exigences changeantes de la mode. Pour la fabrication des boutons on commence, au moyen d'un outil appelé fraise, par découper dans toute l'épaisseur de la coquille une rondelle de la dimension voulue. Bien des fabricants ne possèdent pas l'outillage, assez coûteux, qu'exige cette première opération et font découper les coquillages par des maisons spéciales ou encore achètent simplement les rondelles qui leur sont nécessaires. Si l'épaisseur en est trop grande, la rondelle est subdivisée en deux ou trois autres que l'on dégrossit d'abord à la rape ; on les polit alors, à la meule d'abord, puis à l'acide chlorhydrique et l'on termine le polissage soit avec du tripoli imbibé d'acide sulfurique, soit avec du sulfate de fer calciné. Le bouton reçoit ensuite les trous nécessaires, percés au moyen d'un foret et sa face supérieure est enfin agrémentée de dessins en creux et en relief. Tous les outils employés doivent être des mieux trempés, car, en raison même de sa structure, la nacre présente une grande dureté et est très difficile à entamer, en sorte que la façon est assez délicate.

La nacre est encore employée en coutellerie ; certaines coquilles seulement ont une couche nacrée assez épaisse pour qu'on puisse y tailler les manches des couteaux de table ; ce sont celles appartenant aux sortes dites Manille et Singapore et celles aussi qui proviennent des pêcheries de la côte d'Australie, entre le golfe d'Exmouth et King's Sound.

Bien d'autres applications ouvrent de nouveaux débouchés à l'industrie nacrière. Employée comme monture pour les éventails, surtout pour ceux en dentelle, la nacre est du plus heureux effet et n'a qu'un seul défaut, sa grande fragilité. Elle est encore utilisée pour la fabrication de jetons de jeu, de portemonnaie, de porte-cartes, de plats de livres et d'autres articles de fantaisie et enfin pour les incrustations.

Dans ces différents cas le découpage des morceaux est fait à la scie circulaire.

Nous avons donné plus haut quelques chiffres qui indiquent déjà de façon suffisante qu'elle est l'importance de l'industrie nacrière. Nous complétons ces renseignements en reproduisant ci-dessous un tableau emprunté à M. Sarassin et dans lequel sont consignées les quantités et les valeurs des nacres expédiées en 1899 sur les divers marchés par les différents centres de pêche.

Provenances	Tonnes	1.000 francs
Iles Thursday.................... ⎫		
Queensland................... .... ⎬ 1.400	1.400	5.670
Détroit de Torres................. ⎭		
Australie occidentale.............. ⎫		
King's Sound.......... .... ⎬ 800	800	3.140
Port-Darwin..... .... ⎭		
Shark's Bay.......................	150	112
Mergui...........................	100	311
Nouvelle-Guinée....................	80	262
Macassar (Aroe)	150	600
Ceram, Manille.............. ..... ⎫		
Bima, Salawati........... .... ⎬ 230	230	690
Larantoeka....................... ⎭		
Océanie française, Penrhyn..........	600	2.100
Banda, Flores..	150	450
Fidji.............................	150	337
Egypte, Bombay................... ⎫		
Golfe Persique.............. .. .... ⎬ 300	300	570
Mer Rouge .... ⎭		
Panama...........................	300	360
Mazatlan et La Paz....	100	150
Golfe Persique....	400	300
Lingah............................	2.000	460
Zanzibar..........	30	52
Total......................	6.940	15.564

Ces chiffres se rapportent aux seuls Aviculidés.

Il résulte de ce tableau que les coquilles les plus estimées sont celles provenant des iles Thursday, du détroit de Torres et du Queensland et qui sont désignées dans le commerce sous les noms de « Queensland » et de « Sydney ». La nacre recueillie sur les rivages de l'Australie occidentale entre le golfe d'Exmouth et King's Sound est aussi très appréciée. Presque au même rang que les précédentes vient la nacre de nos Établissements de l'Océanie ou tout au moins celle des lagons Nord des Tuamotu, dite «Black-edged»; la nacre des lagons Sud et des Gambier, dite « Taku », est moins recherchée. Puis viennent les sortes « Mergui », « Macassar », « Nouvelle-Guinée », « Manille » et « Pinang », cette dernière provenant des Indes néerlandaises. Les sortes les moins appréciées sont celles dites « Egypte », « Zanzibar », « Panama », « Shark's Bay » et « Lingah ».

Mais en dehors des Aviculidés, quelques autres mollusques fournissent une nacre qui est susceptible d'être employée industriellement. La pêche des mulettes a été, nous l'avons vu, très activement pratiquée jadis en Europe. Mais ces Lamellibranches étaient recherchés surtout pour les perles qu'ils contiennent souvent. Cependant deux espèces du genre *Unio*, *U. sinuatus* Lmck. et *U. littoralis* Lmck., ont été, à une certaine époque, pêchées de façon régulière dans quelques cours d'eau du Sud de la France pour leur nacre qui était utilisée à la fabrication des manches de canifs, des boutons et dans les incrustations. Et depuis 1850 la nacre des *Margaritana* pêchées dans les rivières de la Saxe est employée à confectionner des porte-monnaie et autres articles de fantaisie ou pour faire des incrustations dans plusieurs usines qui ont été créées à Adorf. En Amérique, un Allemand installé à Muscatine (Iowa) a eu, il y a quelques années, l'idée d'employer la nacre des mulettes, qu'il fait draguer dans le Mississipi, à la fabrication des boutons. Et le succès de son entreprise lui a rapidement suscité de nombreux concurrents. On estime qu'en 1899 le fleuve avait donné 200 tonnes de mulettes, valant 50.000 francs.

A côté des bivalves dont nous venons de parler, M. Sarassin signale comme faisant l'objet d'un commerce encore assez important quelques Gastéropodes. Le tableau suivant donne, en même temps que leurs noms vulgaires, la production et la valeur de ces divers coquillages en 1899. Mais il convient de remarquer que depuis 1902, comme le prix de la nacre des Aviculidés va sans cesse en augmentant, l'emploi qui est fait des haliotides et des trocas, beaucoup moins chers, prend de plus en plus d'importance.

	Tonnes	1.000 francs
Goldfish	250	325
Haliotides	250	87
Burgos	200	220
Trocas	600	240
Total	1.300	872

Les trocas, dit M. Sarassin, viennent de l'île Célèbes et du Japon. Ce sont quelques grandes espèces du genre *Trochus*, dont la coquille présente intérieurement un revêtement nacré assez épais et d'une belle irisation.

Les coquillages désignés sous le nom de burgos proviennent surtout du détroit de Malacca et de l'île Célèbes. Ce sont des *Turbo*. D'après Simmonds, Tahiti aurait exporté, en 1874, 296 tonnes de coquilles de *Turbo margaritaceus* L., valant 37.000 francs. Le même auteur dit encore qu'on emploie la nacre du *Turbo marmoratus* L. et du *Turbo sarmaticus* L., ce dernier provenant de la côte occidentale d'Afrique.

Nous avons eu déjà, en étudiant les mollusques comestibles, l'occasion de nous occuper des *Haliotis* et de dire que leurs coquilles étaient recherchées pour leur nacre très brillante et vivement colorée. La France a importé jadis jusqu'à 264 tonnes de coquilles d'*Haliotis* par an. Puis la demande pour ces coquilles s'est faite moins active chez nous. Elles paraissent revenir en faveur et, en 1904, nous avons importé 266 tonnes de coquilles d'Haliotides et autres, valant 200.000 francs. Aux espèces que nous avons déjà citées, *Haliotis splendens* Rv., *H. rufescens* Sow., *H. Cracherodi* Leach, *H. corrugata* Gray, il faut ajouter *H. Midae* L. du Cap de Bonne-Espérance et la belle *H. iris* Chemn., qui est pêchée sur les côtes de la Nouvelle-Zélande et dont la nacre, très irisée, est particulièrement appréciée. La nacre des *Haliotis* est surtout employée pour les incrustations et dans la fabrication des articles de fantaisie.

Donnons, pour terminer, quelques indications sur la quantité de nacre mise en œuvre dans les usines françaises. Les chiffres du tableau ci-après montrent d'abord que nos importations en nacre de perles, c'est-à-dire en nacre d'Aviculidés, vont croissant régulièrement ; ils nous permettent ensuite de suivre les étapes du renchérissement progressif de cette matière première : la tonne, qui valait 1.100 francs environ vers 1860, se vendait déjà 2.750 francs en 1884 ; elle a atteint en 1889 le prix de 3.200 francs et vaut aujourd'hui 3.700 francs. Ce tableau montre bien aussi les fluctuations dont nous avons signalé l'existence en ce qui concerne l'emploi fait chez nous des coquilles d'Haliotides et de coquillages nacrés autres que les Aviculidés.

Importation de nacre en France

ANNÉES	NACRE DE PERLES				HALIOTIDES	
	EN COQUILLES BRUTES		SCIÉE		Tonnes	1.000 fr.
	Tonnes	1.000 fr.	Kilogs	1.000 fr.		
1857-1866 (moyenne).	1.136	1.266	»	»	27	25
1867-1876 id.	1.354	3.097	»	»	135	133
1877-1886 id.	2.225	6.213	»	»	264	280
1889	3.178	8.730	5.642	68	63	66
1894	2.086	5.216	5.347	53	82	74
1899	4.015	12.849	5.574	61	562	787
1904	4.411	16.545	1.807	24	266	199

Quand bien même elle serait expédiée tout entière en France, la production nacrière de nos colonies ne pourrait suffire aux demandes des usines métropolitaines. Mais une bonne partie des nacres de Tahiti est encore expédiée sur Hambourg et sur Londres, où nous allons la racheter, en payant à des intermédiaires des sommes considérables dont nous pourrions faire l'économie en détournant vers Marseille le courant d'exportation qui existe aujourd'hui entre Papeete d'une part et l'Angleterre et l'Allemagne d'autre part.

Commerce des perles fines. — Nous avons donné dans les pages qui précèdent quelques renseignements sur la valeur des perles produites par divers mollusques marins ou d'eau douce et qui ne font pas ou ne font plus l'objet d'un commerce régulier. Sans nous occuper davantage de ces productions, nous examinerons ici ce qui a trait aux perles fines proprement dites, qui sont sécrétées par des Lamellibranches du genre *Meleagrina*.

Après avoir, pendant fort longtemps, connu seulement les perles des mollusques d'eau douce, qu'ils estimaient d'ailleurs beaucoup, les Chinois sont entrés en rapports, vers la fin du deuxième siècle avant notre ère, avec les populations riveraines de l'Océan Indien et, depuis lors, ils connaissent les perles fines, auxquelles ils attachent le plus grand prix ; ils les portent comme amulettes ou bien en ornent leurs bijoux ou diverses parties de leur costume. Certains de leurs empereurs sont demeurés célèbres pour la passion extravagante qu'ils apportaient à recueillir des perles pour les semer ensuite à profusion sur leurs dais, sur leurs palanquins et sur tous les objets à leur usage.

Les Hindous ne le cèdent guère aux Chinois sous ce rapport et quelques rajahs possèdent, en perles fines, de véritables trésors. Les joyaux de leur collection servent à parer leurs vêtements ou à orner leurs armes lors des grandes cérémonies. Les perles de moindre valeur sont utilisées à rehausser encore la richesse du harnachement de leurs éléphants.

Les Assyriens, les Babyloniens et les Perses ont certainement connu de bonne heure les perles, qui leur étaient cédées par les peuples riverains du golfe Persique. Les Grecs, qui n'avaient guère connu jusque-là ces précieuses productions, en trouvèrent de grandes quantités dans le camp de Darius et l'usage des perles se répandit ainsi chez eux. Les Romains ont aussi connu les perles fines, qu'ils admiraient beaucoup, en faisant des colliers, des bracelets, en brodant leurs vêtements, les cousant jusque sur leurs sandales.

L'ancienne Egypte n'a pas non plus ignoré les perles et tout le monde connaît la légende de la perle de Cléopâtre.

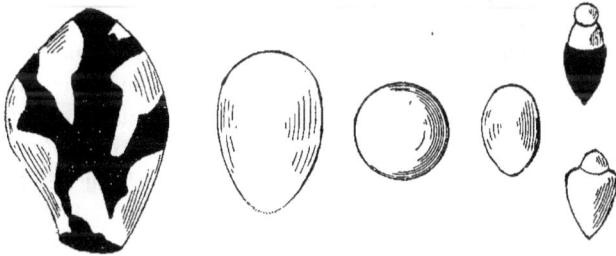

Fig. 6.

QUELQUES PERLES FINES TROUVÉES DANS LES MÉLÉAGRINES DU QUEENSLAND
Grandeur naturelle. (D'après Saville Kent)

Dans les temps modernes le goût des perles s'est manifesté de bonne heure chez les peuples de l'Occident et on cite, entre bien d'autres, la perle offerte au xvie siècle par Soliman le Magnifique à la République de Venise, perle qui était estimée 400.000 francs et que le pape Léon X racheta plus tard pour 350.000 francs.

En France les perles ne commencèrent guère à apparaitre qu'avec

Catherine de Médecis. Simmonds dit qu'il existait parmi les bijoux de la couronne de France une série composée de 408 perles, pesant chacune 16 grains, toutes parfaitement rondes et d'un bel orient ; l'ensemble était estimé valoir 500.000 francs. Le même auteur cite encore une perle de la grosseur d'un œuf de pigeon, fort belle et évaluée 40.000 francs.

L'empereur de Russie possède une perle, dite la Pellegrina, qui pèse près de 28 carats, soit 57 décigrammes environ et qui est parfaitement ronde et d'un éclat merveilleux. C'est une des plus belles perles connues. A côté de celle-ci, on peut citer celle du shah de Perse, dont Tavernius, en 1633, évaluait la valeur à 1.600.000 francs.

En matière commerciale la valeur d'une perle dépend de sa forme, de son orient et de son poids ; l'unité de poids employée est le grain qui vaut le quart d'un carat, soit 51 milligrammes environ, puisque le carat vaut exactement 205 milligrammes. Comme pour le diamant, la valeur, à qualité égale, croît comme le carré du poids. Et, de trois perles comparables à tous autres égards, mais dont les poids sont entre eux comme les nombres 1, 2 et 4, l'une vaudra par exemple 100 francs, la seconde 400 francs et la troisième 1.600 francs. Mais ces règles ne sont applicables qu'aux belles perles que leur forme régulière, leur taille et leur orient désignent à la fois pour être employées dans la fabrication des bijoux, et qui, seules, se vendent à la pièce. Ce sont les perles *vierges* ou *parangons*. Les perles de forme irrégulière, dites perles *baroques*, sont toujours vendues au poids, quelle que soit leur grosseur ; quelques unes atteignent des dimensions considérables.

La joaillerie française utilise chaque année des perles fines en quantité considérable. Le tableau ci-dessous donne la mesure de l'importance des achats qu'elle fait dans les divers centres de pêche :

Années	Poids en grammes	Valeur en francs
1856-1866 (moyenne)...........	81.700	1.379.847
1867-1876 »	110.321	1.875.464
1877-1886 »	72.728	1.236.362
1889........................	76.157	1.294 669
1894.................	204 391	3 474.655
1899.................	111 997	1.903.949
1904...,.................,...	218.078	13.084.680

Signalons, en terminant, que diverses causes peuvent influer dans un sens fâcheux sur la beauté des perles. Il est certain que des changements trop brusques de température peuvent les fendiller ou même les faire éclater. On admet aussi, généralement, qu'elles se ternissent, ou, pour employer le terme commercial, deviennent *vieilles*, sous l'action des sécrétions cutanées ou encore lorsqu'elles sont exposées à l'action de certains gaz (acide sulfhydrique) ou d'acides tels que le jus de fruit ou le vinaigre. Elles peuvent alors perdre complètement leur éclat ; elles n'ont plus aucune valeur et sont dites *mortes*. Nous avons cependant entendu des joailliers affirmer qu'une perle constamment portée ne *vieillit* pas et ne saurait, à plus forte raison, *mourir*. Et si l'on vient à ne plus les porter, le meilleur moyen de conserver aux perles leur éclat et leur orient consisterait à les mettre dans la magnésie. Certaines perles jaunissent avec le temps et finissent par devenir complètement noires, en perdant tout leur éclat. On ne connaît aucun moyen d'arrêter cette altération naturelle.

Ostréiculture perlière. -- En raison même de la valeur si grande des produits qu'elles fournissent, les méléagrines sont activement pêchées partout où elles ont été signalées et, lorsqu'ils existent, les règlements qui en régissent la pêche sont en général impuissants à empêcher une exploitation abusive des bancs ; en sorte que ceux-ci ont, à diverses reprises et en plus d'un point, donné des signes manifestes d'un appauvrissement auquel on a cherché à porter remède en essayant de cultiver artificiellement les méléagrines.

Essais aux Indes anglaises. — Le Gouvernement anglais, pour lequel la question présente un grand intérêt, puisque les pêcheries de perles de Ceylan et celles de Tuticorin lui rapportaient jadis et que les premières lui fournissent encore un revenu qui est loin d'être négligeable, a depuis longtemps tenté la culture artificielle des méléagrines. Les premiers essais, faits par Wright, datent de 1803. Puis Kelaart, en 1857, démontra que, contrairement à ce que l'on croyait jusqu'alors, les méléagrines adultes enlevées d'un banc peuvent, sous la seule condition que leur byssus ait été soigneusement sectionné et non pas arraché, se fixer à nouveau si on les dépose sur un fond qui leur convient après les avoir, au besoin, conservées quelques jours dans des récipients de petites dimensions, facilement transportables.

Kelaart put ainsi établir près de Trincomali sur la côte orientale de Ceylan, des parcs où prospérèrent des méléagrines recueillies sur les bancs de la côte occidentale. En 1865 des essais furent faits pour créer de semblables parcs à Tuticorin ; mais l'expérience, trop coûteuse, ne fut pas continuée. Enfin tout récemment, à la suite d'une mission accomplie à Ceylan par Herdman et son assistant Hornell, le Gouvernement vient de confier à celui-ci, en même temps que l'inspection des pêcheries de perles, la direction d'une station biologique, spécialement créée à Galle, dans le Sud de l'île. Le programme très vaste que s'est tracé Hornell comprend l'étude complète de la biologie des méléagrines, étude qui doit servir de base à toute tentative raisonnée d'ostréiculture perlière ou nacrière.

La campagne d'étude accomplie par Herdman et Hornell dans le golfe de Manaar leur a laissé l'impression que des causes diverses peuvent agir de façon fâcheuse sur la richesse des bancs.

1° Les méléagrines, quel que soit leur âge, sont souvent submergées par le sable, ce qui entraîne fatalement leur mort. Le sable du fond est, en effet, fréquemment déplacé dans le golfe de Manaar par des courants violents qui se produisent surtout pendant la mousson du Sud-Ouest, d'avril à septembre.

2° Des ennemis nombreux des méléagrines font de grands ravages dans les bancs. Citons notamment les *Trygon* et les *Balistes* parmi les poissons, puis un certain nombre de mollusques qui perforent la coquille pour dévorer l'animal (*Sistrum spectrum* et *Pinaxia coronata* surtout), l'éponge perforante *Cliona*, deux vers perforants, *Leucodore* sp. et *Polydora armata* Lngrhs., des étoiles de mer (*Luidia* et *Pentaceros*), etc.

3° Enfin trois causes doivent être mentionnées qui produisent parfois un appauvrissement marqué des bancs et peuvent amener de véritables désastres. Ce sont :

a) L'accumulation exagérée des méléagrines. Les individus âgés sont comme étouffés par les jeunes qui se développent à leur surface ; et ceux-ci, trop nombreux, ne trouvent plus une nourriture suffisante ;

b) Les maladies parasitaires dues à des helminthes ou à des protozoaires ; elles revêtent parfois un caractère épidémique ;

c) Enfin, la pêche trop intensive qui fait disparaître, dans une région donnée, tous les individus reproducteurs ; c'est seulement après une série de campagnes de pêche que cette dernière cause fait sentir ses effets.

Pour remédier, dans la mesure du possible, à l'action pernicieuse de quelques unes au moins des causes que nous venons d'énumérer, Herdman et Hornell préconisent une série de mesures dont ils attendent les plus heureux effets. Ils conseillent d'abord de promener la drague sur les bancs. Sans s'arrêter, pour le moment du moins, à cette considération que le dragage peut permettre de récolter des méléagrines qui ont une valeur commerciale, il faut considérer qu'il a l'avantage de nettoyer les fonds et d'écarter des bancs, au moins momentanément, un certain nombre d'animaux qui sont nuisibles à la méléagrine, soit directement par la destruction qu'ils en font pour leur nourriture, soit indirectement en la concurrençant dans la lutte pour l'existence ; on aura soin, d'ailleurs, au cours des opérations, de détruire les animaux nuisibles que l'on pourra récolter. L'emploi de la drague a, en outre, cet avantage d'éclaircir la population trop dense des bancs dont la richesse en jeunes méléagrines est surabondante. Enfin le naissain recueilli au cours des dragages peut être utilement transplanté.

L'étude des résultats d'un grand nombre d'inspections montre en effet que, bien qu'ils reçoivent du naissain en grande quantité, certains bancs ne peuvent que très rarement être ouverts à la pêche : sur le Perriya Paar on n'a fait, en cent ans, qu'une seule petite pêcherie. On peut donc sans inconvénient draguer sur ces bancs pour obtenir du naissain que l'on transplantera ailleurs et d'abord sur les parties des bancs les plus exploités où le naissain est rare ; les inspections ont en effet montré que pendant certaines années et même parfois pendant plusieurs années consécutives, certaines parties du Cheval Paar et du Modragam Paar notamment ne présentent presque pas de naissain ; on pourrait transplanter sur ces points, où toutes les conditions favorables au bon développement des méléagrines sont évidemment réalisées, le naissain recueilli sur les bancs trop peuplés ou pratiquement inexploitables. Herdman et Hornell proposent aussi de créer artificiellement de nouveaux fonds favorables en immergeant dans les endroits voisins des bancs où le fond de la mer est constitué par du sable, des pierres de petites dimensions (8 à 10 centimètres de côté au maximum), de vieilles coquilles, des *Lithothamnion*, des coraux morts, etc., qui constitueront autant de supports sur lesquels les méléagrines pourront se fixer. Des expériences dans ce sens ont été faites déjà par Hornell, notamment dans la partie méridionale du Cheval Paar.

Les deux savants sont enfin d'accord pour déclarer que l'emploi de la drague semble s'imposer dans certains cas et surtout lorsqu'il s'agit de pêcher rapidement, sur certaines parties des bancs, des méléagrines déjà âgées et vouées à une mort prochaine : les plongeurs ne pourraient, en effet, tirer de ces bancs tout le parti possible dans le délai assez court qu'imposent alors les circonstances.

Essais en Australie. — Saville Kent a fait à l'île Thursday, dans le détroit de Torres, et à Broome, sur les côtes de l'Australie occidentale, quelques expériences d'ostréiculture perlière qui ont porté sur la grande méléagrine (*Meleagrina margaritifera* L.) ; il a aussi essayé d'acclimater cette espèce dans la baie des Requins (Shark's Bay) où il n'existe qu'une forme plus petite et de moindre valeur commerciale, la *Meleagrina imbricata*. Ses recherches lui ont montré que les méléagrines, fixées dans le jeune âge par un byssus, peuvent être déplacées si l'on a soin de couper et non d'arracher le byssus, qu'elles peuvent vivre dans des récipients de faible dimension pendant un temps qui est largement suffisant pour qu'on puisse les transporter à des distances considérables, de Broome à Shark's Bay par exemple, et que, placées ensuite dans des caisses en bois que l'on immerge dans des eaux peu profondes en les maintenant à quelque distance du fond, elles demeurent en bon état et, mieux encore, augmentent rapidement de taille et peuvent se reproduire. En s'appuyant sur les résultats de ces expériences, Saville Kent propose de recueillir les méléagrines de petite taille récoltées par les plongeurs et de les parquer dans des viviers où on les laissera jusqu'à ce qu'elles aient atteint la taille marchande. On pourrait aussi essayer de créer des bancs nouveaux dans les eaux peu profondes des baies et des chenaux du grand récif barrière.

Essais en Californie. — Les expériences faites par M. Vives en Californie ont consisté à aménager d'abord, par l'apport sur le fond de coquilles mortes et de débris divers, de fascines et de débris madréporiques, un vaste lac salé de plusieurs hectares de superficie situé dans l'île de San-José. On y parquait des méléagrines trop jeunes pour donner des perles de quelque valeur ; elles ont rapidement prospéré et se sont reproduites. M. Vives a encore tenté, non sans succès, d'ensemencer des bancs épuisés par une exploitation trop intensive.

Essais à Tahiti. Dans nos Établissements de l'Océanie des expériences ont été faites à diverses reprises en vue d'établir la possibilité de cultiver les méléagrines.

C'est tout d'abord le lieutenant de vaisseau Mariot qui, en 1873, établit aux Tuamotu, dans le lagon d'Arutua, des parcs artificiels sur des bancs de coraux vivants, par des fonds sur lesquels il reste encore à marée basse un mètre d'eau environ; les emplacements étaient choisis dans des endroits où n'existait qu'un léger courant ; on les entourait d'un mur en pierre sèche dont la hauteur était telle que la crête demeurât constamment immergée. Sur le fond on déposa de jeunes méléagrines, dont le diamètre ne dépassait pas celui d'une pièce de cinq francs ; au bout d'un an la coquille des mollusques était grande comme une assiette à dessert et Mariot estimait qu'ils devaient atteindre en trois ans seulement la taille marchande. Du reste la rapidité de la croissance variait suivant la position des bancs et était beaucoup plus grande lorsque les parcs n'étaient pas complètement fermés et communiquaient par une ou deux passes avec la mer. Le succès des essais fut tel que les indigènes ne tardèrent pas à faire des demandes pour obtenir l'autorisation de créer des parcs. Mais il ne fut pas donné suite à ces demandes.

En 1884, à la suite de plaintes répétées sur l'appauvrissement des bancs nacriers de la colonie, Bouchon-Brandely fut envoyé aux Tuamotu avec la mission d'étudier les moyens propres à enrayer le dépeuplement et de chercher les méthodes de culture applicables à l'huître perlière. Il déclare, dans son rapport au Ministre de la Marine et des Colonies (1885), que l'on ne peut, à son avis, songer à faire de l'élevage en parcs et le système de l'élevage en caisses lui a paru préférable ; il emploie des *caisses ostréophiles* de 120 à 150 centimètres de long sur 70 de large et 25 à 30 de haut, portées sur des pieds de 25 centimètres de longueur ; le fond et le couvercle des caisses sont à claire-voie ; les parois en sont percées de trous. Les méléagrines sont placées sur des tablettes disposées dans le sens de la longueur et légèrement inclinées ; elles vivent bien dans les caisses et même se reproduisent, le naissain se fixant sur les valves des individus adultes. Seurat fait remarquer avec raison qu'il n'est pas du tout prouvé que le naissain observé par Bouchon-Brandely sur les coquilles soit bien celui de la méléagrine et qu'il peut appartenir à quelqu'une des nombreuses espèces d'avicules qui vivent dans les points où les expériences ont

été faites. Comme il avait pu constater que le transport des méléagrines ne présente pas de grandes difficultés, Bouchon-Brandely
estimait qu'un bateau de surveillance pourrait obliger les pêcheurs à
lui remettre les petites méléagrines qu'ils auraient recueillies ; mises
dans les caisses ostréophiles, ces pintadines demeureraient la propriété
des pêcheurs qui pourraient en disposer quand elles auraient atteint
la taille marchande.

Vers 1886, un ostréiculteur français, S. Grand, vint à Tahiti et se
proposa d'abord de mettre en pratique les théories de Bouchon-Brandely ; mais il ne put, malgré des essais répétés, obtenir avec les caisses
ostréophiles de résultats satisfaisants. Il essaya alors au Gambier un
appareil de son invention, qui est simplement formé de fascines en
bois de mikimiki (*Pemphis acidula* Forsk.) disposées le long d'une
corde qu'une pierre de lest et un tonneau flotteur maintiennent dans
une position verticale au-dessus des fonds où vivent les méléagrines.
Le naissain se fixe en grande abondance sur les fascines ; il est facilement transportable et peut servir à ensemencer des parcs d'élevage.
Les jeunes méléagrines devront être distribuées sur le fond à raison
de cinq par mètre carré de surface ; en tenant compte des parties du
fond qui sont inutilisables, on peut donc compter qu'il faudra
2 hectares pour 50.000 méléagrines ; celles-ci mettront cinq ans à
atteindre leur taille marchande ; en sorte que si l'on veut — et il le
faut — établir une rotation, on devra disposer d'une surface de dix
hectares. Pendant les cinq premières années les frais seront de
80.000 francs au total ; ceci constitue la mise de fond nécessaire. A
partir de la sixième année on commencera à récolter et l'on aura
chaque année 50.000 méléagrines, pesant 50.000 kilogrammes. En
admettant même un déchet de 50 o/o pour causes diverses, il reste
25 tonnes de nacre qui, à 1.500 francs seulement l'une, produiraient à
la vente 37.500 francs. Les frais annuels étant évalués à 12.500 francs,
il resterait comme l'on voit, pour rémunérer un capital de 80.000 francs,
un bénéfice net de 25.000 francs. Les méthodes de Grand n'ont jamais
été appliquées.

M. Wilmot a fait aussi aux Tuamotu quelques expériences qu'il
n'a du reste pas poursuivies bien longtemps.

Dans une lettre adressée le 8 juillet 1903 à M. Giard, Seurat indique
qu'il a fait quelques expériences avec des fascines et autres collecteurs ;
il déclare que les diverses expériences antérieures ne sont pas con-

cluantes car les animaux qui se sont attachés sur les collecteurs sont des pernes (*Melina isognomon*) ou des *pipi* (*Margaritifera panasesae* Jameson). Nous ne pensons pas que Seurat soit arrivé depuis lors à des résultats pratiques et l'on peut dire en somme que l'ostréiculture perlière est encore à créer dans nos Établissements de l'Océanie.

Essais dans la Méditerranée.— Nous avons dit plus haut comment la petite pintadine (*Meleagrina vulgaris* Schum.) de la mer Rouge avait franchi le canal de Suez et s'était acclimatée dans le golfe de Gabès en particulier. M. Raphaël Dubois a annoncé, en 1903, qu'il avait pu acclimater cette espèce sur les côtes de France ; la petite pintadine acquerrait même dans la rade de Toulon des qualités nacrières supérieures ; et le succès obtenu permettrait d'espérer que l'on pourra acclimater aussi sur nos côtes méditerranéennes d'autres espèces du genre *Meleagrina*.

Depuis longtemps d'ailleurs on s'est proposé de créer en Italie des bancs d'huîtres perlières. En 1860, le chevalier Comba se fit envoyer des îles Dahlak, dans la mer Rouge, cinquante méléagrines de deux à quatre ans. Les mollusques supportèrent parfaitement le voyage et trois seulement périrent en cours de route ou quelque temps après l'arrivée. Les autres, mis en aquarium, augmentèrent de taille et même se reproduisirent. En 1881, sur onze huîtres nées dans son aquarium, le chevalier Comba put recueillir 39 perles, de petites dimensions il est vrai. Il s'est fondé, en 1899, une société italienne qui, en s'appuyant sur les résultats qui précèdent, se proposait de faire venir, pour les parquer sur la côte méridionale de la Calabre, 10.000 méléagrines. Nous ne pensons pas qu'il ait été donné aucune suite à ce projet.

LES ECHINODERMES

Trepang. — Les peuples de l'Extrême-Orient font une consommation importante d'un produit alimentaire généralement désigné sous son nom malais de *trepang*. L'animal qui le fournit a été appelé par les Portugais *Bicho do mar*; la traduction littérale de ces mots serait Ver de mer ; les Français les ont traduits par *Biche de mer* ; les Anglais, déformant encore le nom, le traduisent par *Sea-slugs,* ce qui veut dire Bêche de mer; mais ils désignent aussi les animaux qui fournissent le trepang sous le nom de *Sea-cucumbers,* Concombres de mer, qui a du moins l'avantage de fournir une indication sur la forme de l'animal.

Le trepang est formé par les téguments cuits, desséchés au soleil et fumés, d'animaux appartenant à l'embranchement des Echinodermes et à la classe des Holothurides. Ces Holothurides se distinguent facilement des autres Echinodermes, dont les principaux représentants sont les Etoiles de mer et les Oursins, par leur forme allongée, généralement cylindrique et arrondie aux deux extrémités. forme qui rappelle plus ou moins celle d'un concombre ; le corps, parfois très grand, peut se contracter sous l'action de nombreux muscles pariétaux qui constituent avec la peau la partie comestible de l'animal et la longueur d'un même individu peut ainsi varier du simple au double, son épaisseur diminuant à mesure qu'il s'allonge. Dans les téguments sont répartis en plus ou moins grand nombre des spicules calcaires dont la forme varie à l'infini suivant les espèces. A l'une des extrémités du corps se trouve la bouche, entourée d'un cercle de tentacules ; la forme de ces appendices varie aussi suivant les espèces que l'on considère. L'anus est à l'autre extrémité du corps.

Les Holothurides vivent à des profondeurs très diverses, depuis le niveau des basses mers jusque dans les grands fonds et se tiennent

Pl. I.

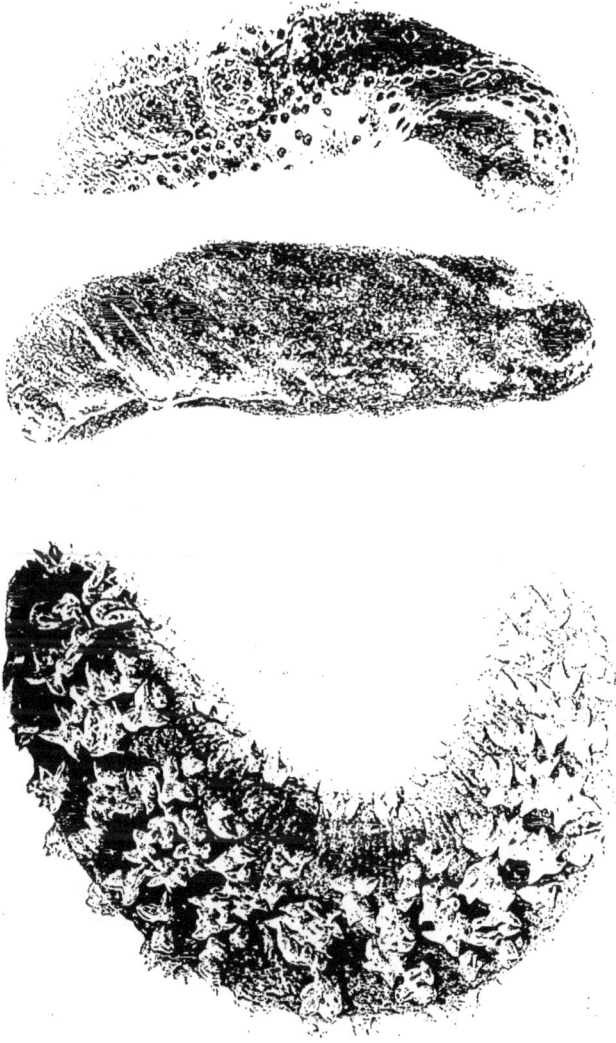

HOLOTHURIES COMESTIBLES

Holothuria argus (Spotted-fish).
Holothuria marmorata (Teat-fish. Se-Ok-Sum).
Stichopus variegatus (Red Prickly-fish. Chee-Sum).

sur les rochers ou sur les plantes marines, plus souvent sur les fonds de sable ou de gravier. Mais les espèces comestibles vivent pour la plupart à une profondeur assez faible ou, pour parler plus exactement, on n'utilise guère dans le commerce que les Holothuries qui vivent dans ces conditions ; et l'on peut considérer comme tout-à-fait exceptionnels les cas où des plongeurs vont recueillir les Biches de mer sur des fonds de 30 mètres.

Il ne semble pas jusqu'ici qu'il y ait lieu de s'occuper d'assurer la protection des Holothuries contre la cause de destruction que représente pour elles la fabrication du trepang. Les auteurs sont d'accord pour constater que dans les régions les plus activement exploitées on trouve toujours des individus adultes et ayant atteint toute leur taille, quelque intensive que la pêche ait été l'année précédente ; et, sauf pour quelques espèces, on ne trouve d'ailleurs près des côtes que de semblables individus, à l'exclusion d'autres plus petits. Pour expliquer ce fait, qu'il a pu constater sur le grand récif barrière de l'Australie, Saville Kent admet que les larves pélagiques des Holothuries gagnent les grands fonds pour y subir leur métamorphose et remontent petit à petit des profondeurs de l'océan vers la côte n'atteignant le voisinage de celle-ci qu'après un temps assez long pour que leur développement soit complètement achevé.

Dans son voyage en Australie, Saville Kent a recueilli des spécimens de toutes les espèces pêchées sur le grand récif barrière en vue de la préparation du trepang ; les échantillons rapportés par lui ont été déterminés par J. Bell ; chose assez curieuse, les pêcheurs australiens distinguent parfaitement des espèces appartenant à un même genre et attribuent à chacune d'elles un nom commercial. La valeur du produit dépend de l'espèce utilisée dans sa préparation et peut varier du simple au quadruple, suivant que les spicules calcaires de cette espèce sont plus ou moins développés, suivant aussi la consistance que prennent les téguments après préparation. Certaines espèces ont une tendance à se désagréger au cours des opérations du séchage et du boucanage ; d'autres, au contraire, fournissent un produit gélatineux peu apprécié.

Saville Kent n'a pas signalé en Australie moins de vingt espèces employées à la préparation du trepang, le genre *Stichopus* en fournissant trois, le genre *Actinopyga* cinq, les douze autres appartenant au genre *Holothuria*. Sur ce total de vingt espèces, neuf, soit près de la moitié, n'ont qu'une valeur commerciale très faible et qui serait même absolument nulle si ces espèces, recueillies et préparées, n'étaient mélangées en petite quantité à des lots qui sont néanmoins vendus comme entièrement constitués par des espèces de qualité supérieure ; c'est là, paraît-il, un procédé de fraude couramment pratiqué. Les autres espèces, constituant les sortes vraiment commerciales, sont inscrites dans la liste suivante qui donne à la fois leur nom scientifique, le nom vulgaire sous lequel elles sont désignées en Australie, le nom commercial chinois et le prix qu'atteignait la tonne pour chaque sorte, en 1892, sur le marché de Cooktown. Nous devons toutefois remarquer que le trepang de *Stichopus* a une valeur commerciale bien plus grande que celle que lui assigne ce tableau et se vendait de 3.250 à 3.750 francs la tonne, plus cher, par conséquent, que celui de toute autre espèce, jusqu'au jour où des échantillons de provenance australienne, qui avaient été cuits dans une bassine en cuivre, occasionnèrent l'empoisonnement d'un certain nombre de Chinois.

Stichopus variegatus....	Red Prickly-fish.	Che-Sum.....	F.	750 — 1.000
Actinopyga obesa	Ordinary Red....	Hung-Hur....		2.500 — 2.750
» *mauritiana* .	Surf-Red.........	Ba-Doy-Hur..		2.000 — 2.250
» *echinites*.....	Deep-water Red.	Hung-Hur....		2.500 — 2.750
» *polymorpha* .	Black-fish	Chao-Sah-Oo.		2.000 — 2.250
Holothuria mammifera .	Black-Teat-fish..	Se-Ok-Sum ..		3.500 — 3.750
». *marmorata*..	White Teat-fish..	Ma-See-Up...		1.000
» *fusco-cinerea*	Grey Sand-fish...			
» *edulis*	White Sand-fish.			500 — 750
» *impatiens*.. .	Brown Sand-fish.			
» *vagabunda* ..	Large Lolly-fish..	Chong-Sum..		875

La récolte et la préparation des Holothuries constituent une industrie qui peut être rémunératrice en raison du peu d'importance des capitaux qu'elle exige et des prix élevés qu'atteint le trepang de bonne qualité. Saville Kent nous a donné quelques détails sur la façon dont cette industrie est pratiquée au Queensland. Les indigènes qui y sont employés sont rassemblés dans des camps au bord de la mer, près d'un port naturel ; montés dans petits lougres de 5-6 tonneaux, les hommes se rendent au voisinage du récif et pratiquent, suivant les circonstances, soit la pêche à pied, soit la plonge ; la plus grande partie des Holothuries est simplement prise à la foenne par des hommes qui se promènent à marée basse sur les récifs ; mais quelques espèces, et ce sont les plus estimées, ne vivent que sur des fonds de 4-6 mètres, où la plonge devient nécessaire. La pêche ne se fait que dans le temps qui s'écoule entre la nouvelle et la pleine lune, en sorte que huit à dix jours sont inutilisés à chaque lunaison. Chaque jour les bateaux regagnent le camp où les holothuries sont préparées par les femmes venues là avec leurs maris.

Le mode de préparation est simple : les animaux sont mis pendant vingt minutes dans des marmites en fer contenant de l'eau de mer bouillante. Puis d'un coup de couteau on fend l'holothurie suivant la longueur; pour extraire les viscères, qui sont rejettés ; les téguments, seuls utilisés, sont mis à égoutter et seront ensuite exposés au soleil jusqu'à dessication aussi complète que possible ; il ne reste plus alors qu'à faire subir au produit une sorte de boucanage ; pour cela on le porte dans des chambres à la partie supérieure desquelles sont disposées deux ou trois étagères faites de toile métallique; les holothuries sont déposées sur ces étagères, au dessous desquelles on allume du feu. La qualité du combustible employé n'est pas indifférente et l'on donne généralement la préférence à la mangrove rouge, *Rhizophora mucronata*. Après vingt-quatre heures de séjour dans les chambres, le trepang s'est raccorni et présente un peu l'aspect d'une saucisse fumée; il est alors prêt pour la vente ; mais il faut avoir soin de le préserver de l'humidité, sous peine de le voir se transformer en une masse gluante, d'aspect repoussant, dont l'odeur est, paraît-il, abominable.

Pour les grandes espèces il est bon, après extraction des viscères, de maintenir les téguments étalés à l'aide de quelques petites baguettes de bois. Pour d'autres espèces on a soin de vider l'animal avant de le faire cuire et peut-être certaines formes, considérées aujourd'hui comme inutilisables, pourraient-elles être employées si l'on substituait cette méthode au procédé ordinaire.

Quoi qu'il en soit, la préparation, qui n'exige pas de soins spéciaux, consiste essentiellement en une cuisson à l'eau de mer, suivie d'une dessiccation et d'un boucanage. Elle demeure très sensiblement la même dans tous les pays où se pratique l'industrie du trepang, au Japon, en Corée, à Célèbes, dans les îles de la Sonde, en Indo-Chine, aux îles Fidji, à Tahiti, en Nouvelle-Calédonie, à Ceylan et sur la côte occidentale de Madagascar. Comme l'on voit, cette industrie est localisée dans les pays que baignent l'Océan Indien et le Pacifique. Elle s'était implantée en 1871 sur les rivages de l'Atlantique, à Key-West, en Floride; mais elle n'y a eu qu'une existence éphémère.

Quelques unes de nos colonies préparent du trepang; dans l'ensemble elles ont fourni à la consommation, en 1903, 350 tonnes de ce produit; elles pourraient certainement faire beaucoup plus; jadis très prospère à Tahiti et à la Nouvelle-Calédonie, l'industrie du trepang y est aujourd'hui en voie de déclin; importée vers 1860 à Madagascar, elle n'y a pas encore pris tout le développement qu'elle pourrait y atteindre.

Oursins. — On sait combien les populations du littoral méditerranéen de la France apprécient l'aliment constitué par les glandes sexelles des oursins (*Strongylocentrotus lividus*, Brdt.), lorsque celles-ci sont arrivées à maturité et ont pris chez la femelle une couleur rouge et chez le mâle une teinte blanchâtre. On pêche aussi quelque peu les oursins en Tunisie, où ils ne font pas l'objet d'un commerce bien important; le guangui est le seul instrument employé. En Algérie, c'est au contraire la radasse seulement qu'emploient les pêcheurs de Castiglione.

A la Martinique les oursins, désignés sous le nom de chardrons, sont très estimés : on les mange après cuisson et le chardron blanc sert à faire des omelettes appréciées des gourmets.

LE CORAIL

Organisation et biologie. — Il est de notion vulgaire, aujour-
d'hui, que la substance désignée sous le nom de corail est produite
par un zoophyte, dont elle représente le squelette ou polypier, et
auquel on donne aussi, par extension, le nom de corail.

Les zoologistes placent cet animal dans l'ordre des Alcyonnaires ;
comme la plupart des représentants de ce groupe, c'est un organisme
colonial. La colonie a la forme d'un arbuscule, dont le tronc est fixé
par sa base à un support tel qu'un rocher ; elle est constituée par une
masse commune d'un tissu connectif, recouvert d'épiderme et parcouru
par un système de canaux ramifiés, anastomosés entre eux. A la
surface de cette masse appelée *cœnosarque* ou *sarcosome*, font saillie
les membres individualisés de la colonie, ou *polypes*, sous forme de
simples mamelons blanchâtres à l'état de contraction, de petits tubes
surmontés d'une collerette de huit tentacules pennés, lorsqu'ils sont
étalés. La paroi délicate des polypes entoure une vaste cavité gastrique, qui s'ouvre au centre de la collerette par un pharynx et une
bouche et dont la partie profonde communique avec les canaux du
cœnosarque, par l'intermédiaire desquels tous les polypes se trouvent
en relation intime.

Le sarcosome présente une coloration rougeâtre, due à l'existence
dans son intérieur d'une multitude de petits spicules de nature miné-

---

Principaux travaux consultés : Canestrini : Il Corallo, 1883. — Hutterot, la Pêche
et le commerce du corail en Italie, *Bulletin des pêches maritimes*, 1894. — Layrle,
Pêche du corail en Algérie, *ibid*, 1898. — Coste et Gourret, la Pêche et l'industrie du
corail, Congrès international d'Aquiculture et de pêche, 1900. — Masson, Histoire des
Etablissements et du Commerce français dans l'Afrique barbaresque, Marseille 1900.
— Kitahira, On the Coral fisheries of Japan, *Journal of the imperial fisheries bureau*,
1904.

rale, hérissés de pointes. Ces éléments se développent dans des cellules particulières, les *scléroblastes*, puis tombent dans la substance fondamentale. Isolés les uns des autres, ils donnent au sarcosome, très délicat par lui-même, un peu de fermeté; mais, en outre, ils forment dans la partie profonde, en s'agglutinant par l'intermédiaire d'une matière minérale cristalline, une masse solide et dure, qui est le polypier. Par suite de sa structure compacte, ce squelette se trouve comme isolé au milieu du sarcosome; il n'y a aucune pénétration réciproque des deux substances. Dans les branches épaisses, le volume du polypier est considérable par rapport aux tissus mous, qui ne semblent plus lui former qu'une mince couche de revêtement. Ceux des canaux du sarcosome qui occupent une situation voisine de l'axe, lui sont accolés et dépriment sa surface sous forme de légers sillons parallèles les uns aux autres, qui la strient finement en direction longitudinale.

Dans les conditions normales, la colonie est en voie d'accroissement continuel : ses branches s'allongent et, à leur extrémité, le cœnosarque, abondant et épais, forme un renflement où l'activité fonctionnelle est intense ; l'axe s'allonge et s'épaissit par le dépôt de nouvelle substance squelettique à son sommet et à sa surface. De nouveaux rameaux se forment sur les anciens, soit par bourgeonnement, en quelque point du sarcosome, soit par division de la pointe d'accroissement. De jeunes polypes se développent sur le cœnosarque, particulièrement vers les extrémités des rameaux. Il est probable que le pouvoir de réparation des blessures est très considérable, comme chez la plupart des autres zoophytes, et qu'un rameau brisé peut être régénéré ; mais on n'a pas de données précises pour confirmer cette hypothèse et on sait encore moins si le rameau détaché peut continuer à vivre et se fixer en donnant naissance à une nouvelle colonie.

Les œufs se forment dans la paroi de la cavité gastrique de certains polypes et sont fécondés, à l'intérieur de cette cavité, par des spermatozoïdes venus d'autres polypes ; c'est encore dans cette cavité gastrique que ces œufs parcourent les premières phases du développement ; les jeunes sortent seulement à l'état de petites larves vermiformes, blanches, recouvertes de cils vibratiles, qui nagent quelque temps, puis vont se fixer sur un rocher où elles se transforment en un polype isolé ; celui-ci bourgeonnera et donnera peu à peu naissance à une petite colonie. L'époque où peut être constatée la naissance des larves et leur sortie s'étend, dans la Méditerranée, de la fin août au mois de décembre, mais semble être surtout la première quinzaine de septembre. Les renseignements que nous avons sur la durée de la croissance sont plus vagues ; on admet que le corail met quatre ans pour arriver à une taille marchande, mais cette opinion n'est basée sur aucun fait précis.

Le corail vit à des profondeurs qui varient le plus souvent entre 50 et 200 mètres ; mais il franchit souvent ces limites et on le trouve encore fréquemment entre 20 et 50 mètres, exceptionnellement à moins de 10 mètres ; il descend parfois bien au-dessous de 200 mètres, et quelques espèces appartiennent à la faune abyssale. Il habite les fonds rocheux, où il se fixe généralement à la face inférieure des blocs, à la voûte des anfractuosités, cherchant de préférence une orientation au midi. Il existe d'habitude en certaine quantité dans une même région, à laquelle on donne alors le nom de banc de corail. Il y est ordinairement associé à des animaux qui ont besoin, comme lui, d'objets de fixation, d'une profondeur et d'une température suffisantes et d'une eau chargée de carbonate de chaux : polypiers des genres *Caryophyllia* et *Amphihelia*, Comatules, Ophiures, *Cidaris*, Serpules, mollusques saxicoles, etc. La présence d'un pareil ensemble d'espèces peut servir à titre d'indication dans la recherche du corail ; il s'en faut que ce soit un guide infaillible.

Diverses espèces de corail. — Il existe plusieurs espèces de corail, qui constituent la famille des Coralliidés et que l'on groupe en trois genres, caractérisés surtout par la disposition des polypes sur le polypier : 1° *Corallium* Lamarck : polypes répartis tout autour de l'axe ; spicules d'une seule sorte ; 2° *Pleurocorallium* Gray : deux sortes de spicules ; polypes généralement situés d'un seul côté du tronc et des branches, qui ont une forme aplatie ; 3° *Pleurocoralloides* Moroff : grands spicules fusiformes ou en plaquettes ; polypes distribués, dans la moitié inférieure, sur toute la surface, et, dans la moitié supérieure, sur les bords seulement des rameaux aplatis. Nous indiquerons surtout, pour les différentes espèces, les caractères du polypier, qui ont pour nous un intérêt plus immédiat.

Corallium rubrum Lamarck : dendritique ; rameaux amincis vers leurs extrémités, finement striés suivant leur longueur ; couleur généralement rouge, mais variable.

Pleurocorallium secundum Dana : ramification irrégulière, mais avec une tendance à s'étaler dans un plan ; tronc et branches épais, simples, finement striés ; teinte mi-partie rouge et blanche.

Pleurocorallium Johnsoni Gray : polypier sub-flabelliforme, branches simples avec quelques courts rameaux disséminés sur le côté supérieur ; entièrement blanc.

Pleurocorallium confusum Moroff : branches aplaties, d'abord ramifiées dans un plan, s'étendant ensuite dans toutes les directions, commençant près de la base du tronc et anastomosées, irrégulièrement épaisses ; axe rose, finement strié, renfermant beaucoup plus de spicules dans sa partie centrale, où il est plus solide, qu'à sa périphérie.

Pleurocorallium tricolor Johnson : ramifié dans un plan ; branches flexueuses, de section elliptique ; axe dur, blanc, lisse ; cortex pâle, jaune, granuleux ; polypes rouge clair, proéminents ; trois sortes de spicules.

Pleurocorallium maderense Jonhson : richement ramifié dans un plan ; branches irrégulièrement flexueuses, sans anastomoses ; axe dur, elliptique, lisse, tout blanc ; cortex ocre, granuleux ; polypes à la partie supérieure ; cinq formes de spicules.

Corallium japonicum Kishinouye : ramifié finement dans un plan ; quatre ou cinq rangées de polypes sur le côté antérieur des branches ; cœnosarque mince, rouge foncé ; axe finement strié, rouge sombre, à centre blanc.

Corallium boshuensis Kish. : finement ramifié dans un plan ; branches principales comprimées latéralement ; cœnosarque mince, clair ; cinq espèces de spicules ; axe blanc crème.

Corallium sulcatum Kish. : branches dans un plan, quelques unes anastomosées, cœnosarque mince, rose clair, trois espèces de spicules ou davantage ; axe lisse, marqué de sillons longitudinaux en avant, rose mélangé de couleurs plus ou moins foncées.

Corallium elatius Ridley : ramifié dans un plan, branches plus ou moins rejetées dorsalement, parfois anastomosées ; rameaux terminaux très fins ; quatre rangées de grands polypes sur le côté antérieur ;

cœnosarque épais, vermillon, trois sortes de spicules ; axe finement strié, rouge à centre blanc, marqué d'une tache au-dessous de chaque polype ; taille très grande (on a trouvé des exemplaires de 20 kilogrammes).

Corallium Conojoi Kish. : branches principales dans un plan, les petites dans toutes les directions ; cœnosarque mou, rouge clair ; deux sortes de spicules ; axe finement strié, blanc un peu teinté de rouge.

D'après les caractères indiqués, les cinq espèces précédentes semblent être plutôt des *Pleurocorallium*.

Pleurocoralloïdes formosum Moroff : branches inférieures dépourvues de polypes et recourbées ; celles venant au-dessus dirigées dans toutes les directions et pouvues de polypes ; branches supérieures ramifiées dans un plan, à extrémités arrondies ; axe épais, strié, rouge clair, presque dépourvu de spicules à sa périphérie.

Corallium Lubrani Targioni-Tozzeti et *C. stylasteroides* Ridley, sont deux espèces dont nous n'avons pu avoir la description.

Des zoophytes qui n'appartiennent pas au groupe des Alcyonnaires, les Antipathaires, dont les polypes portent seulement six tentacules, fournissent un polypier noir, arborescent, de nature cornée, désigné sous le nom de Corail noir ; le plus souvent utilisé est *Antipathes spiralis* Blainv.

Distribution géographique. — Le corail, resté longtemps une production de la Méditerranée, est connu maintenant dans beaucoup d'autres régions ; dans quelques unes il est même activement exploité. Il est probable que de nouvelles recherches en montreront dans beaucoup d'autres pays et notamment dans nos colonies.

De la Méditerranée on ne cite que *Corallium rubrum* Lamarck : il trouve des conditions de vie très favorables le long de la côte barbaresque et devient particulièment beau au Nord de la Tunisie et sur la partie orientale du littoral algérien, surtout à Bizerte, aux Sorelles, à la Galite, la Calle, Djidjelli ; il est répandu là sur de nombreux bancs ; ceux de Tunisie se trouvent entre 25 et 80 mètres de fond, ceux de Djidjelli entre 14 et 18 ; ceux de la Calle entre 15 et 40. Dans la partie occidentale de la côte algérienne, le corail existe aux environs d'Oran, de Ténès, de Cherchell, d'Azzefoun, de Takoush, mais les bancs sont maintenant très pauvres. Sur le littoral espagnol, on le rencontre depuis Gibraltar jusqu'aux Pyrénées, notamment au cap Palamos, au cap Saint-Sébastien, au cap Bagur, dans le golfe de Rosas, au cap Creux, aux Baléares. Il y en a sur les côtes de Provence et des Alpes-Maritimes, à Riou, Cassis, la Ciotat, aux îles d'Hyères, à Saint-Tropez, l'île Sainte-Marguerite, Cannes, Antibes, Villefranche. On en trouve un peu sur toute la côte occidentale d'Italie et de Sardaigne, en Corse, au cap Corse et au cap de Bonifacio. En Sicile, on connaissait depuis longtemps les bancs de Trapani, Favagnana, des îles Lipari, de Messine ; les plus importants sont ceux de Sciacca, découverts entre 1875 et 1880, à 15, 20 et 30 milles au large, le dernier étant le plus riche. Les bancs sont nombreux sur les côtes de Calabre : Tropea, cap Vaticano, Palmi, Scilla, cap Spartivento, cap Bruzzano, cap Rizzuto, cap Colonne, Tarente, cap di Leuca, Otrante. Dans l'Adriatique, le corail est disséminé sur la côte dalmate par des fonds de 16 à 240 mètres. La richesse des eaux helléniques est mal connue : le Gouvernement grec a nommé une commission pour faire des recherches qui en ont montré une certaine quantité sur la côte des Leucades et ont fait supposer qu'il est abondant dans ces parages.

La même espèce se rencontre encore en petite quantité sur la côte du Portugal et aux environs des îles du cap Vert ; dans cette dernière région, on trouve également *Pleurocorallium Johnsoni* Gray et c'est pour du corail de cette provenance qu'a été créée l'espèce *C. Lubrani* Targioni-Tozzetti. *Pl. Johnsoni* Gray vit aussi à Madère, avec *Pleurocorallium tricolor* Johnson et *Pleurocorallium maderense* Johnson. On connaît encore du corail aux Açores et sur les côtes de Sénégambie, notamment en face de l'embouchure du Sénégal. Il y en aurait également dans la mer Rouge. *Corallium stylasteroides* Ridley, est de Maurice. *Pleurocorallium secundum* Dana, est probablement répandu dans tout le Pacifique, aux îles de Bonda, Kis, Sandwich, du Prince Edward.

Dans les mers du Japon, le corail est abondant : *Pleurocorallium confusum* Moroff, provient de Sagamibai, de même que *Pleurocoralloides formosum* Moroff. *Corallium japonicum* Kish., *C. elatius* Ridley, *C. Conojoi* Kish. sont les plus répandus ; les principaux bancs sont dans la province de Tosa, dans Shikoku, et dans les provinces de Satsusima et Hozen, dans Kiushiu ; à Tosa et Hozen, ils sont situés entre 50 et 180 mètres, à Satsusima, entre 20 et 340. De nouveaux bancs sont découverts tous les jours par hasard, par des pêcheurs qui ramènent des fragments de polypier sur leurs lignes à squales. *C. Conojoi* Kish. vit généralement sur le sommet des bancs. *C. japonicum* Kish. un peu plus bas, *C. elatius* Ridley près du pied ; *C. sulcatum* Kish. et *C. boshuensis* Kish. sont des espèces des grandes profondeurs.

Caractères du polypier. — L'aspect de la ramification d'un exemplaire de corail ne varie pas seulement avec l'espèce considérée ; elle est plus ou moins touffue, plus ou moins régulière, suivant la localité où vit le zoophyte ; un œil exercé peut reconnaître à ce seul caractère la provenance d'un échantillon ; c'est ainsi qu'à Sciacca le tronc et les rameaux sont minces, très flexueux et insérés par un pédoncule étroit ; le corail des côtes de Provence est court et gros ; chez celui d'Afrique, l'axe et les rameaux sont beaucoup plus droits et, chez celui d'Espagne, la base est très large et donne insertion à plusieurs colonnes minces de rameaux.

Chez *C. rubrum* Lamarck, les rameaux forment généralement avec l'axe ou entre eux un angle de 40 à 50 degrés ; mais ce n'est pas une règle constante. La longueur des entre-nœuds peut varier entre quelques millimètres et plusieurs centimètres.

Sur un court trajet, les branches ont un aspect cylindrique ; au niveau de l'insertion des branches, il y a un aplatissement dans le plan où naît le rameau. Il peut y avoir accidentellement dans toutes les espèces et normalement dans certaines autres une fusion partielle des rameaux sur une longueur variable. Quelquefois une branche est traversée par une autre.

La hauteur des arbuscules de *C. rubrum* Lamarck atteint rarement 25 à 30 centimètres ; chez *C. Conojoi* Kish., cette hauteur est plus fréquente ; chez *C. elatius* Ridley la taille est plus considérable et on a ramené des exemplaires de 20 kilogrammes.

Dans le corail de la Méditerranée, les sillons ont une course longitudinale, légèrement flexueuse et sont distants l'un de l'autre de 0,25 à 0.50 millimètres.

Le poids spécifique est 2,68 ; il est indépendant de la couleur. La dureté est 3 à 4, à l'échelle de Mohs, mais paraît varier avec la provenance : le corail d'Oran est plus friable.

La composition chimique est la suivante, d'après Tischer :

	Corail rouge	Corail noir
Carbonate de chaux.............	86.974	85.801
Carbonate de magnésie.........	6.804	6.770
Sulfate de chaux.....	1.271	1.400
Sesquioxyde de fer.............	1.720	0.800
Substances organiques.........	1.350	3.070
Eau.........................	0.550	0.600
Phosphates, silice, etc..........	1.331	1 559

A un fort grossissement, sur des coupes minces de la substance du polypier, on distingue les spicules et le ciment calcaire dans lequel ils sont noyés. Mais à l'œil nu, le corail a l'aspect d'une pâte homogène, compacte, susceptible de prendre un beau poli.

Nous avons vu que le polypier de *Pleurocorallium Johnsoni* Gray est entièrement blanc ; chez la plupart des autres espèces, il est rouge, mais cette teinte est d'intensité variable et passe à des nuances roses de degrés très divers, non seulement suivant les espèces, mais même dans une seule, suivant la localité et l'échantillon. Alors que le corail des côtes d'Espagne est généralement d'un rouge sang, celui de la côte barbaresque est souvent de couleur plus claire et même d'un rose tendre ; celui de Sciacca est rouge mais terne, tandis qu'il est d'une belle couleur vive à Bonifacio, en Sardaigne, en Dalmatie. Les plus beaux coraux du Japon présentent une foule de nuances, du blanc crème au rose vif. Parfois un même échantillon n'a pas une teinte uniforme : le corail du Japon a souvent des branches rose clair avec des taches blanches ; quelquefois sur un court trajet, on passe successivement du rouge ou du rose au blanc pur ou crème ; sur la côte barbaresque on trouve des exemplaires où le rouge carminé, le rose et le blanc se mêlent de façon à produire des effets très beaux : c'est la peau d'ange.

Dans certains cas, le corail est de couleur plus foncée, passant même au brun et au noir : ce corail noir, qu'il ne faut pas confondre avec celui des Antipathaires, est dépourvu de cœnosarque ; il est mort et c'est après sa mort qu'il a pris cette teinte ; si celle-ci, au lieu d'être franche, est sale, grisâtre, le corail est dit alors mort ou pourri. La couleur noire peut n'affecter qu'une partie du polypier, être limitée à sa superficie ou à sa partie profonde. Parfois on peut enlever la couleur noirâtre à l'aide d'eau oxygénée, et le rouge normal apparaît alors.

La substance colorante du corail est mal connue ; elle est très fixe et ne se laisse décolorer ni par l'eau oxygénée, ni par la lumière. Certains auteurs ont voulu la rapporter seulement au sesquioxyde de fer ; Krukenberg pense que c'est une combinaison d'un lipochrome (pigment gras) et de chaux ; c'est peut-être un pigment dans lequel le fer entrerait en combinaison.

La pâleur des nuances est due évidemment à la raréfaction de la matière colorante. Les pêcheurs considèrent cet état comme une maladie ; c'est bien une particularité individuelle, plus ou moins commune suivant les localités ; mais rien ne prouve que ce soit un véritable état pathologique, coïncidant avec une diminution de vitalité de la colonie.

Quant au noircissement, c'est nettement une altération *post mortem* du tissu ; quelquefois on trouve de grandes quantités de corail mort, dont la présence semble indiquer qu'une cause quelconque a produit à un moment une grande mortalité ; ainsi, à Sciacca, on a trouvé au-dessous des lits de corail vivant, des couches de corail noir, tué peut-être par quelque phénomène volcanique. Moseley croit possible que ce noircissement soit dû à une imprégnation par du bioxyde de manganèse, car le *Challenger* a ramené des grandes profondeurs beaucoup de corail noirci par cette substance. Mais il est aussi possible que, pendant un long séjour dans la vase, l'acide sulfhydrique détermine une modification de la substance organique ou du sel de fer.

Le corail est parfois perforé de petites galeries creusées par des vers ou par des éponges du genre *Cliona* ; on dit alors qu'ils est piqué et sa valeur est diminuée.

Procédés de pêche. — Les procédés de pêche du corail sont déterminés par son mode de vie. Autrefois, on a pu employer un peu le *salabre*, cercle de fer de 1 mètre de diamètre, portant un sac en filet tenu à l'extrémité d'un bâton ; mais on n'a d'action qu'à une profondeur inférieure à celle où vit généralement le zoophyte. La pêche à la plonge est aussi très peu employée. Le *scaphandre* permettrait mieux qu'aucun autre procédé de recueillir les branches, de les choisir, d'épargner ce qui ne serait pas utilisable, et de ne rien perdre de la récolte. Mais son usage est dans beaucoup de cas malaisé ; les bancs sont fréquemment à une profondeur à laquelle on ne peut descendre ; les anfractuosités où habite le corail sont souvent ouvertes dans une muraille de rochers presque verticale, le long de laquelle il est difficile de se mouvoir et où les tubes à air peuvent s'accrocher ; enfin le maniement des appareils exige une pratique que n'ont pas toujours les pêcheurs.

La *croix de Saint-André*, l'*ingegno* des pêcheurs italiens, est répandue dans toute la Méditerranée : elle est formée de deux pièces de bois attachées en croix, à l'extrémité et le long desquelles sont suspendues des radasses ou des fauberts (paquets de vieux filets ou de chanvre détordu). Une grosse pierre ou un morceau de plomb lestent l'appareil. Les bras de la croix, dans les petits engins, n'ont pas un mètre, dans les gros, ils atteignent et même dépassent 2 mètres. Du centre pend une corde à laquelle sont fixés plusieurs fauberts ; on appelle cette partie *queue de purgatoire*. Un gros engin complet peut porter 40 radasses et peser 200 kilogrammes ; il coûte alors de 2 à 300 francs. En Italie on applique, sur la croix en bois, une croix en fer, en guise de lest.

L'engin, amarré à une longue corde, est manœuvré à l'aide d'un cabestan ou, pour les petits, à la main. Lorsque la croix est traînée le long d'une muraille ou sur un fond rocheux, si une crevasse se trouve sur son passage, un des bras pourra s'y insinuer. Les filets ou les fauberts s'accrochent alors aux branches de corail, s'y embrouillent et les cassent ou les arrachent de leur support ; généralement les rameaux ainsi enlevés restent maintenus au milieu du tissu où ils sont engagés et sont ramenés à bord avec l'engin ; mais une partie peut retomber et se perdre. On remorque l'appareil à une faible allure, à voile ou à la rame, en le faisant sans cesse monter et descendre, de façon qu'il ait le plus de chances possibles de pénétrer dans un creux de rochers. Quand l'engin est bien accroché, l'effort à faire pour le décrocher est considérable et il faut souvent s'aider d'instruments spéciaux (*tortolo* ou *sbiro*). Quand on a traîné l'appareil pendant un temps suffisant, on le ramène à bord, on détache les brins de corail et on recommence la manœuvre. Dans certaines localités et à des époques déterminées (en Algérie c'est en hiver), des courants sous-marins chassent les filets dans les crevasses et facilitent la pêche.

Les bateaux affectés à la pêche du corail sont appelés *corallines*.

Il faut compter que les frais d'armement d'une semblable embarcation s'élèvent à 9.000 francs pour une saison.

L'*ordegno* des corailleurs de l'Adriatique diffère peu de la croix de Saint-André ; les bras ont 1 mètre à 1ᵐ 30 et, à chacune de leurs extrémités pend une corde de 2 à 3 mètres, portant de vieux filets.

Ces instruments sont de plus en plus supplantés par la *gratte en fer*, qui est d'origine espagnole : c'est une croix de Saint-André très volumineuse, à chaque extrémité de laquelle est fixé horizontalement un cercle en fer, à bord supérieur tranchant ou dentelé, auquel est suspendue une poche en filet. La manœuvre de cet appareil est la même, mais son poids et les efforts considérables qu'il faut faire pour le décrocher obligent à avoir des bateaux plus gros et à aider souvent l'œuvre du cabestan en sautant sur l'avant, pour imprimer des secousses à la corde. La gratte n'emporte pas seulement tout le pied de corail, lui ôtant toute possibilité de régénération ; elle arrache aussi les jeunes pousses encore inutilisables, elle racle tout, enlevant aussi bien les larves que les autres animaux ou algues fixés sur la paroi rocheuse. C'est donc un engin dévastateur, dont l'emploi est prohibé partout et que cependant les pêcheurs, échappant à la surveillance, arrivent à utiliser, parfois d'une manière presque exclusive.

Au Japon, les pêcheurs se servaient au début de filets rectangulaires, larges de 1ᵐ 50, hauts de 1 à 1,50, à mailles de 13 centimètres, attachés à un bambou. Mais depuis 1890 on adapte au bord inférieur de ce filet et aux deux extrémités du bambou des paquets de fauberts ; aujourd'hui on ajoute encore de ces paquets sur le filet lui-même. La fonction du filet, formé de forte ficelle, est surtout de briser le corail ; les fauberts ramassent les rameaux cassés. L'appareil est traîné lentement sur le fond et, quand on sent qu'il est accroché, tout l'équipage tire dessus. Quelquefois on attache deux engins semblables à une même corde. Les courants influent encore beaucoup sur ce mode de pêche. Les frais d'un bateau armé pour cette pêche sont sensiblement de 3.000 francs pour la saison.

Ainsi qu'on peut le concevoir, d'après les indications que nous venons de donner, la pêche du corail constitue un travail très pénible ; la plupart des pêcheurs, pourtant habitués à de rudes besognes, ne consentiraient pas à s'y livrer. Les marins provençaux, soit par manque de pratique et de traditions, soit faute de résistance, soit à cause de la disproportion trop grande entre les bénéfices et la peine, ne manœuvrent pas la croix de Saint-André ; quand on a voulu en employer, on n'a pu généralement embaucher que la lie de la population marseillaise. Les Corses, plus pauvres, auraient plus de dispositions, mais sont souvent trop paresseux. Les Catalans ont fourni et fournissent encore des corailleurs. Mais les Italiens paraissent avoir pour ce métier une prédisposition particulière ; ils le pratiquent assidûment, s'y livrent souvent en fraude et consentent parfois à perdre leur nationalité pour l'exercer hors de chez eux. Extrêmement sobres, très durs à l'ouvrage, habitués à gagner peu, peut-être sont-ils attirés aussi par leur goût pour le jeu, la caractéristique de la pêche du corail étant que, même dans les plus mauvaises conditions, on peut tomber sur un coin très riche ou ramener une pièce exceptionnelle. Les mêmes qualités, le même amour du jeu se retrouvent dans le tempérament japonais, à un degré peut-être plus accentué encore, et l'on comprend que cette pêche se soit vite répandue au Japon.

Exploitation du corail. — Longtemps le corail a été un peu exploité sur les côtes des Alpes Maritimes et de Provence par des Italiens et des Catalans ; les pêcheurs provençaux qui découvraient un banc, leur vendaient le renseignement 100 francs. Jusqu'à 17 pêcheurs catalans sont venus en 1870 sur les bancs de la Ciotat ; la saison durait les trois mois d'été ; ils ne viennent plus depuis de nombreuses années. Aux environs de Marseille, des scaphandriers, pour utiliser leurs loisirs, ont pêché le corail au cap Couronne en 1883 et, en un an et demi, ils en ont récolté, à six, pour 100.000 francs, chaque barque en ayant pris au début jusqu'à 10 kilos par jour. Dans ces conditions, les bancs furent vite dépeuplés. En 1904, des scaphandriers ont de nouveau exploré cette partie de la côte et y ont fait de belles prises, mais l'ont ravagée ; en 1905, ils ont pêché entre Marseille et la Ciotat.

Les Catalans pêchaient autrefois sur leur côte, d'avril à juillet, mais ils le font très peu aujourd'hui, les bancs étant très appauvris. Des scaphandriers ont obtenu des résultats magnifiques en 1861 au cap Creux, mais au prix d'accidents déplorables. Depuis 1904, la pêche est concédée à M. Pappaiconomos, qui fait travailler des scaphandriers grecs, en même temps que pour la pêche des éponges, en Andalousie, en Catalogne, aux Baléares et au Maroc espagnol. Nous ignorons encore les résultats de son entreprise. Les Espagnols venaient aussi pêcher au scaphandre sur la côte de la province d'Oran, mais cette région est devenue trop pauvre pour être exploitée sérieusement.

Sur les côtes dalmates, les Autrichiens avaient huit bateaux avant 1881 ; cette année-là, leur nombre est tombé à trois et, actuellement, on n'y pêche plus, par suite de la dévastation des bancs.

Dans les eaux grecques, la pêche n'existe qu'à l'état de projet : le gouvernement a chargé des pêcheurs italiens de les explorer.

Les pêcheries de la côte barbaresque ont été longtemps extrêmement réputées ; elles jouaient un grand rôle, non seulement par la valeur du produit qu'on en retirait, mais surtout à cause de l'importance qu'on attachait à pouvoir s'installer et trafiquer dans ces régions; entre les Génois fixés à Tabarca et les Français établis au Bastion de France, c'étaient des conflits continuels ; les Italiens venaient pêcher sur les fonds concédés aux Français, ceux-ci désiraient leur enlever Tabarca, pour se débarrasser de concurrents vis-à-vis desquels ils étaient en état d'infériorité ; car si les Français armaient pour la pêche du corail, ils devaient le plus souvent engager des pêcheurs italiens plutôt que les individus sans expérience qu'ils trouvaient en France, ou que les Corses, dont l'indiscipline leur attirait des ennuis de toutes sortes. Le corail pêché étant bien souvent aussi travaillé en Italie, on comprend fort bien que les Italiens aient désiré s'affranchir de l'intermédiaire de l'armement français. En somme, les Italiens ont toujours joué un rôle prépondérant dans les pêcheries d'Afrique, même quand elles étaient nominalement françaises. Troublée par ces conflits, par des rivalités de personnes au sein des compagnies concessionnaires, par les vexations des indigènes, la pêche passa par des alternatives de marasme et de prospérité. Une de ses périodes les plus heureuses fut de 1750 à 1780 ; mais jamais elle ne fut plus productive qu'au XIXe siècle. Bien souvent, dans ces pêcheries, les intéressés se plaignent de l'appauvrissement des bancs. Après la conquête de l'Algérie, la pêche étant libre fut très active et particulièrement intense de 1870 à 1877 ; il était pris annuellement 30.000 kilogrammes de corail ; les bancs furent ravagés. Depuis 1880, la pêche a décliné rapidement, comme l'indique ce tableau ;

Année	Bateaux	Récolte
1880...................	153	K. 19.700
1889...................	22	5.592
1893...................	20	3.772
1896...................	29	2.323
1897...................	13	1.049
1898	2	275
1899...................	5	4.469
1900...................	0	0
1901...................	0	0
1902.....	0	0
1903............... ..		330

Il ne faut évidemment pas voir dans cette diminution l'effet du seul dépeuplement des bancs ; les pêcheurs ont été attirés ailleurs et, au contraire, détournés des eaux algériennes ; de plus, des facteurs économiques sur lesquels nous reviendrons, ont nui pendant cette période à la pêche du corail. Néanmoins, l'appauvrissement a été considérable ; on peut citer comme typique l'exemple suivant : un banc ayant été découvert en 1896 au nord de l'île Plane, en Tunisie, des barques de Bizerte et de la Calle accoururent et le détruisirent en deux mois.

En Italie, la production de la pêche du corail était peu considérable avant 1880 : un bateau monté par 6 hommes, pendant six mois, en prenait en moyenne 30 kilogrammes. On connaissait bien les deux bancs les plus rapprochés de Sciacca, mais leur production était minime. En 1880, on découvrit le troisième, qui se montra extrêmement riche et où une barque prenait en une journée plus qu'auparavant dans une saison ; aussi y eut-il une grande affluence et une production énorme pendant trois ans : en 1883, 506 corallines étaient armées. En 1885, le Gouvernement italien dut interdire la pêche dans certaines parties et, en 1888, sur tous les bancs ; cette mesure, aussi bien que les conditions économiques, firent beaucoup diminuer la pêche. En 1889, on ne comptait plus que 45 barques, qui prirent 3.485 kilogrammes ; il n'y en eut que 29 l'année suivante. Quand les bancs de Sciacca furent de nouveau exploités, la pêche redevint très active, mais diminua de nouveau de 1896 à 1899 ; cette année-là, elle fut très fructueuse à Sciacca : 350.000 kilogrammes. En 1902, il y avait 92 barques qui prirent 225.000 kilogrammes ; en 1903, 105 barques ont pris en Sicile 220.000 kilogrammes.

On a importé autrefois en Europe un peu de corail des Canaries. Aux îles du cap Vert, la pêche a donné pendant quelques années de beaux résultats, au Sud et au Sud-Est de San-Jago; les pêcheurs étaient Italiens et Espagnols. Au cours des années 1879-80, il a été exporté 2.914 kilogrammes. Mais, depuis, cette pêche a périclité.

Au Japon, on prenait autrefois un peu de corail occasionnellement sur la côte de Tsukinada, mais, au temps des Daimyos, la pêche et la vente en étaient interdites. Cependant, depuis soixante-dix ans, un nommé Conojo, de Muroto, avait secrètement construit un filet et pêchait; les gens de son village l'avaient imité. Après la réforme de 1868, l'interdiction fut levée et la pêche du corail augmenta rapidement; beaucoup de pêcheurs s'y livrèrent, sans même avoir toujours des connaissances suffisantes; de nouveaux bancs furent découverts successivement. Jusqu'en 1877, la quantité récoltée était encore faible, mais, à partir de ce moment, elle devint assez considérable pour permettre une exportation, qui n'a pas cessé d'augmenter, comme l'indiquent les chiffres suivants :

1877	145	kilogrammes
1886	307	»
1891	669	»
1896	1.959	»
1897	4.630	»
1898	4.133	»
1899	9.824	»
1900	13.732	»
1901	21.173	»
1902	18.595	»

Mesures protectrices de la pêche. — Si nous laissons de côté le Japon, où la pêche du corail est de pratique récente et où la découverte de nouveaux bancs permet l'accroissement constant de la production totale, malgré l'appauvrissement constaté de quelques régions, nous voyons qu'ailleurs tous les fonds où l'on exploite le corail sont rapidement dévastés. Le corail est une richesse momentanément perdue pour l'Algérie et la Dalmatie.

Les gouvernements intéressés, préoccupés de ce fait, ont songé à établir une protection; deux principes peuvent inspirer une réglementation : dans un premier cas, on veut essayer de protéger chaque année la reproduction, de même qu'en rivière on ferme la pêche au moment de la fraie : ainsi le Gouvernement italien vient d'établir que, pendant trois années à partir de 1904, la pêche du corail sera interdite du 1er octobre au 31 mars ; le but n'est pas atteint, parce que l'essaimage des larves a lieu surtout en dehors de cette période ; d'autre part, la fermeture de la pêche en été équivaudrait à sa suppression complète, car c'est l'époque où elle est le plus active ; on diminue cependant un peu la quantité de corail enlevé, et par conséquent, les bancs sont protégés dans une faible mesure. En Algérie, un décret de 1897 a interdit la pêche pendant les mois de juillet, août et septembre ; ce fut très préjudiciable aux pêcheurs ; on déclara que cette mesure n'avait pas de raison d'être, parce que trois mois sont loin de suffire au développement du corail ; critique spécieuse, car le décret n'était pas fait pour permettre aux jeunes pousses de se développer, mais pour que la reproduction pût s'effectuer convenablement dans les pieds restés intacts. Sans attendre d'ailleurs les résultats de cette mesure, on a préféré se baser sur un autre principe, celui du cantonnement ; un décret du 15 mars 1899 divise le littoral algérien en trois zones : 1° de la frontière de Tunisie au cap de Fer ; 2° du cap de Fer à la limite occidentale du quartier d'Alger ; 3° de cette limite à la frontière du Maroc. La pêche doit être ouverte alternativement dans chacune de ces zones. On a eu le tort de commencer par la première zone, la meilleure, qui était déjà appauvrie ; de sorte que son dépeuplement s'est accentué encore ; en 1905, cette zone a été fermée et la seconde ouverte ; cette dernière est malheureusement formée par une région qui a toujours été très pauvre en corail et où on n'en a pas trouvé après cinq ans de protection ; aussi les pêcheurs se plaignent-ils et l'on parle de revenir encore sur une réglementation dont l'efficacité n'a pas pu être réellement jugée.

Ainsi, toutes les mesures proposées, basées sur des considérations théoriques, mais non étayées sur des faits scientifiquement constatés, n'ont jamais été appliquées assez longtemps pour donner des résultats précis. Il y aurait lieu de faire de nouvelles recherches sur la durée du développement du zoophyte, tout en remarquant que, pour repeupler un banc, il faut probablement plusieurs générations. Tout ce qu'on peut dire, c'est qu'un cantonnement assez long parait devoir donner des résultats, puisque nous avons vu les scaphandriers de Marseille faire à vingt ans d'intervalle, au cap Couronne, de très belles récoltes, après une dévastation complète,

Le décret de 1899 interdit en outre l'emploi d'engins autres que la croix de Saint-André et le scaphandre. La gratte est ainsi proscrite, ce qui est évidemment fort sage, mais il serait indispensable d'assurer l'exécution de ce règlement.

Pour que les pêcheurs soient moins lésés par ces restrictions, il est bon, tandis qu'on limite d'un côté leur champ d'action, de tâcher de l'étendre d'autre part, en favorisant la recherche de nouveaux bancs ; s'inspirant de ce désir, le décret de 1899 réserve pendant quinze jours le droit exclusif d'exploitation d'un banc au pêcheur qui l'a découvert. Dans la législation italienne, le pêcheur qui, ayant déclaré vouloir se livrer à la recherche de nouveaux bancs, en découvre un et le fait connaître, jouit pendant une saison du droit exclusif de pêche dans un rayon de 50 mètres autour du point qu'il a indiqué.

Ces privilèges constituent des monopoles momentanés ; ils paraissent excellents pour encourager les recherches, mais ils poussent les pêcheurs à tout ravager avidement. Un monopole de longue durée semblerait au contraire devoir inciter les concessionnaires à assurer d'eux-mêmes une exploitation régulière. Les monopoles concédés autrefois sur la côte barbaresque ne peuvent servir d'exemple, car l'insécurité habituelle amenait les exploitants à profiter hâtivement des moments de tranquillité.

Commerce du corail brut. — Le corail pêché est réparti, d'après la manière dont il peut être vendu, en différentes catégories :

1° Le corail pourri n'a pour ainsi dire aucune valeur ;

2° Le corail noir, lorsque sa coloration est bien franche et a pénétré jusqu'au cœur des rameaux, est recherché pour des usages spéciaux ;

3° Le corail en caisses est formé de morceaux de corail rouge de toutes grosseurs, depuis les petits fragments jusqu'aux gros rameaux, recouverts ou non d'une écorce terne par le sarcosome desséché. On dispose dans des caisses ou « *bauli* » les plus petits fragments au fond, au dessus ceux qui sont un peu plus gros, les plus beaux à la partie supérieure. La vente se fait à la caisse, avec une bonification de 1 kilo par baule pour les gros morceaux. L'estimation du prix de la caisse est délicate, car il faut faire entrer en ligne de compte la grosseur des morceaux, leur couleur, leur provenance, la quantité proportionnelle des gros et des petits, etc.

4° Le corail de choix est formé par les plus beaux morceaux qui sont mis à part et vendus soit à la pièce, soit au poids ; les branches sont d'autant plus estimées qu'elles sont plus grandes, plus grosses et plus rectilignes. Dans cette catégorie et dans la précédente, on distingue suivant la couleur plusieurs variétés : écume de sang, fleur de sang, premier sang, deuxième sang.

5° Le corail rose se vend également à part, en tenant compte de la qualité et de la beauté des échantillons; on y distingue le troisième sang et la peau d'ange.

La qualité varie avec la provenance : le corail de Sicile a une valeur très faible ; le corail corse est plus estimé; puis viennent le sarde, l'algérien, le dalmate et celui de Livourne.

Bône et la Calle sont les deux marchés où se vend le corail brut pêché sur la côte barbaresque ; on y apporte aussi le corail d'Espagne et une certaine quantité de corail italien de qualité inférieure venant de Sicile, qu'on mélange à la masse générale.

De ces deux villes, le corail est expédié à Marseille, d'où il est réexporté en presque totalité sur l'Italie, principalement sur les marchés de Naples et de Gênes. Ce pays achète en définitive presque tout le corail brut de la Méditerranée et la majeure partie de celui qui est exporté par le Japon.

Au Japon on distingue trois sortes de corail : 1° *L'akasango* est le polypier de *C. japonicum* Kish. ; les couleurs autres que le rouge y sont rares et il est facile de voir, à son aspect extérieur, s'il est altéré et corrodé. 2° Dans le *momoirosango*, produit par le *C. elatius* Ridley, on trouve au contraire une grande variété de couleurs et il est difficile de constater les perforations qui sont très profondes ; c'est le corail le plus beau ; comme il est aussi en gros morceaux, il est extrêmement estimé. Ces deux variétés sont elles-mêmes divisées de façons diverses suivant les usages des marchands : la Compagnie d'exportation Mitsui Bussan Kwaisha distingue dans chacune d'elles dix classes numérotées de 1 à 10, d'après la couleur, la taille des rameaux, la fraîcheur, le degré d'altération, etc. ; les échantillons les plus précieux sont hors classe. 3° Le *shirosango*, produit par *C. Conojoi* Kish., est de valeur bien moindre et se divise en deux ou trois classes. La quantité de

corail qui reste au Japon paraît faible ; c'est surtout du *shirosango*,
cette variété étant rarement exportée. Le corail expédié en Chine est
exclusivement du *momoirosango*; en Italie, on envoie de l'*akasango* et
du *momoirosango*. Les exportations se répartissaient ainsi en 1902 :

Italie	K.	16.367	F.	1.476.600
Chine		1.748		576.160
Hong-Kong		1.179		126 750
Grande-Bretagne		0,9		825
Corée		0,9		825

Taille du corail. — Le corail brut doit subir dans des ateliers
spéciaux une première préparation, qui permettra de l'utiliser en
joaillerie. Les Italiens ont toujours manifesté pour le travail du corail,
comme pour sa pêche, beaucoup de dispositions. A Trapani, où semblent avoir été les plus anciens ateliers, il y en avait trente-deux en
1500 ; au XVIIIᵉ siècle, des fabriques furent fondées à Gênes, Livourne
et Torre del Greco, et c'est encore dans ces villes que l'on en trouve.
Marseille s'efforça à diverses reprises d'introduire chez elle ce travail :
au XIVᵉ siècle, Julien de Casaulx avait des ateliers où il le faisait pratiquer ; au XVIIᵉ siècle, tout le corail des concessions d'Afrique apporté
à Marseille y était travaillé dans des manufactures qui étaient une
des curiosités de la ville ; au XVIIIᵉ siècle, l'industrie du corail
disparut de Marseille pour passer entièrement en Italie. En 1780,
Miraillet et Rémusat rétablirent une fabrique qui était en pleine
prospérité au moment de la Révolution. A cette époque l'industrie se
dissémina et devint peu florissante ; elle se releva un peu sous la
Restauration et se maintint dans un état assez précaire pendant une
grande partie du XIXᵉ siècle ; mais le nombre des fabriques diminuait
constamment et la dernière disparut en 1875, de sorte que la taille du
corail se fait aujourd'hui entièrement en Italie.

Le corail brut arrivé à l'atelier est soumis à un triage soigné ;
les branches jaunes et noires pouvant être recolorées par l'eau
oxygénée sont traitées par une solution préparée à Paris ; les autres
sont mises au rebut et servent à construire des terrasses. Les branches sont alors séparées suivant leur grosseur, soit qu'on veuille les
polir entières, soit qu'on les débite en perles.

Dans ce dernier cas, le plus fréquent, les branches sont d'abord
polies à la lime et incisées, également à la lime, en parties égales, à la

longueur des perles ; la division s'achève avec une pince. Ces fragments sont alors groupés par grosseur à l'aide d'un crible. Ils sont ensuite perforés au moyen d'une aiguille plate fixée à un manche de bois ; on appuie cette aiguille sur le morceau de corail maintenu solidement dans une pièce de bois fendue et on la fait tourner rapidement au moyen d'un petit arc en corde de fil.

Les morceaux ainsi percés sont réunis par des fils d'acier et étendus sur une table, pour être polis à l'aide d'une meule de la longueur du fil. Cette opération leur donne à tous à peu près la même grosseur. Puis les morceaux sont polis individuellement au moyen d'une meule tournant dans l'eau ; on les tient à la pointe d'une aiguille fixée à un manche de bois. On peut par ce moyen leur donner la forme voulue : ronde, oblongue, aplatie, à facettes, etc.

Pour achever le polissage, on met toutes ces perles avec de l'eau et de la pierre ponce, dans des barils de métal qu'on soumet à un mouvement de rotation de 30 à 60 tours à la minute pendant dix à douze heures. On fait alors couler de l'eau propre qui entraîne la pierre ponce pulvérisée et on remplace cette matière par de la poudre de corne de cerf ; on recommence la rotation et les perles deviennent enfin belles et polies. On les trie avec des cribles, on les assortit suivant leur qualité et leur couleur et on les passe à un fil pour en faire des lots.

Les petites branches auxquelles on conserve leur forme sont d'abord polies en partie dans un baril, puis le travail s'achève à la main, avec une brosse trempée dans de la poudre de corne de cerf.

Ces travaux sont exécutés principalement par des femmes et des jeunes filles ; les hommes sont surtout employés pour le polissage et pour sectionner les branches. Certains travaux, comme la perforation des morceaux, peuvent se faire à domicile ; les autres se font dans des usines bien aménagées, employant des centaines d'ouvriers.

Emploi et commerce du corail taillé. — Le corail ainsi préparé est mis en vente ; une partie est achetée par les bijoutiers italiens qui, dans certaines villes, Naples par exemple, se sont fait une spécialité de la vente des bijoux en corail. La plus grande quantité est exportée et chaque pays a ses exigences, que le négociant doit connaître et satisfaire. Les perles pâles et rondes se vendent dans l'Europe occidentale, les plus sombres en Afrique et dans l'Inde. L'Inde demande surtout des perles oblongues à bords ronds et des morceaux de rebut très gros provenant des racines ; l'Afrique recherche les perles oblongues à bords plats et de gros morceaux qui servent d'ornements aux indigènes ; la Russie achète des perles plus courtes et des fragments ; la Bosnie, des morceaux courts et irréguliers ; l'Espagne, des perles oblongues à facettes ; la Chine, de grandes perles claires ; la Turquie importe le choix le plus inférieur, de petits morceaux enfilés à un fil de coton, sortes de chapelets que les pèlerins rapportent de la Mecque.

La brillante couleur, la dureté et l'inaltérabilité du corail l'on fait apprécier de tout temps comme un ornement ; sa rareté relative en a fait une substance précieuse et, comme toutes les matières de prix, il a ainsi acquis une valeur, souvent devenue la principale cause qui le fait rechercher. Dans les pays un peu primitifs on l'emploie souvent en longs chapelets de bâtonnets ou de perles, ou simplement en gros morceaux dont le volume est plus apprécié que la perfection du poli ou de la monture. On peut voir sur les riches armures et les précieux bijoux arabes, de gros blocs irréguliers de corail, mal taillés, mal polis, mal sertis, qui, il faut l'avouer, ne produisent guère plus d'effet esthétique que de la cire à cacheter.

Le goût des nations occidentales d'Europe tend, au contraire, de plus en plus, à estimer surtout le corail, comme d'ailleurs beaucoup de pierres précieuses, pour les effets heureux que l'on peut en tirer en joaillerie ; la sculpture fine sur corail, la fabrication de sortes de camées était autrefois assez répandue et n'est pas abandonnée ; les Italiens se livrent volontiers à ce travail, mais l'exécution manque de finesse et souvent de goût. Cette sculpture est moins appréciée actuellement qu'une simple taille, dont la perfection se joint à celle de la monture et de l'association dans les bijoux pour produire une impression véritablement artistique. Dans ce travail où le goût est le facteur principal, où la mode, qu'elle dirige, a une si grande influence, la France a un rang prépondérant et Paris est le lieu d'utilisation définitive du plus beau corail travaillé d'abord en Italie.

Comme pour tous les produits de luxe, l'usage du corail est grandement influencé par la mode ; celle-ci est surtout capricieuse dans les pays de civilisation européenne ; le corail, après avoir été autrefois très estimé, a passé par une période de complète défaveur ; mais pendant ces dernières années, à la suite surtout de l'Exposition de 1900, il a reconquis une vogue extraordinaire.

La qualité et la nuance en faveur sont aussi variables : le corail rose était le plus coté avant la Révolution ; sous l'Empire et la Restauration, le rouge était le plus estimé ; c'est actuellement le rose, même à peine teinté, surtout les qualités de provenance japonaise, que l'on demande le plus ; sa semi-translucidité laiteuse en fait une matière incomparable. Le corail tout à fait blanc est lui-même actuellement en grande faveur.

Pour les nations moins influencées par les goûts européens, la mode change moins vite, sans être cependant exempte de variations.

Le corail noir est employé surtout pour les bijoux de deuil, où il sert aux mêmes usages que le jais.

La vogue du corail a été aussi affectée par la fabrication de faux corail ; parmi les divers produits employés pour imiter le corail, on peut citer : la poudre de marbre agglomérée avec du cinabre et une huile siccative ; le sulfate de chaux avec de l'orseille et de l'huile siccative ; comme contrefaçons grossières, la cire à cacheter, le celluloïd, le verre, etc. Pendant quelques années, surtout de 1889 à 1897, l'Allemagne a déversé sur les marchés européens de grandes quantités de corail artificiel. Cette inondation a coïncidé avec une grande baisse de prix ; mais elle ne devait pas en être la seule cause, car l'imitation des matières précieuses ne nuit pas considérablement à leur commerce, les connaisseurs discernant vite le vrai du faux. Même chez les peuplades primitives, l'infiltration du corail artificiel est lente et elles offrent plus de résistance qu'on ne croirait à cette substitution.

Conditions économiques de la pêche, de l'industrie et du commerce du corail — La production de la pêche, d'une part, et, d'autre part, la demande sur le marché des objets en corail sont deux éléments extrêmement variables, sans rapport nécessaire entre eux et qui, suivant la concordance de leurs degrés divers d'intensité, doivent avoir l'un sur l'autre une répercussion financière considérable ; entre ces deux extrêmes, l'industrie de la taille, avec le grand nombre d'ouvriers qu'elle nourrit, aurait besoin de régularité dans son travail et d'équilibre économique.

On ne peut guère établir le prix du corail : non seulement il oscille avec la mode, mais il est éminemment variable avec les qualités considérées : le corail rouge de la Méditerranée peut aller de 2 à 200 francs le kilogramme : le corail pourri se vend 15 à 20 francs le quintal; le corail noir 12 à 15 francs le kilogramme; le corail en caisses 45 à 70 francs ; le corail de choix, 100 à 400 francs ; le *momoirosango*, de 30 à 3.000 francs ; l'*akasango*, de 3 à 500 francs ; le *shirosango*, de 3 à 20 francs.

Sur le marché européen, les conditions économiques ont été troublées surtout depuis 25 ans. Avant 1880, malgré les oscillations de la mode, la quantité recueillie était faible, la qualité généralement bonne et le prix d'achat rémunérateur. Cette année-là, la découverte du grand banc de Sciacca jeta sur le marché une quantité extraordinaire de corail ; la valeur de la pêche atteignit 3 millions de francs. Ce corail, nous l'avons vu, était de mauvaise qualité, en petits morceaux. Il y eut alors une baisse incroyable des prix : ce qui était vendu autrefois 25 francs le kilogramme n'en valut plus que 4, 3 et 2. Tous les coraux d'autres provenances subirent une baisse. En même temps arrivaient du Japon des quantités déjà notables de corail de belle qualité et l'envahissement par la camelotte allemande commençait. La production excéda beaucoup la consommation ; un stock considérable de corail brut s'accumula et augmenta en 1881 et 1882, de sorte que la récolte devint à peu près invendable. En présence de cette baisse et pour augmenter leurs bénéfices, les pêcheurs se mirent à tailler eux-mêmes le corail et à le vendre déjà façonné ; travaillant chez eux, avec leurs femmes et leurs enfants, ils n'eurent pas à tenir compte de la main-d'œuvre et purent vendre à vil prix ; aussi le corail taillé subit-il également une baisse de 60 o/o. Les fabricants, obligés de payer leur main-d'œuvre, se trouvèrent très désavantagés et il résulta de tout cet ensemble de circonstances une crise où beaucoup de personnes trouvèrent la ruine. Avec cette époque coïncida le commencement de la défaveur du corail en Europe.

C'est sur la demande des industriels, et pour protéger leur industrie, en même temps que pour empêcher la destruction des bancs, que le Gouvernement italien fut amené à interdire la pêche à Sciacca. L'armement en reçut un coup funeste et les corallines, malgré la diminution de leur nombre, ne couvrirent pas leurs frais.

La réexploitation des bancs donna un regain d'activité à la pêche, mais la vente restait très difficile : en Europe, la mode se détournait toujours ; aux Indes, il y avait encore, en 1894, des stocks considérables de corail travaillé, représentant plusieurs centaines de mille francs, qui ne pouvaient se vendre, malgré la réduction des prix ; le

Japon importait de moins en moins, suivant une marche régulièrement descendante ; le Soudan et l'Abyssinie demandaient moins qu'autrefois ; en sorte que les affaires des fabricants continuaient à aller mal.

Ces conditions fâcheuses se répercutaient sur l'armement, qui ne réalisait pas de bénéfices, et sur les pêcheurs qui devaient se contenter de salaires de famine, hors de proportion avec leurs fatigues. En effet, en 1895, 179 barques prirent 373.420 kilogrammes, vendus 1 million 273.988 francs, c'est-à-dire environ 3 fr. 40 le kilogramme ; ce qui représentait 7.117 francs par barque, alors que nous avons estimé les frais à 9.000 francs. L'année suivante, il y eut 54 corallines de moins, et le produit tomba à 298.562 kilogrammes, valant 1.013.700 francs, c'est-à-dire un prix analogue; il revenait à chaque bateau 6.300 francs, ce qui était encore moins rémunérateur.

En 1899, les ventes devinrent plus actives en Pologne et dans les Indes ; les prix étaient montés entre 4 fr. 50 et 6 francs. Le marché redevint cependant lourd, la Pologne demandant peu à cause des droits établis par la Russie, l'Inde à cause de la peste, la Chine à cause des troubles, le Japon à cause de sa grande production. Aussi, après la campagne de 1900, la récolte était entièrement invendue et la plus grande partie passa l'hiver dans les magasins de Torre del Greco. On chercha à réduire les frais des campagnes suivantes en les faisant plus courtes. A ce moment, la mode revenait au corail : le japonais de qualité supérieure atteignait des prix fabuleux et celui de la Méditerranée montrait une tendance ascendante qui continua l'année suivante; celui de Sicile, vendu 6 fr. 80 en 1901, valut 8 fr. 60 en 1902 et 10 fr. 30 en 1903, prix rémunérateur pour l'armement, comme on peut en juger par les chiffres suivants :

Année	Produit	Vente	Frais	Bénéfices
1901.........	265.553	1.797.721	1.082.562	715.159
1902.........	225 000	1.940.400	1.447.800	492.600
1903.........	220.000	2.268.000	1.722.000	546.000

Ainsi donc, en l'état actuel, la pêche du corail produit un bénéfice, mais ce bénéfice est minime et on peut le trouver faible vis-à-vis des risques courus par l'armateur.

Au Japon, la pêche du corail est également une industrie assez précaire : le prix de la récolte d'un bateau, pour être rémunérateur doit monter à 3.000 francs ; or, un cinquième seulement des bateaux atteint ce chiffre ; les autres perdent donc ; mais comme la pêche de quelques uns dépasse 4.000 francs, c'est un attrait pour un grand nombre de pêcheurs.

En raison des hasards de la prise, la pêche du corail est une sorte de jeu de loterie, où beaucoup prennent un billet qui ne leur rapportera qu'insuffisamment. On comprend aisément que certaines races aient peu de goût pour une entreprise aussi risquée. Pour assurer plus de sécurité, il faudrait arriver à établir une compensation, une moyenne entre les productions des différents bateaux, soit en syndiquant les pêcheurs, soit en restreignant le nombre des armateurs.

En tous cas, nous voyons que, malgré la valeur du corail, sa pêche n'est pas une entreprise très tentante, ni par sa sécurité, ni par son rendement possible. Il y aurait évidemment grand intérêt à pouvoir mieux utiliser cette richesse de certains pays ; mais le problème ne se réduit pas à une simple question de pêche ; si cette dernière doit être protégée, il faut songer aussi que ses intérêts ne sont pas toujours solidaires de ceux de l'industrie et que la vente dépend de facteurs capricieux, sur lesquels on n'a aucun moyen d'action.

ÉPONGES

Anatomie. — L'éponge, telle que nous la fournit le commerce, est le squelette corné d'un animal appartenant à l'embranchement des *Spongiaires*.

À l'état vivant ce squelette est noyé dans une masse de matière vivante, sorte de gelée liquide dans laquelle se trouvent de petits éléments appelés *cellules*, et que parcourt en tous sens un système de canaux. C'est cette substance qui s'écoule quand on sectionne une éponge de toilette vivante : elle est rendue blanche et opaque par les cellules qu'elle renferme, aussi en certains endroits les pêcheurs l'appellent-ils *lait d'éponge*.

On pourra consulter à ce sujet : O. Schmidt, *Die Spongien des adriatischen Meeres*. Leipzig, 1862, et Suppléments. — Hyatt. *Revision of the North-American Porifera*, 1877. — Em. von Marenzeller. Die Aufzucht des Badeschwammes aus Theilstücken. *Verh. d. K.K. Zool. botan. Gesellsch. in Wien*, 1878. — F. E. Schulze. Die Familie der Spongidæ. *Zeitschr. wiss. Zool.*, t. xxxii, 1879. — R. Rathbun. The Sponge fishery and trade. *The Fisheries and Fishery Industries of the U. S.* Sect. V, t. ii, 1887. — R. v. Lendenfeld. *A monograph of the horny sponges.* London, 1889. — C. Keller. Die Spongienfauna des rothen Meeres. *Zeitschr. wiss. Zool.*, t. xlviii, 1889. — Z. L. Tanner. Report on the work of the U. S. fish commission steamer Albatross. *U. S. Commission of fish and fisheries. Commissionner's report*, part XIV, 1886 (1889). — P. R. Masse. La pêche des éponges et leur commerce. *Bull. Ch. Comm. Fr. Constantinople*, t. vi, 1892. — Même *Bulletin, passim*. — M. Graëlls. L'exploitation des éponges à Batabano (Cuba). *Rev. Sc. nat. appl.*, t. i, 1894. — E. J. Allen. Supplement to Report on the Sponge Fishery of Florida and the artificial Culture of Sponges. *Journ. Mar. Biol. Assoc.* (N. S.), t. iv, 1896. — J. J. Brice. The fish and fisheries of the coastal waters of Florida. *U. S. Comm. fish and fish. Report of the Commissionner for 1896* (1898). — J. Godefroy. L'état actuel de l'industrie des éponges *Rev. Gén. Sc.*, t. ix, 1898. — E. Perrier et Alph. Falco. *Rapp. Jur. Expos. Univ. 1900;* Groupe IX, Classe 53. — G. Weil. La pêche des éponges. *Congr. internat. aquic. et pêche.* Paris, 1900. — P. Gourret. La pêche et l'industrie des éponges. *Congr. int. aquic. et pêche.* Paris, 1900. — E. Whitelegge. Records on Sponges from the coastal beaches of N. S. W. *Rec. Austral. Mus.*, t. iv, 1901. — L. G Seurat. L'éponge. *Bull. Soc. Nat. Acclim.*, t. xlviii, 1901. — Ch. Flegel. Les pêcheurs d'éponges de la Méditerranée. *Bull. Soc. khédiv. Géogr.*, 1902. — Etc.

Dans les canaux chemine l'eau de mer : entrée par les *pores*, elle passe dans les *canaux inhalants*, et de là dans les *corbeilles vibratiles* ou *chambres flagellées*. Celles-ci constituent le centre moteur qui met l'eau en mouvement ; elles sont tapissées par des *cellules flagellées* ou *choanocytes*, munies d'une mince collerette et, au centre de celle-ci, d'un long filament ou *flagellum* animé de battements énergiques en coup de fouet. Poussée par les *flagella*, l'eau va dans le système des *canaux exhalants*, et ainsi se trouve assurée la circulation des liquides dans l'intérieur de l'éponge. Les canaux exhalants aboutissent à une cavité plus large, qui a reçu les noms de *cavité atriale* et d'*atrium* et qui se termine par une ouverture, l'*oscule*.

La masse du corps parcourue par ces canaux est le *choanosome*; au-dessus de lui, et relié à lui de place en place par les *trabécules*, s'étend une sorte de voile ou *ectosome*, qui recouvre la *cavité hypodermique* et qui est perforé par les *stomions*, donnant accès dans celle-ci.

Une complication nouvelle se produit chez les *Hippospongia*, qui fournissent plusieurs sortes commerciales. Ces éponges sont formées par des lamelles, ayant chacune la valeur d'une éponge complète, avec ectosome, cavité hypodermique et choanosome ; seulement ces lamelles se plient de manières diverses, s'enchevêtrent et s'anastomosent en réseau, tout en laissant entre elles des espaces libres. Supposons le cas d'une éponge lamelleuse en forme de coupe, telle que l'*oreille d'éléphant* (*Euspongia officinalis lamella* Schulze) dont nous serrerions entre les mains l'ouverture, de manière à la rétrécir fortement et à en faire plisser les bords, supposons également que les plis obtenus se soudent l'un à l'autre par leur partie convexe, nous réaliserions la disposition indiquée ci-dessus. Bien que situés à l'intérieur de la masse à laquelle nous donnons le nom d'éponge, les espaces dont nous venons de parler sont cependant extérieurs aux tissus de celle-ci, puisqu'ils sont situés entre les lamelles : on leur donne le nom de *vestibules* ou d'*espaces vestibulaires*. Ils peuvent recevoir, d'une manière indifférente, les oscules et les stomions des lamelles (exemple : *Hipposp. equina* Schulze), ou bien les stomions seulement (*H. canaliculata* Lend.), ou encore n'être en communication qu'avec les oscules (*H. aphroditella* Lend.). Dans ce dernier cas le vestibule continue le système exhalant et ses ouvertures sont des *préoscules*; dans le cas d'*H. canaliculata* le vestibule est comme une annexe du système inhalant et chacune de ses ouvertures est un *pseudoscule*.

Le squelette est formé de fibres élastiques, disposées en réseau. On distingue les fibres *principales*, qui sont perpendiculaires à la surface de l'éponge et qui, sur l'animal vivant, soulèvent l'ectosome de manière à former les *conules* qui le hérissent. Ces fibres principales sont reliées entre elles par les fibres *connectives*, fréquemment anastomosées entre elles. Chez les espèces qui fournissent les qualités

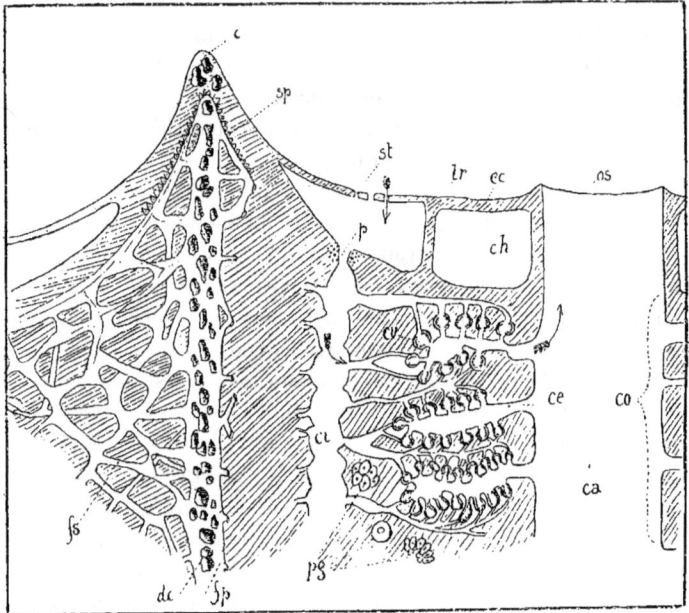

Fig. 7. — Coupe schématique du corps d'une éponge.

c Conule, *ca* Cavité atriale, *ce* Canal exhalant, *ch* Cavité hypodermique, *ci* Canal inhalant, *co* Choanosome, *cv* Corbeille vibratile, *dc* Débris de corps étrangers, *ec* Ectosome, *fp* Fibre primaire, *fs* Fibre secondaire, *os* Oscule, *p* Pore, *pg* Produits génitaux, *sp* Spongoblaste, *st* Stomion, *tr* Trabécule.

commerciales l'ensemble de ce réseau est souple et élastique, de plus l'eau est maintenue par capillarité à l'intérieur de ses mailles. C'est ce qui permet à l'éponge d'avoir ses multiples usages économiques. Chez d'autres espèces de Spongiaires les fibres sont remplacées par de petits corps solides (*spicules*), à base de silice ou de carbonate de chaux.

La substance dont est formé le squelette des éponges du commerce est appelée *spongine* ; sa constitution chimique la rapproche de la fibroïne de la soie. Elle est sécrétée par des cellules spéciales qui entourent les fibres, les *spongoblastes*; celles-ci déposent successivement des couches nouvelles de spongine, et c'est ainsi que la fibre s'accroît graduellement en épaisseur. La partie centrale des fibres est généralement de consistance moins ferme et est appelée *moelle*. Aux nœuds du réseau les moelles des diverses fibres communiquent entre elles, sauf quand il existe des fibres connectives plus jeunes, de formation plus récente, qui réunissent des fibres d'âge plus ancien.

Au centre des fibres principales se trouvent presque toujours des corps étrangers, grains de sable, spicules divers, etc., qui après leur chute accidentelle sur l'éponge ont été englobés, sans doute au niveau des conules, et ont été enveloppés par les jeunes couches de spongine qui se déposent à l'extrémité de la fibre primaire, au point où celle-ci est en voie d'accroissement dans le sens de la longueur. Des espèces qui ne sont pas utilisées par l'homme, comme les *Spongelia*, accumulent aussi des débris à l'intérieur des fibres secondaires. Par contre les sortes les plus recherchées, telles que l'éponge fine du Levant, ont leurs fibres primaires presque pures de corps étrangers ; chez les autres les débris inclus sont de plus en plus nombreux et envahissent graduellement les couches externes de leurs fibres, à mesure que diminue leur valeur commerciale. Quelques espèces, peu intéressantes pour nous, ont leurs fibres entièrement privées de corps étrangers.

Lendenfeld fait remarquer (1) que chez les variétés souples d'*Euspongia officinalis* Schulze (notamment var. *adriatica*) et chez *Eusp. zimocca* Schulze, les fibres secondaires font des courbes gracieuses et, en se soudant aux fibres voisines, les font peu dévier de leur course ; de plus ces fibres sont d'une ténuité remarquablement uniforme et leur réseau donne l'impression d'une grande régularité et d'une grande souplesse. Chez les espèces dures les fibres secondaires sont droites et de dimensions fort variables, et les angles qui existent aux

---

(1) Peut-être l'auteur ne tient-il pas assez compte des différences qui peuvent exister dans les qualités de la spongine et qui, à elles seules, peuvent faire varier la souplesse des squelettes d'éponges.

nœuds du réseau sont proportionnels aux diamètres des fibres qui s'y réunissent ; le réseau est irrégulier.

Après qu'il a été dépouillé de la matière vivante, le squelette a une coloration qui varie du jaune clair au brun foncé. Parfois (*Hip. equina elastica*) il est l'objet d'une altération particulière ; par places de fines granulations brun rouge se forment à la périphérie des fibres, donnant une coloration rouge à la partie du squelette qui est ainsi altérée.

La teinte des éponges vivantes est généralement comprise dans la gamme des bruns foncés à nuances plus ou moins chaudes, tirant parfois sur les tons mats et noirs. Les régions supérieures sont ordinairement colorées d'une manière bien plus intense que la zone inférieure ; faut-il y voir une action de la lumière, qui serait alors un facteur de première importance dans la coloration des éponges ? La zone colorée qui entoure ces éponges a une épaisseur très faible, un millimètre environ ; l'intérieur des tissus a une teinte jaunâtre très claire, rougeâtre parfois quand il y a altération.

Dans l'intérieur de la matière gélatineuse qui constitue la substance fondamentale du corps se développent les œufs, qui donnent ensuite naissance à des larves, souvent peut-être sans fécondation. Les œufs sont isolés ou au contraire réunis en amas, comme chez *Hip. equina* Schulze. Au moment de leur maturité les larves sont ovoïdes et recouvertes de cils vibratiles, à battements synergiques, qui leur permettent de se déplacer dans l'eau de mer. Celles d'*Eusp. off. adriatica* Schulze sont aplaties à un pôle, leur longueur est de $0^m/^m$ 4 et leur largeur de $0^m/^m$ 35.

Après un certain temps passé en liberté, quelques heures en général, parfois sans doute après quelques jours, la larve se fixe (1). Les cils vibratiles disparaissent : elle subit des métamorphoses internes très profondes et s'aplatit en une mince lame. A la surface de celle-ci se creusent des stomions, un oscule, et la jeune éponge n'a plus qu'à augmenter en hauteur et en largeur pour acquérir son aspect normal. A mesure que se produit son accroissement dans le

---

(1) Nous avons pu conserver agiles, dans des cristallisoirs, des larves de *Reniera simulans* Johnston pendant huit jours et même une fois pendant dix jours. Nous avons mesuré la vitesse de déplacement de certaines larves ; la moyenne de 13 mensurations a été de 4 millimètres en 2,4 secondes, soit 100 millimètres à la minute.

sens latéral de nouveaux oscules se forment, aussi une éponge adulte est-elle pourvue à peu près toujours d'un nombre d'oscules assez élevé.

L'époque de la maturité sexuelle des Spongiaires qui nous occupent ici n'est pas encore suffisamment connue, malgré l'extrême facilité avec laquelle peuvent être faites les observations à ce sujet. Les hypothèses émises sur ce point n'ont aucun intérêt, car elles ne reposent pas sur les bases scientifiques nécessaires. Lamiral (1861) suppose que les larves des éponges du Levant sont émises en avril et mai, et (1862) à la fin juin et au début de juillet ; Graells cite l'opinion des Batabanois, d'après laquelle l'éponge se reproduirait à Cuba toute l'année sans interruption, et Pic admet que le printemps est la période d'activité sexuelle pour la Tunisie, tandis que Servonnet et Lafitte parlent de l'hiver pour la même région.

A Naples O. Schmidt a constaté chez *Hip. equina* la présence de nombreux amas d'œufs, dont les embryons doivent être mis en liberté en mars et avril, peut-être plus tard ; il n'a pas pu en suivre l'évolution. Schulze a observé des éponges (*Eusp. off. adriatica*) prélevées à Lésina toutes les semaines d'avril à juin, moins souvent le reste de l'année ; pour lui la maturité sexuelle est indépendante de l'époque de l'année. Il n'a pas rencontré d'œufs ni de larves en juillet, août et décembre, sans doute à cause du trop petit nombre d'exemplaires examinés par lui pendant ces trois mois. En moyenne sur quatre fragments un seul possédait des produits sexuels ; ceux-ci sont groupés par amas de 10 à 30. Schulze n'a trouvé qu'une fois une éponge mâle renfermant des groupes de spermatozoïdes ; ils étaient irrégulièrement disséminés dans les tissus. A Naples Lo Bianco a signalé chez *Eusp. officinalis* (var. ?) l'émission des larves en juillet, et chez *Eusp. off.* var. *adriatica* de nombreuses larves en octobre et novembre. Perrier n'a pas trouvé d'œufs en hiver dans des éponges de Sfax, où les éléments génitaux semblent se développer en avril seulement. Nous avons commencé sur des éponges de même provenance des études qui ne sont pas encore terminées.

Chacune des observations parcellaires qui précèdent n'a de valeur que pour l'espèce (et la variété) qui a été étudiée et pour la région qui a fourni les éponges examinées ; l'époque d'émission des larves varie beaucoup d'une espèce d'éponge à une autre et dans les diverses localités. C'est ainsi, par exemple, que *Cliona celata* Grant possède des œufs et des larves en mars et avril sur les côtes d'Ecosse, d'après

Grant, dans la Manche à partir de septembre, d'après Topsent ; à
Banyuls, elle ne renferme pas d'éléments reproducteurs, d'après ce
dernier auteur, d'octobre à mars. *Reniera simulans* Johnston est donnée
par Topsent comme émettant des larves en juillet-août dans la
Manche ; à Marseille des embryons existent dès le mois de mai et nous
avons même trouvé un ovule le 15 mars, et d'autre part la sortie des
larves dure jusqu'en novembre.

Biologie. — On sait depuis longtemps que les éponges possèdent
une certaine sensibilité. D'après ce qu'Aristote nous apprend (1),
« l'éponge a la faculté de sentir ; et l'on cite en preuve que quand elle
sent qu'on va l'arracher de sa place, elle se contracte ; ce qui rend
difficile de la détacher. Elle en fait encore autant quand le vent est
violent et que les vagues clapotent, afin de n'être point emportée. Il y
a d'ailleurs bien des gens qui contestent le fait, par exemple ceux de
Torone ». Le traducteur a éprouvé le besoin de faire des réserves au
sujet de ce passage, car il ignorait si les faits auxquels fait allusion
Aristote sont exacts. La science moderne est venue donner en partie
raison à l'auteur grec et reconnaître que, si les assertions d'Aristote
sont empreintes d'exagération, les tissus des éponges ne permettent
pas moins l'exécution de mouvements parfaitement appréciables.
Cette sensibilité est fort variable suivant les espèces, et Aristote fait
remarquer que le genre d'éponges auquel on s'accorde généralement
à accorder de la sensibilité est celui qu'il appelle *Aplusie* et dont le
squelette ne peut pas être préparé par les procédés habituels.

Il est un fait digne d'intérêt, c'est que les éponges commerciales,
comme les autres d'ailleurs, vivent fixées sur des corps solides et ne
vivent que fixées. Il n'est pas indispensable que le support sur lequel
elles poussent soit immobile : c'est ainsi que dans les expériences de
spongiculture les éponges se sont parfaitement développées sur des
appareils auxquels les courants et les vagues imprimaient des déplacements d'une certaine amplitude. Mais le support est nécessaire ; il
varie suivant les fonds : rochers quand il en existe, rhizomes et tiges
de posidonies dans les fonds d'algues, coquilles un peu partout. Dans
la région sfaxienne, où les prairies de posidonies sont très vastes et
très exploitées par les pêcheurs, on relève souvent des éponges qui

(1) Livre V, chap. XIV, § 4 ; traduction Barthélemy Saint-Hilaire, t. II. Paris, 1883.

ont primitivement poussé sur une coquille de lamellibranche de quelques centimètres de diamètre ; c'était là un support suffisant pour la jeune larve qui venait y subir sa métamorphose. Puis, le développement du zooophyte ayant continué, celui-ci a englobé des rameaux de de posidonies voisins ; il s'est ainsi trouvé fixé d'une manière secondaire, ce qui a suppléé avec efficacité à l'insuffisance du point d'appui primitif. Il est probable que l'éponge est comparable à ces végétaux qui ne supportent pas aisément d'être souvent déplacés et de retrouver en un lieu nouveau une humidité, une ventilation, un éclairement inaccoutumés. De plus une éponge non fixée serait ballottée par les courants, par les coups de mer, et à certains moments serait amenée à reposer sur sa face supérieure, où se trouvent généralement les oscules. De là gêne énorme dans la circulation de l'eau intérieure, suivie chez les espèces délicates d'une asphyxie certainement rapide.

Ces considérations n'ont pas seulement un intérêt théorique ; elles trouvent leur application en spongiculture, et elles nous apprennent qu'il faudra faire fixer sur des corps solides les fragments d'éponges que l'on se propose d'amener à la taille marchande. Les observations de Buccich ont bien montré qu'on peut obtenir quelques résultats favorables en jetant simplement à la mer des éponges coupées en morceaux ; mais un ensemble heureux de circonstances est nécessaire pour cela. Il faut que le fragment, en arrivant au fond, rencontre un corps sur lequel il puisse adhérer et ne repose pas, par exemple, sur des thalles d'algues ; il faut qu'il touche le fond par une des sections qui viennent d'être faites, de manière à pouvoir se fixer rapidement, et enfin que la mer fasse trêve pendant un temps suffisant pour que l'adhérence soit obtenue. Une autre déduction est aussi à tirer de ce qui précède, c'est que toute éponge détachée de son support ne tarde pas à mourir si elle n'est pas à nouveau l'objet d'une prompte fixation. Or dans la région que draguent les ganvaves tout est arraché du fond indistinctement, et si les mailles du filet laissent échapper un certain nombre de petites éponges, celles-ci ne sont pas moins regardées comme étant irrémédiablement perdues. Nous aurons à voir plus loin que cette opinion, pratiquement vraie, est erronée au point de vue scientifique, et que certains des individus arrachés par la tige de fer de la gangave peuvent recommencer une vie nouvelle.

On n'a pas beaucoup de renseignements sur la rapidité de la croissance des éponges, ou plutôt les renseignements que l'on a devraient être regardés comme des plus contradictoires; il est vrai qu'ils concernent bien souvent des espèces différentes et ne dérivent généralement pas d'observations scientifiques sérieusement conduites.

A Rhodes, d'après M. Masse, l'éponge de toilette atteindrait sa taille moyenne en trois ou quatre ans. Les pêcheurs qui opèrent sur les côtes de la Tunisie admettent qu'une éponge (*Hip. equina*) acquiert rapidement une bonne valeur marchande et peut être pêchée au bout d'un an ; en montrant des exemplaires de taille avantageuse ils n'hésitent pas à dire que ce sont des individus de deux ans, de trois ans, etc. Servonnet et Lafitte, se faisant l'écho de ce qui se répète dans le golfe de Gabès, déclarent qu'une éponge née en février est entièrement développée en juin-juillet. D'autre part les négociants en éponges de Sfax, dans l'exposé des considérants des vœux exprimés à la Résidence en 1897, font remarquer qu'un banc appauvri par une pêche excessive n'est fréquenté par les pêcheurs qu'après plusieurs années de repos. C'est ainsi que les bancs de Zuara et de Faroua, situés près de la frontière tripolitaine et en partie épuisés, ont été abandonnés pendant trois ans et que les pêcheurs ont alors pu y faire des récoltes fructueuses. Faurot nous apprend que là où la gangave a passé les éponges ne réapparaissent qu'après trois ou quatre ans. Pour Hennique il faut quatre ans pour qu'une éponge arrachée repousse à une grosseur convenable.

En Floride on admet qu'un maximum d'une année est suffisant pour que soit atteinte la taille commerciale de la *velvet sponge* (1), alors que la *sheepswool* et la *glove* auraient une croissance plus rapide encore. Pour la *sheepswool* les expériences et les observations de Sawyer lui ont fait croire que cette espèce peut, en partant de la larve, atteindre un poids de 45 grammes en six mois. D'autres personnes pensent qu'il suffirait de quatre mois et même de trois mois (à Nassau, d'après Nye). Pour Arapian dans certaines localités le complet développement demanderait six mois, dans d'autres quatre seulement. Dans tous les cas l'avis unanime des pêcheurs américains serait que des bancs dévastés peuvent au bout de douze mois donner encore beaucoup d'individus commerciaux. Aussi les pêcheurs de Nassau supposent-ils que leurs bancs ne pourront jamais être ruinés, la rapidité de croissance de l'éponge faisant combler immédiatement

(1) Voir pages 232 et suivantes.

les vides faits par la pêche. Il est assez étrange de comparer ces assertions à d'autres qui ne concordent pas du tout avec elles, par exemple à celle de Brice disant que la *sheepswool* se raréfie très vite et qu'il faut la pêcher à des profondeurs de plus en plus grandes.

En Méditerranée les recherches scientifiques sur la croissance des éponges ne sont pas très nombreuses. D'après Bouchon-Brandely et Berthoule un scaphandrier aurait compté sur une roche des environs de Benghazi, au mois de juin, 57 petites éponges, grosses de quelques centimètres seulement ; un an plus tard, sur le même point, il retrouva à peu près le même nombre d'individus, mais ayant un diamètre de 10 centimètres. Ceci prouverait qu'il faut plusieurs années pour que le développement soit suffisant. De ses expériences de spongiculture Schmidt conclut qu'il faut sept ans pour qu'un fragment d'éponges atteigne une taille convenable : il ne parle pas du développement d'individus non sectionnés et observés dans les conditions naturelles, à l'état spontané.

Puis viennent les expériences de l'Administration des Travaux publics de Tunisie. Trois parcs furent construits en mars 1897 à Sfax, à Kerkennah et à Djerba et on y transporta des éponges placées dans des caisses ou des gargoulettes perforées, et remorquées entre deux eaux. En septembre de la même année les éponges étaient vivantes, mais n'avaient pas grossi ; elles étaient envahies sans doute par des algues parasites, car on signala la présence à leur surface de bourgeons verts de nature indéterminée. Des essais faits la même année sur des éponges portées à Tunis et conservées en bocaux, n'ont rien pu donner. En août 1898 on a isolé à l'aide de grillages métalliques huit éponges vivantes situées sur des fonds rocheux ou de sable aux environs de Cherki (Kerkennah) ; six de ces individus se sont développés en octobre, novembre, décembre, puis leur état est resté stationnaire.

Les diverses observations faites en Méditerranée sont concordantes et tendent bien à faire admettre que l'éponge (*Hippospongia* de Tunisie, *Euspongia* de l'Adriatique) a une croissance, plus rapide peut-être que celle dont parle Schmidt, mais relativement lente cependant. C'est du reste une question qu'il est extrêmement facile d'élucider d'une manière définitive.

Un point sur lequel toutes les observations sont d'accord, c'est que l'éponge se développe d'autant plus rapidement qu'elle est dans des eaux plus aérées ; elle affectionne les régions où se trouvent des courants modérés. C'est là une remarque faite par O. Schmidt et Buccich, par Fogarty, etc. Là où le courant est convenable, il y a un apport de nourriture plus considérable dont profite l'éponge, et ses tissus s'accroissent avec plus d'activité. Il faut rapprocher de ces faits cette opinion de Bidder, que la croissance de l'éponge est plus rapide quand elle est fixée sur des objets flottants. Par contre les individus pour lesquels la croissance a été très rapide possèdent un squelette plus grossier et, ajoute-t-on parfois, une forme plus irrégulière. Le rapport entre la finesse du squelette et la lenteur du développement se retrouve plus d'une fois cité dans la littérature scientifique, et cela depuis Aristote. Ce vénérable ancêtre de la science nous apprend que « les éponges les plus douces sont celles qui se trouvent dans les eaux profondes et toujours calmes. De là vient que les éponges de l'Hellespont sont dures et épaisses, et que celles que l'on trouve au delà du cap Malée et celles que l'on trouve en deçà diffèrent par la douceur des unes et la rudesse des autres. »

Un négociant marseillais, M. Crozat (1), qui a fait une campagne d'exploration avec un scaphandrier le long des côtes de Provence, du golfe de Marseille à Saint-Tropez, nous a dit avoir fait une remarque identique. On trouverait des éponges à structure de plus en plus fine à mesure que l'on se dirigerait vers l'Est, vers des régions où les courants sont moins rapides. Déjà Keller (1891), dans un article très suggestif, avait émis l'hypothèse que l'agitation des flots est la raison mécanique qui a présidé à la formation de la spongine et à son développement graduel dans les diverses espèces d'éponges, ce qui expliquerait sa plus grande abondance chez les espèces des eaux peu profondes.

C'est ici le lieu de signaler également une remarque de Bidder (1896). D'après cet auteur on aurait trop multiplié les espèces d'éponges et un certain nombre de sortes commerciales ne seraient que des variations d'une même espèce, produites sous l'influence de conditions biologiques propres aux lieux où elles vivent. Il fait cette observation au sujet des essais d'acclimatation et de l'intention que l'on avait en Amérique, d'introduire et de multiplier l'éponge du Levant sur les fonds

(1) Nous devons à M. Crozat beaucoup de renseignements du plus haut intérêt ; nous sommes heureux de lui en témoigner ici notre reconnaissance.

de Bahamas et de la Floride. Bidder ne conseille pas des recherches dans cette voie, car pour lui les éponges de Bahamas ne sont pas des espèces ou des variétés distinctes de celles qui fournissent les éponges fines de la Méditerranée, et elles ne doivent les qualités de leurs tissus qu'au milieu dans lequel elles se développent. Une éponge méditerranéenne introduite en Amérique ne tarderait pas à y dégénérer, sous l'action des conditions nouvelles qu'elle rencontrerait, et à devenir entièrement semblable à celles qui peuplent les bancs où on l'aurait transplantée.

Lendenfeld (1896) ne croit pas que les éponges possèdent une plasticité aussi grande que l'admet Bidder, mais lui non plus n'est pas partisan des tentatives d'acclimatation, car les individus que l'on conduirait aux Antilles seraient en concurrence vitale avec les espèces, parfaitement adaptées, dont ils se trouveraient voisins, et ne seraient pas armés d'une manière suffisante, à cause de leur manque d'accoutumance aux actions extérieures contre lesquelles ils auraient à réagir.

Il est assez difficile, dans l'état actuel de nos connaissances, de se décider pour l'une de ces deux opinions, car chacune doit contenir une part de vérité, mais il est peut-être imprudent d'accepter entièrement les conclusions précédentes. L'acclimatation des éponges ne doit pas être regardée comme théoriquement imposible, a priori, avant toute expérimentation. Nous n'avons malheureusement pas beaucoup de renseignements sur ce sujet. Il existe bien une expérience de Lamiral (1), donnée par les uns comme ayant fourni quelques résultats encourageants, par les autres comme ayant abouti à un insuccès, et qui en réalité n'a prouvé qu'une chose, c'est que les recherches sur les Spongiaires ne doivent être confiées qu'à des naturalistes.

Lamiral avait proposé à la Société d'Acclimatation, dont il était membre, d'essayer l'introduction des éponges de Syrie sur la côte, du cap Cruz à Nice, autour des îles d'Hyères et de Corse, dans les eaux d'Algérie et « dans les étangs salés des départements voisins de la Méditerranée ». Soubeiran, rapporteur, conclut à la mise à exécution du projet et formula des conseils de tous points remarquables, si l'on songe qu'ils datent de plus de quarante ans. Il indiquait que les éponges devaient être maintennes immergées à l'arrière du navire qui les apporterait, assez profondément pour ne pas ressentir les chan-

(1) Voir Bull. Soc. Nat. Acclim., t. VIII - X, 1861 - 3.

gements de la température extérieure. Il fallait choisir des localités à
courant rapide (1) comme les côtes d'Afrique (parties rocheuses de la
baie de Tunis, rivage entre Cherchell et Ras-el-Amouch, cap Matifou,
entre Dellys et Bougie, iles Habibas, entrée de la baie de Djidjelli, cap
Bougaroni, cap de Fer), et pour cette raison il y avait lieu de ne pas
faire d'essais dans les lacs salés.

Ces sages observations ne furent pas suffisamment observées. Le
3 juin 1861 Lamiral emporta de Syrie 123 éponges, maintenues sur le
pont du bateau dans six caisses de 80 centimètres cubiques ; dans
celles-ci s'écoulait de l'eau de mer contenue dans des caisses situées
au-dessus et refroidie par de la glace, de manière que la température fût maintenue entre 21° et 23°. Le mois de juin avait été choisi
parce que « on peut croire que l'essaimage des larves se fait à la fin du
mois de juin et au commencement de juillet ». Quelques jours après
le départ de Syrie « l'eau des bacs s'écoule en laissant sur le pont une
matière grasse et blanche qui doit être la substance des larves. Un
parenchyme blanchâtre tapisse la paroi des caisses. La différence de
température de l'eau des bacs a fait avancer le terme de l'essaimage
des éponges... Celles-ci sont malades de leur parturition excitée avant
terme ». Puis les éponges sont immergées en rade de Toulon, à Ban-
dol, à Pomègues, à Port-Cros, ces dernières le 2 juillet seulement. La
transplantation des 123 individus est revenue à 4.993 fr. 60 ; les crédits
accordés étaient de 5.000 francs, dont mille donnés par le Gouverneur
de l'Algérie.

Ceux qui ont eu à élever des éponges en captivité, en juillet,
comprendront en quel état devaient être les syriennes apportées en
France ; ils seront surpris d'apprendre que les éponges de la rade de
Toulon étaient vivantes et s'étaient multipliées à la fin de la même
année, mais ils comprendront aisément qu'en octobre 1862 tout avait
disparu dans les diverses stations. L'expérience, ainsi conduite, ne
pouvait pas avoir un autre résultat. Aussi tenons-nous à protester
contre les légendes qui courent à ce sujet, notamment contre cette
phrase de la *Revue des sciences naturelles appliquées* (1891, page 859)
affirmant que les éponges importées par Lamiral « furent détruites
par les pêcheurs marseillais ».

En 1863 un comité d'aquiculture fut fondé à Marseille (Lucy, prési-

(1) L'auteur du rapport dirait maintenant : pas trop rapide.

dent, Derbès, Dr Sicard, Suquet, Noël, Léon Vidal, Dr Dufossé, Lamiral, Mouton) et, sur la proposition de Lamiral, son fondateur, se donna pour but la spongiculture, la culture des animaux et des végétaux qui croissent dans la mer, etc. Il n'eut qu'une existence éphémère. Le général Garibaldi, s'il faut en croire une note de son aide de camp A. Necchy, à la Société d'Acclimatation (1861), avait également songé à introduire l'éponge du Levant sur les côtes de l'île de Caprera. Il nous a été impossible d'obtenir des renseignements personnels sur la suite qui avait été donnée à ces projets ; on donne parfois les expériences de Caprera comme ayant réussi ou « à peu près réussi ». En 1863 Espina, vice-consul de France à Sousse, envisage la possibilité d'acclimater sur les côtes d'Afrique les éponges gélines et les brunes de Barbarie que l'on pêche dans le golfe de Gabès. En 1864 la Société d'Acclimatation de Nice se propose également d'introduire sur les côtes de l'île Sainte-Marguerite les éponges de Syrie. Nous ne croyons pas que cette entreprise étudiée par Salse, de Nice, et Deel, commandant du Fort Sainte-Marguerite, ait reçu un commencement d'exécution.

Au total il n'y a pas d'anciennes recherches dans cette voie capables de nous fournir la moindre indication. En Amérique des tentatives plus récentes ont été couronnées de succès. Elles étaient, il est vrai, faites sur une petite échelle et sont à ce point de vue peu démonstratives. Il ne s'agissait pas d'organiser le transport des éponges vivantes entre la Méditerranée orientale et le golfe du Mexique, transport certainement possible, mais qui demanderait de minutieuses précautions.

Les esprits qui s'intéressent à la transplantation des éponges y voient un moyen d'améliorer le rendement en qualité de bancs déjà spongifères, ou même la possibilité de transformer en champs d'éponges des fonds jusque-là stériles. Il faut compter dans ce but sur les larves qu'émettront les individus transplantés, et dont l'utile dissémination serait difficilement dirigée par l'homme ; le facteur temps apparaît comme ayant alors une valeur considérable. Même si l'on opère dans des lieux bien gardés, d'où les filets-bœufs et autres ennemis analogues seront rigoureusement écartés, on ne peut guère espérer, semble-t-il, obtenir par cette voie des résultats à brève échéance. A moins de frais énormes on ne disséminera sans doute sur les bancs qu'un nombre d'éponges relativement restreint. Pour que ce problème soit entièrement élucidé, il serait à souhaiter qu'un Mécène généreux fournisse à un laboratoire scientifique l'occasion de faire une expérience sur un nombre d'individus suffisant pour assurer un rapide ensemencement des fonds. On arriverait peut-être plus facilement au but souhaité en opérant comme dans les entreprises d'ostréiculture et de mytiliculture, en recevant sur des collecteurs appropriés les larves émises en lieux clos par des éponges en état de maturité sexuelle et en disposant dans des parcs les jeunes éponges ainsi obtenues. Il ne faut pas se dissimuler toutefois que ce serait là une tentative pleine de difficultés.

La multiplication des éponges par fragmentation, qui fournit des résultats d'une évidence plus immédiate, a fait l'objet de recherches plus suivies. On sait depuis longtemps que les éponges se cicatrisent avec une grande facilité. Ecoutons encore Aristote : « Quand on arrache l'éponge, elle peut renaître de ce qui en reste et elle redevient complète (1). » Cavolini a vu que les éponges enlevées de leur support peuvent se fixer de nouveau ; cette observation a précédé des études variées sur la cicatrisation, sur la greffe des éponges, etc. (2). Mais c'est à Schmidt (1862) qu'il faut rapporter les expériences de longue haleine sur la question de la multiplication des éponges. Secondé par l'aide intelligente de Buccich, soutenu par le gouvernement autrichien et par la députation de la Bourse de Trieste, Schmidt établit une station dans la baie de Socolizza, au Nord-Est de Lesina. Ses recherches ont duré de 1863 à 1872.

La meilleure saison pour faire ces opérations est l'hiver ; la croissance des jeunes fragments serait plus lente en hiver, paraît-il, mais dans cette saison on a l'avantage de manipuler les sujets avec beaucoup plus de facilité. Ceux-ci peuvent être conservés sans dommage pendant plusieurs heures à l'air libre, en hiver, tandis que quelques minutes de ce traitement suffisent pour les faire périr, en été. C'est ainsi que des morceaux d'éponge restés pendant huit heures à l'ombre par 9 degrés centigrades, en février, se sont tous développés ultérieurement.

(1) Cette phrase est à rapprocher des assertions de M. Masse, que nous publions évidemment sous la responsabilité de leur auteur : on trouverait les nouvelles éponges à la place des anciennes et l'éponge qui succède à la première serait moins bonne comme tissu et comme forme.

(2) Voir Vaillant (1869) et autres.

Les éponges étaient pêchées par des marins expérimentés, avec le filet traînant plutôt qu'avec la pince. Aussitôt pêchées elles étaient assujetties avec des chevilles en bois à la remorque de la barque, après avoir été débarrassées des parties endommagées. Ensuite elles étaient coupées avec une scie fine en fragments cubiques de 26 millimètres, de manière à conserver à chaque fragment la plus grande quantité possible d'ectosome intact. Si la mer reste calme pendant vingt-quatre heures, il peut suffire de déposer les fragments sur les roches du fond pour qu'ils s'y fixent. Comme on n'est jamais sûr de l'état de la mer, Schmidt et Buccich ont essayé, mais avec peu de succès, de fixer les fragments, avec des chevilles de bois ou de métal, dans des cavités faites à des pierres plates, ou sur les parois de caisses en bois perforées. Les chevilles de métal s'oxydent trop rapidement : la vase, le sable et peut-être la lumière ont gêné ces expériences.

Buccich a alors combiné un appareil, composé de deux planches parallèles, longues de 63 centimètres et larges de 40 centimètres, reliées par deux supports de 42 centimètres de long, entre lesquels on mettait des pierres comme lest. A la partie supérieure était fixée une anse pour permettre de déposer ou de prendre l'engin. Chacune des planches était perforée de 24 trous, dans lesquels on passait des baguettes de bambou, à chacune desquelles étaient enfilés trois fragments d'éponges, perforés mécaniquement au trépan et maintenus séparés l'un de l'autre par des chevilles de bambou. L'appareil portait donc 72 fragments. Il était immergé dans des baies où il y eût peu de vagues, mais un peu de courant, sans vase, et où les algues eussent une couleur vive. Les tarets ont été de grands ennemis de ces installations, dont ils respectaient plus longtemps les bambous, peut-être à cause de leur vernis siliceux.

Le succès est assuré quand les éponges sont fixées à leur support après trois à quatre semaines. La première année elles doublent ou triplent leur dimension primitive ; elles grossiraient davantage la première et la quatrième année que la deuxième et la troisième ; ceci semble indiquer que les observations n'ont pas été assez nombreuses pour que l'influence de quelques séries malheureuses n'ait pas faussé leurs résultats. D'après Buccich, bien que les individus aient acquis au bout de cinq ans une belle grosseur, il faudrait sept ans pour que la taille marchande soit atteinte. Un certain nombre de fragments, quoique sains et parfaitement cicatrisés, n'avaient pas grossi du tout.

En opérant avec précaution Buccich compte sur 10 o/o seulement de déchets. Une installation de 5.000 fragments revenant à 735 francs, on aurait au bout de sept ans, déduction faite du 10 o/o, 4.500 éponges évaluées à 2.205 francs. Marenzeller fait remarquer à ce sujet qu'en 1878 les marchands en gros de Trieste comptaient en moyenne 20 francs, au maximum 24 fr. 50 par kilo d'éponges de Dalmatie ; de plus la perforation centrale laissée par le bambou diminue d'un tiers le prix du produit. En refaisant les calculs, il est facile de voir qu'en évaluant à 22 fr. le kilo l'éponge de l'Adriatique, le raisonnement de Buccich est exact si chacune de ses éponges pesait 22 grammes ; la deuxième objection de Marenzeller garde toute sa valeur. Enfin pour une exploitation sérieuse et suivie il serait nécessaire de mettre en train toutes les années une nouvelle série de bouturages, ce qui multiplierait la mise de fonds à employer et rendrait l'opération impraticable aux pêcheurs peu fortunés. Il faut de plus tenir compte des frais de surveillance, que Buccich semble avoir trop rapidement passés sous silence (1).

Au reste le résultat des recherches de Lésina ne semble avoir convaincu personne en Adriatique, car aucune entreprise commerciale sérieuse ne paraît y avoir été commencée. Schmidt lui-même a été obligé de renoncer en 1872 à poursuivre ses travaux, devant l'attitude hostile des pêcheurs. Au début ceux-ci s'étaient signés en voyant pousser les jeunes éponges sur l'appareil de spongiculture ; plus tard ils sont allés déranger les appareils avec leurs filets de pêche, et même ils les ont volés plusieurs fois.

Des tentatives de même genre ont été faites en Amérique, et avec un égal succès. Celle de J. Fogarty, à Key-West, a duré six mois ; il coupait des *sheepswool* en fragments de deux pouces et demi (un peu plus de 6 centimètres) de côté, qu'il embrochait par des baguettes ou des fils et qu'il fixait sur des poutres maintenues immergées. Les quatre premiers mois ont été employés à la cicatrisation, puis les fragments ont grossi ; ceux qui avaient été mis dans une crique sans courant ont très peu augmenté, ceux qui avaient été immergés

_____

(1) On trouve reproduits ailleurs (*Bull. Soc. Acclim.*, 1879, p. 372), des résultats un peu différents. En trois ans, même en ne semant que de très petits morceaux, on peut obtenir des éponges d'une valeur de 10 centimes. 4.000 éponges coûtant 225 francs, y compris les intérêts du capital pendant trois ans, et le prix de vente étant de 400 francs, il resterait un bénéfice de 175 francs.

dans une région où le courant était actif ont atteint une taille quatre
et six fois plus grande que leur taille primitive. Le principal obstacle
à la continuation des recherches a résidé dans le manque de protection contre les pêcheurs.

Ralph M. Munroe a surtout opéré également sur la *sheepswool*, à
Biscayne Bay. Les fragments, fixés sur des poutres maintenues immergées entre 0^m 30 et 3 mètres, ont augmenté rapidement de taille ;
certains d'entre eux avaient doublé de volume en six mois et il suffirait d'un an et demi à deux ans pour les amener jusqu'à une taille
convenable. Munroe aussi croit que la spongiculture est susceptible
de donner des résultats pratiques parfaitement acceptables, mais lui
aussi a abandonné ses recherches.

Il est une objection qui a été faite de bonne heure aux spongi-
culteurs. N'aurait-on pas avantage à laisser croître les éponges sans
les morceler ; les éponges intactes, ayant les mêmes dimensions que
les fragments des expériences précédentes, n'atteignent elles pas plus
tôt qu'eux une taille marchande? Schmidt ne le pense pas. Pour notre
part nous croyons qu'il pourrait fort bien avoir tort et que l'objection
est parfaitement justifiée (1) : une éponge qui a été opérée est une
éponge malade et nous voyons que les divers expérimentateurs
avouent qu'il faut compter un espace de plusieurs mois, en moyenne,
pour la cicatrisation complète de leurs fragments. Voilà un arrêt
notable dans la croissance, que n'aurait pas connu une éponge
intacte. En admettant même qu'il y ait égalité dans la croissance, quel
avantage trouvera-t-on à couper une éponge en dix morceaux pour
lui faire produire, en tenant compte du 10 o/o de déchet, neuf éponges
trouées par le milieu, tandis que, si on l'avait laissée entière, elle eût
donné un produit d'un volume dix fois plus considérable sans avoir
causé les frais de main-d'œuvre, de surveillance, d'achat de matériel,
d'achat de concession d'emplacements, etc.? Dans ces conditions il n'y
a guère lieu de supposer que la spongiculture puisse jamais être plus
qu'une expérience scientifique.

Marenzeller fait remarquer qu'on devra peut-être se contenter de

---

(1) Nous ne tenons pas compte de cette objection purement théorique de Bidder,
que les éponges arrivent peut-être à un état de sénilité dont les manifestations se
retrouveront dans leurs boutures, qui croîtront alors plus lentement que les éponges
jeunes et intactes : nous ne connaissons encore absolument rien de la sénescence
des Spongiaires.

lui faire transformer des éponges plates et sans valeur en éponges de forme arrondie et d'un écoulement plus facile, ou à faire accoler ensemble des morceaux mal venus en une seule éponge plus grosse et mieux formée. Nous croyons qu'il lui fait encore la part trop belle. L'accolement des morceaux d'éponges est évidemment possible, les recherches de Cavolini, de Buccich, etc., l'ont montré et, mieux encore, la facilité avec laquelle se fusionnent dans nos laboratoires les jeunes éponges issues de larves que les hasards de la fixation ont rendues voisines. Mais il faut se demander si une opération possible est également pratique et si, dans le cas actuel, elle ne donnerait pas un nombre d'échecs trop considérable, même entre les mains d'ouvriers d'une éducation peu commune, entre les mains d'habiles rebouteurs d'éponges.

Même remarque pour la transformation des éponges plates : il arrivera peut-être que les fragments que l'on tirera d'elles donneront naissance à des individus plats à leur tour et qui encombreront sans grand profit les appareils de spongiculture. C'est là toutefois une manière de voir qui peut être parfaitement contredite par l'expérience.

Liste et diagnose des principales espèces. — Nous donnons ci-dessous la nomenclature, avec diagnose, des principales espèces ou variétés dont les produits sont utilisés par l'homme ou sont susceptibles de l'être. Par suite de l'habitude trop fréquente que l'on a eue de ne pas indiquer le nom de l'auteur après le nom latin scientifique qu'il a créé, des erreurs se sont introduites dans quelques travaux récents sur les éponges; elles ont été copiées et amplifiées dans les travaux ultérieurs, aussi en est-on arrivé à créer un imbroglio que les pages suivantes cherchent à éclaircir.

Les sortes commerciales d'éponges sont fournies par quelques espèces appartenant aux deux genres EUSPONGIA et HIPPOSPONGIA.

I. EUSPONGIA Bronn. — Les mailles du réseau formé par les fibres connectives de ces éponges ont généralement moins de $0^{m/m}4$ de largeur. Surface de l'éponge hérissée de conules, sans cortex dense. Cavités vestibulaires nulles ou seulement de petites dimensions.

1. *Eusp. officinalis* (L.) Schulze. Conules nombreux, hauts de 1 millimètre et séparés de 3 millimètres. Le squelette sec varie du jaunâtre au brun foncé. Fibres principales épaisses de $0^{m/m}04$ à $0^{m/m}2$,

Pl. II.

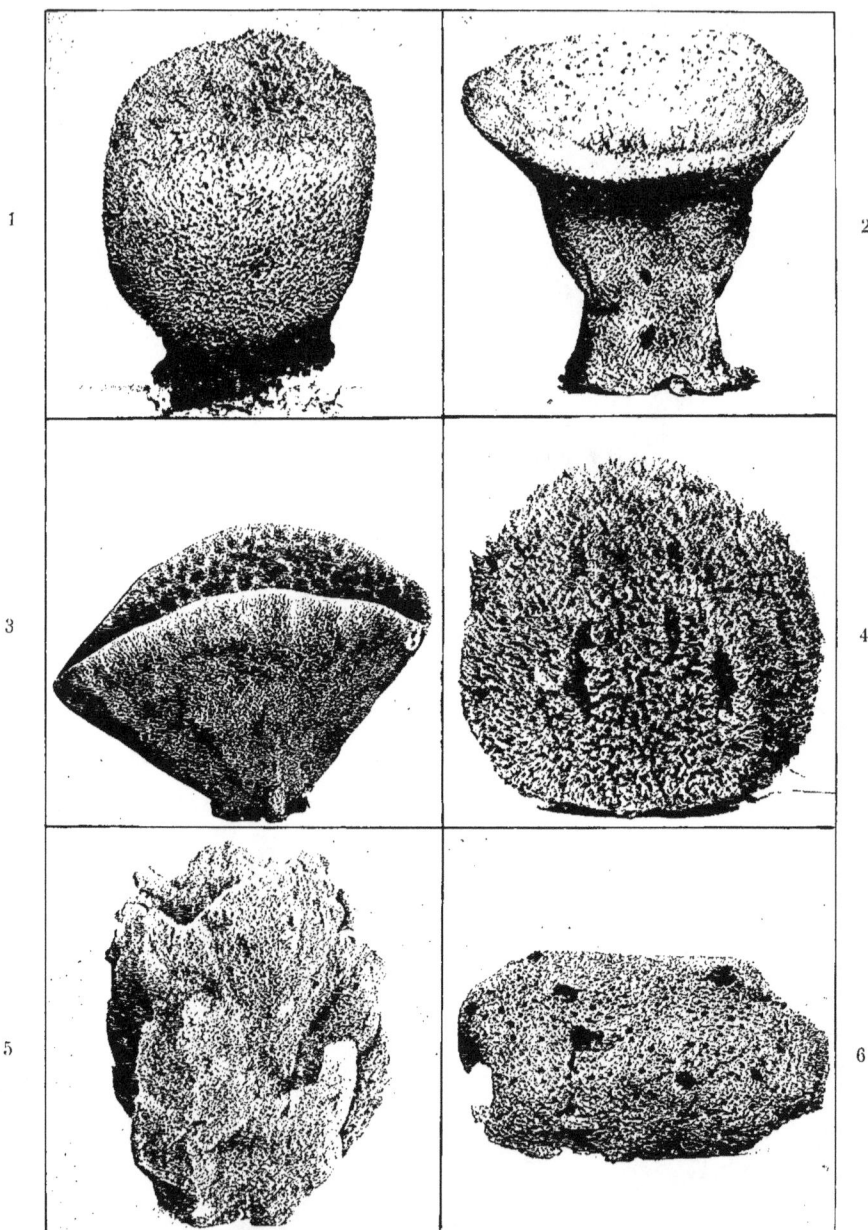

ÉPONGES DU COMMERCE

1. *Euspongia officinalis mollissima*. — 2. Même variété (du golfe Persique ?). — 3. *Euspongia officinalis lamella* (oreille d'éléphant). — 4. *Euspongia officinalis rotunda* (boulet fin). — 5. *Euspongia zimocca*. — 6. Même espèce (des côtes de Provence).

peu ramifiées, à branches détachées sous un angle aigu, renfermant généralement peu de corps étrangers. Fibres connectives de $0^{m,m}$ 013 à $0^{m,m}$ 033, d'épaisseur assez uniforme : sur un exemplaire donné les plus grêles n'ont jamais moins que le demi-diamètre des plus épaisses. Mailles larges de $0^{m,m}$ 1 à $0^{m,m}$ 4.

a) Variété *mollissima* Schulze. Généralement en forme de coupe, plus rarement massive. Oscules larges de 3 à 4 millimètres, proé-minents et bien visibles, situés dans l'intérieur de la coupe ou sur la surface supérieure, groupés ou disposés en files radiales. Surface du squelette parsemée de petites rainures radiales, que de fines membranes recouvrent à l'état frais. Squelette sec brun clair, plus clair que celui des autres variétés.

Fibres principales rares et très espacées, épaisses de $0^{m,m}$ 04 à $0^{m,m}$ 05, presque lisses, renfermant quelques corps étrangers disséminés. Fibres connectives de $0^{m,m}$ 013 à $0^{m,m}$ 033, un peu irrégulières, légèrement courbes, formant un réseau qui ressemble beaucoup plus à celui de certaines variétés d'*Eusp. irregularis* que celui des autres variétés d'*E. officinalis*. Mailles arrondies et irrégulières, larges de $0^{m,m}$ 2 à $0^{m,m}$ 3.

Fournit l'éponge *fine douce du Levant*, appelée *abiaud* en Syrie (Lamiral), *melati* à Smyrne ; les individus en forme de coupe portent le nom de *champignons* (Schulze). C'est la σπογγος πυκνος d'Aristote.

Méditerranée orientale, Adriatique, jusqu'à 100 mètres.

b) Var. *adriatica* Schulze. Massive, plus ou moins globuleuse, souvent claviforme. Oscules larges, irrégulièrement disséminés sur la face supérieure. Squelette d'un brun plus ou moins foncé, à surface couverte de très petits poils uniformes ; fibres principales lisses ou peu noueuses, épaisses de $0^{m,m}$ 053 en moyenne, renfermant dans leur axe des corps étrangers épars, surtout des grains de sable. Fibres connectives de $0^{m,m}$ 027 à $0^{m,m}$ 033, droites ou gracieusement recourbées. Mailles larges de $0^{m,m}$ 3, de forme variable.

Fournit l'éponge *fine de l'Adriatique*.

Adriatique, Méditerranée orientale et côtes africaines de la Méditerranée, la Calle, Naples : fonds détritiques du Pausilippe et de Pouzzoles, la Havane, îles Thursday et Amboine. Dans la Méditerranée de 10 à 200 mètres.

c) Var. *lamella* Schulze. En lames, souvent repliées en forme d'oreille ou de coupe, d'une épaisseur moyenne de 10 à 20 millimètres. Oscules groupés dans des dépressions entourées de longs poils. Fibres principales arénacées, épaisses de $0^{m/m}$ 06. Fibres secondaires uniformément épaisses de $0^{m/m}$ 024, mailles de $0^{m/m}$ 3, polygonales, à angles arrondis.

Squelette plus dense que celui des autres variétés, assez dur et très élastique, châtain ou brun clair. Schulze cite un exemplaire en forme de lame, qui couvrait près d'un demi-mètre carré.

Fournit les *oreilles d'éléphant*, appelées en grec *psathouria*, en allemand *Levantinerlappen, Ohrenlappen, Mundschwämme*.

Dalmatie : Lésina ; Archipel grec ; côte africaine d'Alexandrie à Derna ; Tunisie : région de Sousse (!), Lampédouse ; Algérie : Bône (!) ; côtes de Provence : Lavandou (!) ; Catalogne, Baléares ; Australie : détroit de Torrès. Jusqu'à 100 mètres.

Eusp. officinalis L. (var. ?) est signalée par Lo Bianco des roches corallifères autour de Nisida, dans le golfe de Naples. S'agit-il de la variété *lamella ?*

d) Var. *arabica* Keller. Forme columnaire ou massive. Squelette très régulier. Fibres principales perpendiculaires au support et parallèles entre elles dans la région centrale de l'éponge ; vers la surface elles s'inclinent et deviennent horizontales pour finir dans les conules. Elles sont épaisses de $0^{m/m}$ 08, irrégulières, noueuses et abondamment remplies de sable. Fibres connectives élastiques, épaisses de $0^{m/m}$ 025 à $0^{m/m}$ 03, à moelle faiblement développée. Largeur moyenne des mailles, $0^{m/m}$ 4. Moins élastique que les éponges de la Méditerranée.

Formations coralliennes profondes à Souakim, Massoua, Djebel-Zeit, Tadjoura.

e) Var. *rotunda* Hyatt. Base généralement large. Oscules larges de 8 à 10 millimètres, parfois seulement de 2 à 3 millimètres chez certains échantillons, épars sur le plateau supérieur ou disposés suivant les méridiens de l'éponge. Squelette assez souple et élastique, mais manquant de ténacité, à surface très unie, de couleur brun-jaunâtre clair. Fibres principales épaisses de $0^{m/m}$ 04 à $0^{m/m}$ 06, légèrement bosselées. Fibres connectives variant de $0^{m/m}$ 017 (rare) à $0^{m/m}$ 033, courbes ; réseau irrégulier, à mailles arrondies larges de $0^{m/m}$ 2.

Fournit la *yellow sponge*, ou *boulet*, et la *hard head* du commerce.

Côtes américaines de l'Atlantique : Bahamas, Floride, Cuba, etc., dans les eaux peu profondes ; péninsule malaise.

f). La variété *ceylonensis* Dendy se caractérise par la grande ténuité de ses fibres connectives, qui n'atteignent généralement pas 0^m/^m 02, et par le peu d'intensité de sa coloration. Sa forme est bonne, sa souplesse remarquable, mais elle dure peu à l'usage, aussi est-il difficile de prévoir quelle peut être son importance économique. — Ceylan.

g). La var. *irregularis* Schulze, dont le squelette possède beaucoup de qualités, ne semble pas pouvoir être pêchée, car elle vit dans les eaux profondes de l'Adriatique. La var. *perforata* Lend. semble mériter d'être étudiée de près ; elle a été trouvée dans l'Océan Indien. On cite parfois la variété *nitens* (Schmidt) Lend. (Dalmatie, golfe de Gabès, la Calle) comme pouvant intéresser le commerce ; ce renseignement est erroné, car il s'agit d'une variété incrustante, qui ne dépasse pas 10 millimètres d'épaisseur et est par conséquent inutilisable. Nous pouvons en dire autant de la var. *spinosa* Lend. (Australie orientale), etc.

Schulze nous apprend que les pêcheurs dalmates ont donné le nom slave de *rudo* (en italien *riccia*) aux éponges peu estimées, mais cependant encore utilisables, qu'il répartit dans ses trois variétés : *irregularis, exigua* et *tubulosa* d'*Eusp. officinalis*; O. Schmidt en avait fait *Eusp. nitens*, que Lendenfeld transforme en *Eusp. officinalis nitens*, avec quelques doutes cependant. *E. off. nitens* Lend., nous l'avons vu, est incrustante et ne peut pas nous intéresser; *E. off. exigua* Schulze (Adriatique, la Calle, golfe de Gabès, Maurice, eaux peu profondes) ne dépasse pas 5 centimètres de diamètre et son squelette est assez dur et peu élastique ; *E. off. irregularis* Schulze nous a déjà occupés et vit dans les eaux profondes ; *E. off. tubulosa* Schulze = *Hippospongia fistulosa* Lend. (Adriatique, la Calle, côtes Nord et Sud de l'Australie) vit à des profondeurs variées, mais sa forme irrégulière et caverneuse ne semble pas lui permettre l'accès des marchés. Quelle éponge est donc la *rudo* ?

On trouve également citée en certains endroits la variété *tubulifera* comme fournissant la *glove sponge*. Il s'agit d'une sous-espèce de l'espèce *Spongia officinalis* Hyatt, qui n'a aucun rapport avec les autres variétés de *Eusp. officinalis* au sens de Schulze et de Lendenfeld. Ce dernier auteur a démembré la sous-espèce *tubulifera* de Hyatt et

en a distribué les variétés dans les espèces *Eusp. irregularis* Lend.
var. *pertusa* Hyatt, *Eusp. trincomalensis* Lend., *Eusp. off.* Schulze
var. *rotunda* Hyatt, *Hippospongia canaliculata* Lend. var. *gossypina*
Hyatt. C'est la première variété qui fournit la *glove sponge*.

2. *Eusp. zimocca* (Schmidt) Schulze. Éponge de forme très variable,
à surface un peu irrégulière, à oscules proéminents. Ceux-ci sont fréquemment disposés en files radiales, surtout chez les individus en
forme de coupe. Squelette sec brun foncé, très souple et élastique,
couvert de villosités. Fibres principales peu nombreuses, épaisses
de $0^m/^m$ 04, renfermant des spicules. Fibres connectives droites ou
peu courbées, épaisses de $0^m/^m$ 02 à $0^m/^m$ 034. Mailles polygonales
arrondies, un peu irrégulières, larges de $0^m/^m$ 4.

Σπογγος πυκνοτατος d'Aristote ; fournit la *chimousse* ou *fine dure* du
commerce, appelée aussi *zimocca, tsimoncha, tsimouri* et dont une
variété est dite *hadjemi* en Tunisie. Lamiral dit qu'en Syrie on lui
donne le nom d'*achmar*.

Côte asiatique et africaine, à partir de la baie de Cesme et d'Eritra,
sur la côte Ouest de l'Asie Mineure, jusqu'à Tripoli ; Tunisie ; Adriatique : Istrie, Tarente ; Corse ; côtes de Provence, du cap Croisette à
Saint-Tropez (!) ; Catalogne ; côte Est de l'Australie : Wollongong,
N. S. Wales. Par 10 à 30 mètres de fond dans la Méditerranée.

3. *Eusp. irregularis* Lend. Comprend toutes les formes d'*Euspongia*
chez lesquelles les fibres connectives sont d'une épaisseur très irrégulière ; les fibres connectives les plus grosses sont de quatre à six fois plus
volumineuses que les plus minces. Fibres principales de $0^m/^m$ 05 à
$0^m/^m$ 1, bourrées de corps étrangers. Conules de la surface hauts de
1 millimètre, espacés de 2 millimètres, reliés par des fibres qui donnent
à la surface un aspect réticulé. Les deux variétés *a* et *b* ont une tendance à disposer leurs oscules en files ; leur squelette sec est brun
clair et couvert de poils uniformes.

a) Var. *pertusa* Hyatt. Massive, plus large que haute quand les
individus sont bien développés, porte des oscules au sommet de
cônes qui ne dépassent pas 30 millimètres. Fibres principales $0^m/^m$ 09,
bosselées ; fibres connectives de $0^m/^m$ 025 à $0^m/^m$ 03 ou de $0^m/^m$ 05
à $0^m/^m$ 09.

Fournit la *glove sponge* et la *reef*, ou *fine Antille*.

Bahamas, Floride, Cuba ; Tadjoura, Colombo, Ceylan, Australie
Nord et Sud, détroit de Torrès, île Ellice,

b) Var. *fistulosa* Lend. Surface entièrement recouverte de villosités; fibres très voisines de celles de la précédente, mais les oscules principaux ne sont généralement pas proéminents ; des oscules plus petits sont portés par des prolongements cylindriques. — Bahamas.

c) Var. *silicata* Lend. Forme lobée assez irrégulière ; fibres principales bourrées de spicules. Son squelette, assez dur, ne paraît guère justifier les espérances de Whitelegge à son sujet et son importance économique semble ne devoir jamais être bien grande.

Sud et Est de l'Australie, Nouvelle-Zélande, îles Chatham, îles Fidji.

d) Var. *areolata* Whitelegge. Squelette souple et élastique, mais un peu rude au toucher. Forme lamelleuse et irrégulière ; serait peut-être utilisable. — Assez abondante près de Sydney.

e) Autres variétés susceptibles de recevoir des applications : var. *mollior* Lend. (Trieste, Madagascar, Indes orientales, côte Nord de l'Australie, île Laysan) ; var. *lutea* Lend. (Maurice) ; var. *villosa* Lend. (Madère, cap de Bonne-Espérance, Kurrachee, Australie, Nouvelle-Zélande, îles Chatham).

4. *Eusp. illawarra* Whitelegge. En forme d'éventail, hauteur 14 centimètres, largeur 20 centimètres, épaisseur 8-10 centimètres à la base et 3 centimètres au sommet. Squelette souple et très élastique, brun jaunâtre clair, ne renfermant pas de corps étrangers. Les fibres principales sont épaisses de $0^{m}/^{m}$ 08 ; les connectives, généralement recourbées, ont de $0^{m}/^{m}$ 03 à $0^{m}/^{m}$ 06 ; mailles polygonales, de $0^{m}/^{m}$ 15 Semble pouvoir concurrencer les sortes commerciales actuellement exploitées.

Nouvelle-Galles du Sud : lac Illawara, Tuggerah Beach.

5. *Eusp. distans* Schulze (Moluques) mériterait d'être exploitée ; *E. discus* (Duch. et Mich.) Lend. (Nassau, Saint-Thomas, Australie près de Sydney, îles Fidji) ; *E. trincomalensis* Lend. (Nassau, Havane, îles des Perles près de Pernambouc, Galle à Ceylan), creusée en gâteau de miel ; *E. Pikei* (Hyatt) Lend. (Maurice, côte orientale de l'Australie, Nouvelle-Galles du Sud, Nouvelle-Zélande), en forme de lame ; *E. Bailyi* Lend. (eaux peu profondes de l'Australie occidentale) semblent pouvoir fournir des produits à l'industrie plutôt que des éponges de toilette.

II. Hippospongia Schulze. Eponges parcourues par des espaces vestibulaires dont la largeur est plus considérable que l'épaisseur des cloisons qui les séparent. Les fibres connectives se divisent en primaires et en secondaires ; les mailles de leur réseau ont de $0^{m/m} 1$ à $0^{m/m} 4$. Le squelette sec est souple et élastique chez les espèces à larges mailles. Substance fondamentale moins opaque que celle des Euspongia.

1. *Hip. equina* (Schmidt) Schulze. Conules larges à la base de $1^{m/m} 5$, hauts de $1^{m/m} 2$ et espacés de $2^{m/m} 5$. Le système des canaux vestibulaires comprend des cavités anastomosées, larges de 10 à 20 millimètres ; le bord des lamelles est dentelé dans les variétés *b* et *c* ; oscules et groupes de stomions indistinctement disposés sur toute la surface des lamelles.

a) Var. *elastica* Lend. Massive, plus large que haute ; ouvertures vestibulaires polygonales ou irrégulières, mais de taille uniforme. Squelette sec châtain, moins souple que celui des deux variétés suivantes. Fibres principales épaisses de $0^{m/m} 04$, lisses, renfermant de petits grains de sable isolés. Fibres connectives d'une seule espèce, épaisses de $0^{m/m} 02$; mailles rectangulaires de $0^{m/m} 2$.

Σπογγος μανος d'Aristote ; éponges de cheval (*venise*, etc.) du commerce ; on lui donne en Syrie le nom de *cabar* (Lamiral).

Golfe de Nauplie, côte orientale de Grèce, Ouest et Sud de l'Asie Mineure, Chypre, Crète, côte de Syrie, côte Nord de l'Afrique, d'Alexandrie à Ceuta ; Adriatique, Sicile, Naples, Corse, Provence (!), Catalogne, Baléares ; Bahamas, Floride, Havane, Haïti, Saint-Thomas, Saint-Martin, Campêche ; Nord, Est et Sud de l'Australie, détroit de Torrès, Tasmanie, île des Pins (?), Nouvelle-Zélande. Descend à une centaine de mètres et peut se rencontrer presque à fleur d'eau.

b) Var. *cerebriformis* Duch. et Mich. Massive, parfois en forme de coupe ; cavités vestibulaires larges en moyenne de 10 millimètres, leurs ouvertures sont en général de forme allongée et irrégulière. Squelette de couleur ambrée, souple. Fibres principales de $0^{m/m} 06$, très noueuses, arénifères ; fibres connectives primaires de $0^{m/m} 027$ et secondaires de $0^{m/m} 012$; mailles allongées, rectangulaires, de $0^{m/m} 24$.

Bermudes, Bahamas, Floride, Saint-Thomas, Vera-Cruz, Stono Inlet, île Kingsmill.

c) Var. *meandriniformis* Duch. et Mich. Massive, plus ou moins sphérique, formée de lamelles épaisses de 1 à 2 millimètres, laissant entre elles des ouvertures irrégulières, débouchant dans des espaces vestibulaires de 10 à 15 millimètres. C'est la variété d'*Hip. equina* la plus souple. Squelette brun sombre, plus ou moins villeux ; fibres principales lisses, arénifères, épaisses de $0^{m/m}$ 055 ; fibres connectives primaires de $0^{m,m}$ 027, secondaires de $0^{m,m}$ 022, mailles de $0^{m/m}$ 25, irrégulièrement rectangulaires, souvent très allongées. Un exemplaire du Musée de pêche du Laboratoire Marion possède beaucoup de spicules dans l'intérieur des fibres secondaires.

Fournit la *velvet sponge*.

Bahamas, Floride, Cuba, Saint-Thomas, île Fernando Noronha (Brésil) ; Maurice. En eaux peu profondes.

d) Var. *flabellum*. Les auteurs qui la citent font erreur ; il s'agit d'*Hip. canaliculata flabellum*...

2. *Hip. canaliculata* Lend. Les cavités vestibulaires reçoivent uniquement des stomions ; elles sont surmontées par des prolongements tubulaires plus ou moins longs, à ouverture très laciniée dans les variétés *a* et *b*. Presque toutes les variétés ont un squelette très souple, mais leurs faibles dimensions les rendent souvent inutilisables.

a) Var. *gossypina* Duch. et Mich. Généralement massive, à prolongements courts. Le squelette, de teinte ambrée, a un aspect caractéristique : il possède des régions unies et d'autres qui sont villeuses ou velues ; fibres principales épaisses de $0^{m/m}$ 07, très unies et renfermant des grains de sable dispersés ; réseau lâche, à mailles irrégulièrement rectangulaires de $0^{m/m}$ 3, formé par des fibres connectives primaires de $0^{m/m}$ 027 et secondaires de $0^{m/m}$ 02. Eponge fine, souple et résistante.

Donne au commerce la *sheepswool sponge* ou *indienne*.

Bahamas, Floride, Cuba, Haïti, Guadeloupe. Vit à de faibles profondeurs.

b) Var. *flabellum* Lend. Squelette brun sale, à surface villeuse dans les parties proéminentes, lisse dans les sillons. Consistance demi-souple. Fibres principales de $0^{m/m}$ 1, riches en sable, disposées en éventail sur la paroi des prolongements tubulaires. Mailles rectangulaires, larges de $0^{m,m}$ 15, formées par des fibres primaires de $0^{m/m}$ 027 et secondaires de $0^{m,m}$ 01. Eponge de forme irrégulière et durant peu à l'usage.

Fournit la *grass sponge* ou *afrique* du commerce.
Floride, Bahamas, Cuba, Nouvelle-Galles du Sud.

c) Les var. *elastica* Lend. (Nouvelle-Galles du Sud), *mollissima*
Lend. (Nouvelle-Galles du Sud), *cylindrica* Lend. (Bahamas, Campêche) sont vraisemblablement susceptibles d'utilisation.

3. On peut en dire autant de *Hip. mollissima* Lend. (Australie Nord,
détroit de Torrès, Nouvelle-Galles du Sud) qui d'après Whitelegge
vaudrait autant et souvent plus qu'*Hip. eq. elastica* : forme massive,
atteignant un diamètre de 16 centimètres. Fibres principales :
$0^m/^m$ 027 ; secondaires de $0^m/^m$ 02, gracieusement recourbées ; mailles
irrégulières larges de $0^m/^m$ 35.

4. *Hip. osculata* Lend. (côtes américaines de l'Atlantique Nord)
semble pouvoir être utilisée ; peut-être aussi *H. laxa* Lend. (Madagascar) et, avec beaucoup de doutes cependant, *H. tingens* Lend.
(Nord de l'Australie, Sud de la Nouvelle Guinée).

Distribution géographique. Centres de pêche.—Les espèces
et variétés d'éponges, utilisables pour les besoins de l'homme, sont
donc très répandues. Autrefois la Méditerranée seule fournissait le
précieux zoophyte, mais la consommation en a augmenté dans de
telles proportions qu'il a été absolument nécessaire de trouver de
nouvelles stations pour satisfaire aux demandes du commerce. Les
explorations scientifiques ont rendu à ce point de vue de grands
services : elles nous ont appris l'existence de gisements insoupçonnés,
elles nous enseignent quelles sont les régions du globe où nous
devrons porter nos efforts à l'avenir. Parmi les régions où la pêche
des éponges peut être entreprise se trouvent certaines de nos colonies;
les capitalistes français voudront-ils s'en souvenir ?

C'est la Méditerranée qui alimente toujours le commerce le plus
important. Sur un total de 15 à 18 millions de francs en moyenne que
représente la pêche mondiale annuelle des éponges, la Méditerranée
entre pour une somme de 8 à 10 millions qui peut être ainsi divisée :
éponges fines deux huitièmes, venise trois huitièmes, chimousses
trois huitièmes. Dans la Méditerranée orientale se trouvent en abondance les célèbres éponges du Levant ; en 1891 sur les côtes de l'Asie
Mineure et de l'Archipel ottoman 4.220 hommes ont pêché pour
3.770.000 francs d'éponges. Bien que l'on puisse dire d'une manière

Pl. III.

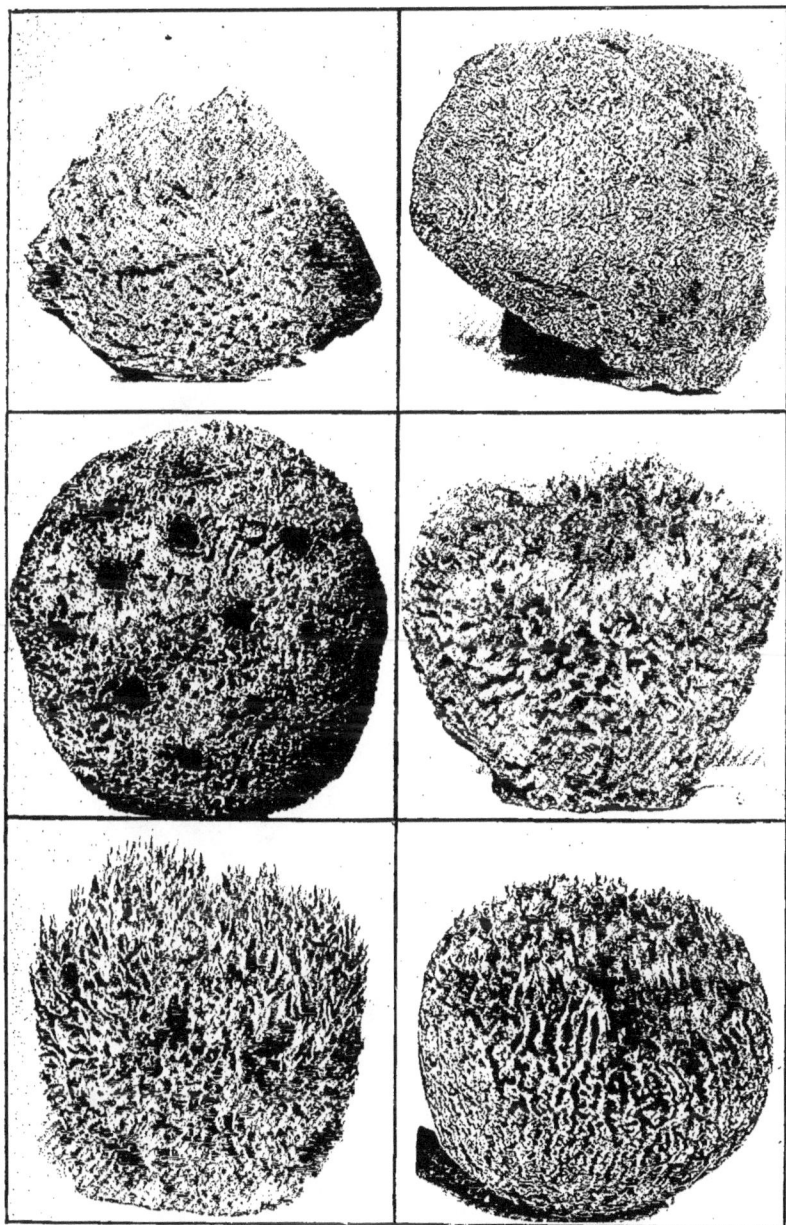

ÉPONGES DU COMMERCE

1. — *Euspongia irregularis pertusa* (recf ou fine Antille). — 2. *Euspongia irregularis mollior* (Madagascar). — 3. *Hippospongia equina elastica*. - 4. *Hippospongia equina meandriniformis* (velvet). — 5. *Hippospongia canaliculata gossypina* (indienne).— 6. *Hippospongia canaliculata flabellum* (Afrique).

générale que toute la Méditerranée orientale est spongifère, la pêche y est plus spécialement localisée dans les régions où les éponges sont plus abondantes, de plus belle qualité et où la pêche se fait avec le plus de facilité. C'est ainsi qu'il faut citer parmi les points les plus fréquentés de la côte de Syrie les environs de Latakieh, l'île Rouad et Tripoli, auxquels on peut joindre Batroun et Renada : on y trouve beaucoup de belles éponges et les requins y sont peu nombreux, question de première importance dans des régions où l'on pratique uniquement la pêche à la plongée. D'après Lamiral on trouverait, de 7 à 27 mètres, un mélange de *fines douces*, de *fines dures* et de *venise* ; au-delà de 27 mètres les *venise* seraient plus abondantes, elles se rencontreraient seules de 35 à 55 mètres. Cette distribution bathymétrique varierait un peu suivant les localités.

Les fonds se dépeuplent et les ventes de Tripoli, qui s'élevaient vingt ans plus tôt à 800.000 francs environ, n'étaient plus que de 200.000 francs il y a quelques années (Saab). Le golfe d'Alexandrette est assez riche en individus de qualité ordinaire ; il est exploité principalement par les pêcheurs de l'Archipel, et les produits pêchés sont expédiés en majeure partie par Tripoli de Syrie et par Rhodes. La pêche à l'île de Chypre est entre les mains de nomades venus de Rhodes, de Symi, de Calymnos, etc., pour exploiter des eaux que néglige l'indolence des marins cypriotes. Les éponges de Chypre sont renommées pour leur finesse et leur beauté ; elles se trouvent à l'Est, au Nord et à l'Ouest de l'île, les côtes du Sud et du Sud-Ouest possèdent seulement des individus de qualité ordinaire et de grosses éponges de bain. L'île a exporté pour 150.000 francs d'éponges en 1899 ; on assure que les fonds s'y dépeuplent (Flegel). Les côtes de Caramanie fournissent de grosses éponges de bain, Rhodes également, ainsi que de belles éponges de toilette. Tchesmé, en Anatolie, exporte des éponges auxquelles on donne le nom de *tsimouri* (*E. zimocca*) et qui se vendent à Constantinople au prix de 30 à 32 francs le kilo.

Les principaux centres où se pratiquent dans la mer Egée la pêche et la préparation des éponges sont les îles de l'Archipel : Halki, Symi, Hydra, Calymnos, Egine ; puis viennent les ports de Chalcis et de Nauplie. M. Masse évaluait en 1892 que les pêcheurs grecs prenaient environ pour 4.000.000 de francs d'éponges. En Crète on trouve en grand nombre des éponges fines et de grosses éponges de bain, recherchées ; d'après Flegel le rendement des patentes n'est plus que les deux

cinquièmes de ce qu'il était autrefois, ce qui indiquerait un appauvrissement des fonds. Les environs de l'île Kimolos sont explorés par
des pêcheurs venus des îles turques, mais les fonds s'y épuisent
rapidement. Dans la principauté de Samos la pêche a été affermée à
un concessionnaire. Les hardis pêcheurs de Symi vont exploiter les
côtes de Smyrne et de Mytilène. Les Sporades fournissent de fines et
de grosses éponges, ainsi que des *psathouria* (*Eusp. off. lamella*). Les
fonds qui avoisinent Dédéagh (Roumélie) sont exploités par des
pêcheurs venus de l'Archipel, notamment de Syra, qui y prennent des
produits de qualité ordinaire.

Dans la mer de Marmara on s'est livré à des pêches, insuffisamment rémunératrices sans doute, devant le village de San Stefano ; on
exploite également les environs de l'île Coustali. Mais les éponges
pêchées suffisent à peine à la consommation locale. La mer Noire a
des eaux trop peu salées et peut-être trop froides pour que les espèces
commerciales de Spongiaires puissent y prospérer. En réponse à un
questionnaire un négociant de Philippopoli déclarait que la pêche
des éponges, « qui présente certaines difficultés, n'est généralement
pas pratiquée » sur les côtes de Bulgarie. C'est là une réponse de
Normand. En 1897 la Roumanie a exporté 15 kilos d'éponges vers
l'Autriche-Hongrie : dans ce mouvement commercial insignifiant on
ne trouve aucune indication que les produits exportés aient été
ramenés de la mer Noire. Si celle-ci possède des éponges commerciales, ce ne peut être que sur les côtes asiatiques, celles d'Europe
ne paraissant pas présenter du tout des conditions favorables à leur
existence.

Dans la mer Adriatique existent des bancs d'éponges qui ont été
riches, mais qu'une pêche trop active a malheureusement décimés.
Nous avons vu qu'une variété d'*Eusp. officinalis* a reçu le nom
d'*adriatica*, elle est surtout abondante (*spugne da bagno*) aux environs
des îles Incoronata et Zara Vecchia ; *Eusp. zimocca* habite les côtes de
l'Istrie ainsi que *Hip. equina elastica*, très répandue (*spugne da
cavallo*). Les bancs sont principalement situés sur les fonds rocheux
de la région orientale, le long des côtes de la Dalmatie, de Budua à
Trieste et à Duina. Nous rappelons qu'O. Schmidt avait installé à
Lesina son quartier général pour ses recherches de spongiculture. On
pêche surtout dans la région centrale de la Dalmatie et l'île de
Caprano, en face Sebenico, fournit un grand nombre de pêcheurs.

Les éponges se trouvent sur des fonds durs et généralement rocheux, à une profondeur de 5 à 18 mètres ; elles sont pêchées à la pince et au harpon à quatre dents, principalement de mars à octobre. Vers l'Ouest de l'Adriatique se trouvent aussi quelques bancs d'éponges dans les eaux italiennes, notamment vers Gallipoli. Il en a été extrait de l'arrondissement de Tarente environ 5.000 kilos en 1902, valant de 20 à 25 francs le kilo.

Les côtes égyptiennes sont assez riches et leurs stations se continuent vers l'Ouest par celles de la Tripolitaine, qui conduisent elles-mêmes à celles de la Tunisie. Toutefois la finesse du squelette diminue graduellement à mesure que, en partant de l'Asie Mineure, l'on se dirige vers le Sud et vers l'Ouest. Les éponges d'Egypte sont déjà moins recherchées que celles de Rhodes ou des Sporades, celles de Tripoli le sont moins encore. L'Egypte a établi une colonie de pêcheurs d'éponges à Marsa-Moutrah, à l'Ouest d'Alexandrie. Ce sont surtout les pêcheurs de l'Archipel (Hydra, Calymnos, Symi, etc.) qui viennent exploiter les eaux africaines. En Tripolitaine ils se donnent rendez-vous entre le cap Misratah et la frontière tunisienne, surtout dans le golfe de Bomba qui fournit les sortes les plus fines, dans les eaux de Benghazi et dans la baie de Karcora ; quelques Italiens leur font concurrence. La valeur des produits pêchés en Tripolitaine varie de 800.000 francs à un million ; ils sont formés de *chimousses* et d'*équines*. La largeur des bancs est de 10 à 35 kilomètres, les fonds sont de sable coquillier, de vase, et de roches çà et là.

A l'Ouest de la Tripolitaine on trouve encore des bancs d'éponges, le long des côtes tunisiennes, surtout jusque vers Monastir et Sousse ; dans les environs des îles italiennes de Pantellaria et de Lampédouse il se fait une pêche assez active à la gangave et au scaphandre, et il n'est pas rare d'y voir réunie une flotte d'une centaine de bateaux, montés par plus de 600 hommes. Les produits retirés des fonds qui entourent ces îles, grossis peut-être des contrebandes de Tunisie, se sont élevés en 1902 à 30.800 kilos, valant près de 425.000 francs, en décroissance sur les années précédentes.

Plus à l'Ouest les zoophytes sont beaucoup plus clairsemés : on signale leur présence sur les rivages Nord de la Tunisie, sur ceux de l'Algérie, notamment du côté de la Calle, entre Bône et Philippeville, entre Mers-el-Kébir et Béni-Saf. Enfin avec le Maroc on retrouve des bancs qu'il est peut-être possible d'exploiter.

La Méditerranée occidentale, qui avait été considérée jusqu'à ces derniers temps comme dépourvue d'éponges commerciales, en possède donc en réalité, très disséminées sur les divers points de ses côtes. On en a trouvé au Sud de la Sicile, au Nord de cette île, à l'île Ustica et autour des Lipari, ainsi que sur les côtes orientales de la Sardaigne. On en a trouvé aussi en Corse (Hermann Fol) près de Bonifacio; les bancs sont surtout situés entre le cap Pertusato et la pointe Senetosa (Roule). Des recherches pratiques ont été entreprises à ce sujet : on a mis à jour, près de Bonifacio surtout, des *oreilles d'éléphant* et des *chimousses* à tissu résistant, mais dont la forme est souvent désavantageuse et dont la qualité est trop fine pour les usages industriels sans l'être assez pour permettre de classer cette sorte parmi les éponges de toilette; aussi sa vente est-elle peu facile. Comme elle était mêlée à un trop petit nombre d'éponges *équines* on a renoncé, définitivement croyons-nous, à en poursuivre la pêche. En 1900 un bateau scaphandrier avait fait une récolte de 400 kilos, l'année suivante quatre bateaux ont pêché 2.980 kilos; la côte Nord a été explorée sans succès.

Les côtes de la Provence sont aussi un peu spongifères. M. Crozat, de Marseille, a trouvé des éponges, que nous avons pu identifier avec *Eusp. zimocca* Schulze, entre l'île Maïre et Saint-Tropez; mais il n'existe pas dans ces régions de bancs à proprement parler, les individus sont très disséminés, aussi est-il trop onéreux de se livrer à leur recherche. D'ailleurs la qualité obtenue, de finesse très variable, n'était pas accueillie avec grande faveur par le commerce, comme pour les éponges de Corse. Près du Lavandou M. Crozat a recueilli un certain nombre d'*oreilles d'éléphant* ; il a également obtenu quelques individus de l'éponge *équine*.

En 1904 on a commencé à explorer les côtes espagnoles (1) avec l'aide de scaphandriers grecs et trois sociétés se sont fondées dans ce but. Les recherches ont été fructueuses à Palamos ; on a trouvé un véritable champ d'éponges aux îles Columbretes, par le travers de Castellon-de-la-Plana ; il en existe aussi aux Baléares et sous les flots qui baignent l'Andalousie. Les premières recherches sur les côtes catalanes ont mis à jour des *venise*, des *chimousses* et des *oreilles d'éléphant*, de celles-ci surtout ; la pêche moyenne a été de 500 kilos

(1) P. Dive. Pêcheries de corail et d'éponges en Catalogne. *Bull. Mar. March.*, t. vi, 1904.

par appareil. En 1905 Palamos a été abandonné et les pêcheurs sont allés à Puerto-de-la-Selva, dans la baie de Llamsa. Le nombre des *venise* est assez faible dans les eaux espagnoles, ce qui rend difficile l'écoulement des produits que l'on y pêche.

S'il faut en croire M. Weil, les îles du Cap-Vert et des Açores possèderaient, malheureusement à des profondeurs assez grandes, des éponges qui feraient fort bonne figure sur les marchés à cause de leur qualité, inférieure il est vrai à celle des éponges méditerranéennes, mais supérieure cependant à celle des produits des Antilles. Il est intéressant d'opposer à ces renseignements une remarque de M. Topsent (1904) au sujet des Spongiaires des Açores, « que les Monocératides y sont d'une rareté surprenante » et n'ont fourni aux dragages du Prince de Monaco aucun exemplaire d'*Hippospongia* ou d'*Euspongia*. Dans l'Atlantique occidental il faut citer surtout les riches stations des Antilles, qui envoient des prolongements jusque vers les Bermudes au Nord, à l'Ouest jusqu'à Campêche et à la Vera-Cruz, et au Sud jusqu'à l'île Fernando-Noronha *(H. cq. meandriniformis)*.

Les éponges des Bahamas sont connues depuis 1840, époque où un négociant de Paris fit naufrage sur une de ces îles et apprécia la qualité des exemplaires qu'il trouva entre les mains des indigènes. Les bancs exploitables de cet archipel s'étendent surtout à l'Est, au Sud et à l'Ouest de New-Providence, par des fonds de 6 à 18 mètres. On pêche à la foène sur des récifs battus par le flot, parfois éloignés de 30 milles de la côte et où le courant atteint 3 à 4 nœuds. La flotte de pêche comprenait, en 1902, 265 goélettes, 322 chaloupes, faisant ensemble 5.952 tonneaux, et 2.808 barques non pontées ; cette industrie faisait vivre 6.220 personnes, parmi lesquelles les marins nègres sont en majorité. Par ordre de fréquence, voici le classement des sortes que l'on prend : *glove, grass, velvet, sheepswool, yellow*. Les éponges des Bahamas sont peu élastiques, sans doute parce qu'elles ont poussé dans des régions où les courants sont forts, leur tissu est assez cassant et se déchire facilement, et de larges cavités les déparent bien souvent. Les individus les plus gros et les plus fins sont pêchés, pour la *sheepswool*, au Sud-Ouest d'Andros et sur les bancs d'Exuma, et pour la *velvet* à l'Ouest de Bahama et à William's Key.

Les exportations des Bahamas se sont élevées en :

1900.......... à Kil. 505.203	valant F. 2.621.108
1901............ 493.812	2.589.771
1902............ 561.904	2.454.238
1903............ 627.024	2.625.509
1904............ 610.194	2.698.808

Les principaux bancs spongifères de la Floride, exploités depuis 1852, sont situés dans le golfe du Mexique et dans le canal de la Floride. Le premier, ou « banc des récifs », coiffe l'extrémité de la Floride ; il s'étend sur une longueur de 120 milles et commence au Nord-Est, à Key-Biscayne, pour se terminer à l'Ouest de Key-West, à Northwest-Channel. Dans sa moitié Nord-Est la région exploitable est large de 5 milles seulement et comprend la partie externe des récifs ; à partir de Matacumbe-Keys elle couvre toute la formation récifale, large de 13 à 14 milles. Le deuxième banc suit la côte Nord-Ouest de la Floride, dont il est séparé par une distance moyenne de 5 à 6 milles ; il s'étend du Sud d'Anclote-Keys à l'embouchure de la rivière Saint-Mark, au Nord ; sa largeur est de 15 milles, sauf à son extrémité Sud où elle n'est plus que de 7 à 8 milles. Interrompu au niveau de Cedar-Keys, ce banc est formé de deux parties dont la première, au Nord, ou banc de Rock-Island, est longue de 70 milles, et celle du Sud, ou banc d'Anclote, est longue de 60. La profondeur moyenne des endroits où l'on pêche est de 5 à 10 mètres. Les bancs les plus réputés sont, sur le banc d'Anclote celui du récif Saint-Martin, entre les latitudes 28° 40′ et 28° 50′, et au Sud-Ouest de celui-ci le banc New-Ground. Dans le banc de Rock-Island il faut citer les fonds au large de Piney-Point, en face l'embouchure de la rivière de Steinhatchee, entre les latitudes 29° 40′ et 29° 50′.

Les éponges de la Floride sont pêchées à la foène ; elles sont plus souples, plus régulières de forme et se vendent mieux que celles des Bahamas. La *sheepswool* la plus estimée provient des bancs du Nord-Ouest ; elle y vit à une profondeur moyenne de 10 à 15 mètres, fixée sur les roches, rarement sur des fonds vaseux ou sablonneux. Sur la côte Sud, entre Key-West et le cap Florida, on prend les *key* (ou *cay*) *sponges* ; celles du golfe de Mexique sont les *bay sponges*.

On pêche surtout de mai à fin août, parfois on fait aussi une pêche d'hiver qui est fructueuse, mais les éponges sont alors longues à pourrir ; la *sheepswool* est la plus difficile à arracher, la *yellow* le moins. L'ordre de fréquence est le suivant : *reef* et *glove*, *grass*, *velvet* ou *boat*, *wool*, *yellow*. La flotte de pêche était, en 1904, forte de

150 bateaux de 5 à 45 tonneaux, principalement à Key-West, et montés par 1.500 hommes, dont beaucoup de race noire. Le rendement est de 2.600.000 francs en moyenne.

Les bancs de Cuba ont été découverts en 1884, au cours des explorations scientifiques du *Nautilus* (bateau-école espagnol). L'éponge s'y trouve sur des fonds rocailleux ou *placelés*, principalement autour des cayes ou ilots rocheux, si nombreux sur les fonds de sable qui entourent la perle des Antilles. Les principaux ports de pêche sont Batabano, Caibarién, etc. D'octobre à mars la pêche se pratique le long de la côte, à cause de l'agitation de la mer et du trouble de l'eau qui en résulte. Les pêcheurs y sont espagnols originaires des Baléares, ou grecs, quelques uns cubains ; ils ont vendu les quantités suivantes d'éponges :

1900	F. 2.019.269
1901	2.711.166
1902	2.225.578
1903	2.051.531

Le Honduras anglais (1) exploite quelque peu les fonds qui l'avoisinent ; il en est de même de Haïti, qui au début lavait mal ses éponges. Mais depuis deux ans cette île fournit au commerce des qualités identiques à celles de la Floride et même meilleures. Les bancs y sont d'une grande richesse, surtout autour de l'île de la Gonave. Saint-Martin et Saint-Thomas possèdent quelques variétés d'*Hippospongia*. On pêche à Porto-Rico.

C'est à peine si l'on peut signaler qu'il existe des éponges à la Guadeloupe, que la *sheepswool* y est très abondante. Constatons qu'il s'agit d'une colonie française, voisine de pays enrichis par la pêche des éponges, et que les individus rejetés par les flots sur les plages sont les seuls qui y soient recueillis. Il était question d'y suivre, un peu tardivement, l'exemple des autres îles des Antilles : nous n'avons pu savoir si ces projets ont été mis à exécution.

On a trouvé également à Campêche des bancs exploitables d'*Hip. canal. cylindrica* et d'*H. eq. elastica* (Topsent, 1889). Le gouvernement colombien a affermé en 1903 au comte L. de Montebello la pêche des perles, des coraux, des éponges et des huîtres sur les côtes de la pres-

---

(1) D'après M. Weil les courants sont trop rapides au Honduras et au Vénézuela, les éponges y ont un tissu trop résistant, peu spongieux, et la pêche a dû y être abandonnée.

qu'île de Goajira, entre Santa-Marta et Punta-Espada ; un autre amodiataire a obtenu une concession analogue sur les côtes du Pacifique : nous n'avons pas de renseignements sur l'importance de ces concessions en ce qui concerne les éponges.

La mer Rouge où, d'après Lamiral, quelques Arabes pêchaient par plongée des éponges qu'ils vendaient à Aden et en Egypte, renferme la variété *arabica* Keller d'*Eusp. officinalis*. Cette variété est malheureusement dure, cassante, assez peu élastique et prend fort peu l'eau ; aussi ne paraît-elle pas devoir faire l'objet d'exploitations importantes aux points où on l'a signalée. A Tadjourah a été constatée aussi l'existence d'*E. irreg. pertusa*, très abondante mais de forme généralement défectueuse (Coutière). Les éponges utilisables dans le commerce qui ont été trouvées en explorant la baie de Djibouti sont grossières et de valeur très inférieure (renseignements de MM. Gravier et Krempf). Le Musée d'histoire naturelle de Marseille possède une éponge en forme de champignon, à tissu très souple, donnée comme provenant du golfe Persique, et que ses caractères microscopiques permettent de rapporter à *Eusp. offic. mollissima*. Si la provenance est bien authentique, le renseignement qui précède serait plein d'intérêt.

Les éponges qui se trouvent dans le canal de Mozambique et autour de Madagascar ne semblent pas avoir beaucoup de qualités. Le long de la côte Sud de notre île africaine vit *Eusp. laxa* Lend., qui ne doit pas pouvoir se prêter à des usages bien importants. Des éponges ont été signalées à Tuléar, ainsi qu'à Vohémar et leur pêche a été essayée entre Ambohibe et le cap Sainte-Marie ; cette pêche n'a pas été continuée pour des raisons secondaires. Des éponges de Madagascar avaient été soumises à l'examen de l'Office colonial, qui les trouva semblables à celles de la mer Rouge et d'une valeur de 3 francs à 3 fr. 50 le kilo. Nous avons pu identifier avec *Eusp. irreg. mollior* Lend. des éponges de Madagascar, mal préparées, conservées au Musée colonial de notre ville.

A Ceylan Herdman et Hornell ont découvert *Eusp. officinalis* abondante, de bonne taille et de forme utilisable, vivant à une faible profondeur dans la baie de Trincomali; il s'agit de la variété *ceylonensis* Dendy (1905), dont nous nous sommes déjà occupés. Faisons remarquer qu'*E. irregularis pertusa* et *E. trincomalensis* avaient été déjà observées sur les côtes de la même île. Le long de la presqu'île malaise vit la *yellow sponge*.

Il existe des éponges dans les eaux qui baignent la région centrale de l'Annam; d'après Breymann (Rapport de 1889) les Annamites négligeraient entièrement cette pêche pour laquelle l'outillage et l'éducation leur font entièrement défaut. Les exemplaires qui sont rejetés sur la côte par les tempêtes seraient de qualité secondaire et probablement inutilisables. Par contre les Carolines possèdent en très grande abondance des éponges qui d'après M. Menant, gérant du consulat de France à Manille, seraient plus fines, plus douces, plus belles que celles de l'Asie Mineure et pourraient devenir une des richesses du pays si elles faisaient l'objet d'une exploitation régulière. Au dire de Sollas (*Encyclopedia Britannica*), il s'agirait de *Coscinoderma Mathewsi* Lend. (1), qui se rencontre aussi au cap de Bonne-Espérance.

A Maurice on retrouve la *velvet sponge*, elle ne paraît pas y être pêchée. On peut en dire autant des espèces ou variétés qui vivent en Australie, et dont huit au moins seraient exploitables sur la seule côte de la Nouvelle-Galles du Sud; il était cependant question en 1902 d'essayer la pêche dans les eaux australiennes. En Tasmanie, à l'île des Pins et en Nouvelle-Zélande on a signalé l'éponge *équine*. La présence de cette espèce à l'île des Pins nous a intéressé et nous avons demandé des renseignements à ce sujet à M. François, qui a exploré ces parages : il nous a répondu que les indigènes de la Nouvelle-Calédonie et des autres îles de la Mélanésie jusqu'aux Salomon ne semblent pas connaître les éponges. A l'île Kingsmill (Océan Pacifique) vit *H. eq. cerebriformis* et à l'île Fiji *Eusp. discus*, qui est peut-être susceptible de recevoir des applications industrielles .

Procédés de pêche. — Ils sont assez variés : plongée à nu, pêche à la foène, au grappin, à la pince, au scaphandre, à la drague.

La plongée constitue le procédé primitif. Le plongeur nu, muni d'un sac pour enfermer sa récolte et d'un fort couteau pour détacher les éponges et pour lutter contre les requins, s'arme d'une pierre blanche et plate qu'il tient sur sa tête ; le poids de la pierre entraîne l'homme au fond et sa forme le dirige pendant la descente, tandis que sa couleur aide à repérer la position du plongeur pour les *tireurs* restés dans la barque. Ceux-ci sont prêts à hisser le pêcheur à bord, à l'aide de la corde fixée à son poignet, au moindre danger ou lorsque

---

(1) Les *Coscinoderma* se distinguent des *Euspongia* en ce que leur périphérie est entièrement bourrée de grains de sable.

le plongeur à bout de forces en donne le signal par un coup sec tiré sur la corde. Les plongeurs peuvent descendre à une profondeur de 50 mètres, et même de 60 mètres s'il faut en croire M. Saab, et rester deux minutes sous l'eau ; du reste il y a à ce sujet des différences individuelles considérables et la question d'entraînement joue également un grand rôle. Au début de la saison les pêcheurs font des plongées beaucoup plus courtes qu'à la fin. M. Masse cite deux frères jumeaux de Calymnos, plongeurs célèbres, qui seraient restés, en présence de nombreux témoins, l'un 5′ 12″ sous l'eau et l'autre 5′ 4″. A chaque plongée les pêcheurs rapportent une moyenne de 5 à 8 éponges ; ils se reposent une demi-heure entre chaque plongée. Ils sont payés à la part ; les tireurs ou rameurs ont un salaire fixe.

Cette pêche est surtout pratiquée dans le Levant, où on l'appelle *boulicta-dhikha*; un certain nombre de pêcheurs de l'Archipel venaient la pratiquer en Tripolitaine, il y a quelques années encore. A Djerba et à Kerkennah (Tunisie) on trouve aussi un certain nombre de bons plongeurs. Dans les eaux peu profondes qui avoisinent ces dernières îles, ainsi qu'aux Bahamas et à Cuba, fréquemment les pêcheurs se promènent en marchant, explorant les fonds avec leurs pieds, et se baissent pour ramasser, ou ramènent avec un croc les individus ainsi reconnus et que leurs orteils n'ont pu arracher. La saison propice à la pêche par plongée est de mai au début d'octobre : il faut que les eaux ne soient pas trop froides et que la mer soit suffisamment calme. La pêche dure généralement du matin à 2 à 3 heures de l'après-midi. Le principal ennemi du pêcheur est le requin. C'est en partie à cause du petit nombre de requins qui s'y trouvent que, d'après M. Saab, les pêcheurs préféreraient sur les côtes de Syrie celles de Lattaquié, de l'île Rouad et de Tripoli ; c'est aussi le même ennemi qui a fait abandonner ce mode de pêche en Tripolitaine. Il faut que les pêcheurs soient sobres et ne se jettent à l'eau que lorsqu'ils sont à jeun, de crainte de congestion.

Les médecins grecs (1) signalent une maladie de peau qui attaque les plongeurs et, d'une manière générale, les hommes dont la peau nue se trouve en contact avec un cœlentéré commensal des éponges. Il se produit d'abord un phénomène d'urtication, bien connu de tous ceux qui au bain ont frôlé des orties de mer, puis la répétition de cette lésion cutanée amène des complications plus sérieuses.

(1) Skevos Zervos. La maladie des pêcheurs d'éponges. *Sem. Méd.*, t. xxiii, 1903.

La pêche à la foène (*kamaki* des Grecs, *fiocina* ou *fuscina* italienne, *fouchga* arabe, *pincharro* cubain) est bien plus répandue. La foène a des dents hastées en nombre variable suivant 'es localités et suivant la nationalité des pêcheurs. La *fouchga* a deux dents, ainsi que le *pincharro*, le harpon de la Floride est à trois dents, le *kamaki* à quatre. Les foènes utilisées en Tunisie ont jusqu'à six dents, etc. Parfois, en Tunisie, à Cuba, l'instrument n'a qu'une dent et est alors un simple croc, c'est le *garabato* cubain ; d'autres fois les dents se recourberaient et on aurait alors un grappin, auquel un sac en filet pourrait être fixé (1) (Seurat) ; le grappin serait utilisé surtout aux Bahamas et en Floride. Le manche en bois de ces instruments est à raccords et un lest en plomb leur permet de se tenir dans l'eau, immergés et verticaux. Dans une barquette se trouvent généralement deux hommes, un rameur et un pêcheur. Celui-ci explore les fonds sur lesquels le rameur le promène lentement. Une éponge est harponnée aussitôt vue; les barbelures des dents permettent de l'arracher de son support, mais laissent généralement des traces dans son tissu. La dépréciation due aux déchirures ainsi produites n'est pas bien considérable lorsque l'éponge pêchée a une valeur marchande relativement faible, ainsi qu'il arrive pour les éponges de Tunisie ; par contre chez les éponges fines de la Syrie elle prend une importance considérable, c'est ce qui explique que la pêche à la plongée soit préférée dans cette région. Quelquefois les deux modes de pêche se trouvent réunis, et quand le harponneur voit une éponge de prix il fait descendre pour la recueillir un plongeur qui l'accompagne. On admet en Amérique qu'une pêche de 4 kilog. 5 d'éponges, supposées sèches, est une bonne journée pour une barquette.

Le pêcheur à la foène est couché à plat ventre dans sa barque, à l'avant de laquelle proéminent par un trou d'homme sa tête et ses épaules. C'est là une position des plus pénibles : les genoux, les hanches doivent être protégés par des chiffons, des débris d'éponges, etc., autrement la pression continue pourrait amener en ce point la formation d'eschares. Le séjour prolongé sur la poitrine, diminuant dans de notables proportions la ventilation pulmonaire, serait aussi la cause d'un certain nombre de cas de tuberculose.

Pour mieux voir les fonds le pêcheur jetait primitivement à la

(1) Serait-ce le rateau à mailles serrées dont parlent certains auteurs ?

surface de l'eau un peu d'huile, actuellement les Grecs ont répandu l'usage d'une sorte de lunette sous-marine ou lunette de maître calfat, formée simplement d'un tube cylindrique de métal ouvert en haut, fermé en bas par une glace. C'est le *miroir*, le *yalé* grec, le *specchio* italien, le *m'raia* arabe, le *vidrio* espagnol et cubain. Cet instrument est plongé de quelques centimètres dans l'eau, ce qui supprime immédiatement les incessantes variations de la réfraction, dues au perpétuel ridement de la surface et qui rendent si pénible l'examen du fond de l'eau. Les barques de pêche à bord desquelles on se sert de cet instrument portent en Orient le nom de *yalés*.

Fig. 8. — Pêche à la foène, manœuvre du miroir.

Pour que cette pêche puisse être pratiquée il est nécessaire que les eaux soient suffisamment limpides ; en beaucoup d'endroits elle ne peut pas être exercée les lendemains de tempête. Il faut aussi que les éponges ne soient pas cachées par la végétation sous-marine ; quand on exploite les prairies de Zostères, comme en Tunisie, il faut attendre que le cycle végétatif des plantes ait amené la chute automnale périodique des frondes. C'est alors la saison d'hiver qui sera la seule possible. Toutefois dans la Tunisie des pêcheurs Accara, formés par les Grecs à ce qu'on assure, pêchent *au signal* quand les herbes du fond ont atteint une grande longueur. Pour pouvoir pêcher au signal il faut que ces herbes soient bien développées : alors un œil exercé sait reconnaître, au fond de l'eau, la base blanche des feuilles de posidonies que couche le flot, et deviner ainsi la présence d'un objet interposé qui maintient les touffes d'herbes écartées. Le harpon est dirigé vers la tache blanche et ramène l'éponge. M. Capriata, à qui nous devons des renseignements pleins d'intérêt, a vu des indigènes pêcher ainsi, au jugé en quelque sorte, à la profondeur incroyable de 26 mètres. En général les pêcheurs à la foène qui ne pêchent pas au signal ne dépassent pas 15 mètres de profondeur, et cependant ils voient l'éponge qu'il faut harponner.

A Cuba la perche du *pincharro* est parfois remplacée par une corde, et le bateau traîne après lui cet instrument aveugle sur les fonds spongifères. La pêche à la pince (*tanaglia*) est pratiquée dans l'Adriatique ; elle est de tous points comparable à la pêche à la foène : l'engin est une sorte de tenaille en fer dont une des branches est prolongée par une perche en bois, l'autre par une corde.

La drague pour éponges a gardé dans toute la Méditerranée son nom grec de *kangava* ou *gangava*, parent du nom provençal de *gangui* et de l'espagnol *ganguil*. Son ouverture, large de 6 à 12 mètres et haute de 60 à 80 centimètres, est formée d'une barre de fer ronde, relevée sur les deux côtés ; sur ceux-ci repose la pièce de bois qui limite l'ouverture à sa partie supérieure. Une poche de filet, profonde de 6 mètres, complète l'appareil. Celui-ci est traîné dans les eaux méditerranéennes par des bateaux grecs et italiens. Les fonds rocheux lui sont interdits, et le nombre de ceux-ci n'est malheureusement pas assez considérable, car les gangaves détruisent des quantités très grandes d'individus ; jeune ou adulte, aucune éponge ne trouve grâce devant elle. Les éponges trop petites pour rester dans la poche, dont les mailles sont cependant rétrécies par l'effet de la traction produite pendant la pêche, sont dispersées au hasard sur les fonds bouleversés. Quelques unes peuvent continuer à vivre, mais les autres sont destinées à faire partie de ce que l'on appelle dans le commerce les éponges *roulées* et leur squelette, ballotté au gré des courants et des tempêtes, finit parfois par être recueilli à un nouveau passage de l'instrument de destruction, ou bien est rejeté sur la grève par un coup de vent du large. Parfois une pierre, un ressaut heureux de la barre de fer ont protégé une éponge qui se trouvait sur le passage de la gangave et dont les larves ensemenceront à nouveau la région dévastée. D'autres fois l'éponge, bien que laissée en place, a cependant beaucoup souffert, la masse pesante l'a écrasée à son passage ; une nouvelle poussée de tissus vivants pourra se produire au niveau des points les moins lésés, mais la plus grande partie de l'éponge sera quand même perdue et le nouvel individu qui prendra naissance aura une forme irrégulière et une valeur marchande bien diminuée.

La pêche au scaphandre (*michanés* des Grecs), appliquée aux éponges depuis 1865, est principalement effectuée par des plongeurs de nationalité grecque : elle exige des qualités physiques spéciales et une très grande sobriété. La nourriture des plongeurs doit être particulièrement surveillée, et les boissons alcooliques en sont presque entièrement éliminées. Les plongeurs qui opèrent sur les côtes d'Espagne reçoivent le matin du café noir, à 6 heures du soir un dîner composé exclusivement de volaille ou de viande de boucherie (Dive). Les scaphandriers règlent à volonté, à l'aide de la soupape de dégagement, la pression intérieure de l'appareil ; ils peuvent même se tenir en équilibre dans l'eau, notamment pour enlever des éponges fixées sur des plans verticaux de rocher : c'est là la pêche à *la resta* (Masse). En général il existe un bateau, une sacolève grecque, qui sert à la fois de dortoir, de magasin de vivres et d'entrepôt des produits de pêche. Autour de celui-ci évoluent de deux à cinq scaphes, portant chacun une pompe, montés par les plongeurs et leurs aides et qui exploient les environs.

Les principaux dangers qui menacent les scaphandriers, en plus des accidents dont il est facile de prévoir la nature (rupture ou coudure des tubes, etc.) résident dans les lésions du système nerveux central qui constituent ce que l'on a appelé le *mal des caissons*. Ces accidents sont surtout fréquents après des plongées à grande profondeur, à la fin de chaque campagne de pêche, alors que s'est accumulée la fatigue de toute la campagne, ou quand des accidents pulmonaires ou autres affaiblissent le plongeur. On évalue qu'après six mois de pêche, sur une équipe de 12 plongeurs quatre présenteraient des accidents nerveux, auxquels deux succomberaient souvent. Dans ses instructions aux pêcheurs (12 avril 1896 ; in *Code Nautique* de Spiridon Gorgorine, t. I, p. 270, 1904) le gouvernement hellénique recommande et ordonne aux scaphandriers de ne pas descendre à une profondeur supérieure à 28 brasses (51 mètres), et de ne pas rester sous l'eau plus d'une demi-heure à une profondeur de 10 à 15 brasses (18 à 27 mètres), d'un quart d'heure à 15 à 20 brasses (27 à 36 mètres), de dix minutes à 20 à 23 brasses (36 à 42 mètres). Ces durées de séjour sont notablement inférieures à celles que Gal indique comme habituelles, et même à celles qu'il conseille. Les capitaines de bateaux doivent, avant de laisser descendre les plongeurs, vérifier à la sonde devant l'équipage la profondeur exacte des fonds et l'inscrire sur un registre.

Malgré ces recommandations le nombre des accidents est resté toujours très grand. En 1897 le ministère grec de la marine croit devoir envoyer une nouvelle circulaire au sujet de la découverte, qui vient d'être faite à Lampédouse et à l'îlot Lampione, de plusieurs cadavres de plongeurs grecs, morts d'asphyxie et clandestinement enterrés, revêtus encore de leur vêtement de travail. On murmure en Tunisie que les accidents des scaphandriers ne sont pas toujours le fait du hasard seul... N'écoutons pas ces propos. Emu de la morbidité persistante qui sévit sur les scaphandriers, le gouvernement hellénique envoie sur les lieux de pêche des navires de guerre qui se transforment en navires hôpitaux et qui reçoivent les nombreuses victimes du plus meurtrier des engins de pêche.

Malgré leurs risques professionnels nombreux, le recrutement des scaphandriers ne paraît pas présenter de difficultés. Egine et Hydra en fournissent beaucoup. C'est aussi que les appointements élevés consentis par les armateurs sont bien faits pour tenter les esprits aventureux : un bon plongeur peut gagner plus de 3.000 francs pendant la campagne d'été; celle d'hiver est moins lucrative car il y a plus de journées de chômage forcé. D'après M. Masse un bateau scaphandrier dont l'armement a exigé de 20 à 25.000 francs rapporterait de 16 à 40.000 francs au cours d'une saison d'été, dans le Levant ; dans les mêmes régions une barque montée par des plongeurs à nu pêcherait pour 4.000 à 12.000 francs, et par des pêcheurs au kamaki 1.500 à 2.000 francs. Nous donnons ailleurs les rendements pour la Tunisie.

Les hygiénistes ont élevé depuis longtemps la voix contre la profession de scaphandrier. Ch. Flegel a mené une énergique campagne à ce sujet, et le Congrès international des pêches de Saint-Pétersbourg (1902) a émis le vœu que les gouvernements intéressés s'occupent de cette question. Assurément en se plaçant au point de vue philanthropique il est absolument impossible de prendre la défense du scaphandre. On a voulu également l'attaquer au point de vue économique et on a émis à ce sujet de bien étranges assertions. Arapian, de Key-West, un de ceux qui l'ont pris à partie avec le plus d'ardeur, croit qu'avec ses lourds souliers métalliques le scaphandrier détruit des quantités de jeunes éponges ; « les éponges ne poussent plus sur les fonds qu'ont foulé les chaussures des scaphandriers ». Le fond de la mer n'est pas tapissé d'éponges, comme on pourrait le croire ; le scaphandrier a assez à faire pour chercher celles-ci et il ne risque malheureusement pas d'en écraser à chacun de ses mouvements. Que l'on compare d'ailleurs l'espace que pourraient ainsi stériliser les souliers d'un scaphandrier à celui qui est balayé par une gangave. Enfin l'objection précédente prend une saveur piquante quand on remarque que c'est Arapian lui-même qui a essayé d'introduire en Floride la pêche au scaphandre ; il aurait été obligé d'abandonner bientôt cet engin à cause du manque de probité des scaphandriers étrangers, du peu de densité des agglomérations d'éponges, etc., après avoir perdu, dit-on, 60.000 francs dans ses essais (1).

On dit encore que les verres grossissants du scaphandrier le trompent et que, voyant tout agrandi, il cueille par erreur de petites éponges que l'on est obligé ensuite de ranger parmi les *écarts*. La vérité est que le scaphandre est un instrument trop parfait et que le scaphandrier voit tout ; quand il ramasse des *écarts*, c'est qu'il veut bien le faire et en pleine connaissance de cause.

En général les négociants d'éponges sont très favorables à cet instrument, qui rapporte beaucoup d'exemplaires et dans un excellent état. Les gouvernements lui sont parfois plus hostiles, soit parce qu'ils tiennent à restreindre la pêche sur leurs bancs, soit pour des raisons avouées d'humanité derrière lesquelles d'autres motifs peuvent aisément être découverts.

Réglementation. — Les législations ne sont pas uniformes en ce qui concerne la pêche des éponges. La Grèce autorise la pêche à la drague et au scaphandre et la pêche y est libre, sans patente, pourvu que le capitaine et les trois quarts de l'équipage soient hellènes. La Turquie interdit l'emploi du scaphandre ; à ce que l'on assure la raison en consisterait dans ce fait que les scaphandriers sont tous de nationalité grecque et qu'ils faisaient une trop forte concurrence aux

(1) *Rev. Sc. Nat. Appl.*, t. ii, p. 506, 1891.

nationaux turcs pêcheurs d'éponges ; d'ailleurs la venue des scaphandriers n'était pas toujours favorablement acceptée par les populations intéressées, et en Syrie notamment, au dire de M. Saab, il se produisait de temps en temps des rixes à ce sujet. La Turquie, en plus des taxes assez élevées sur les bateaux de pêche, impose encore les produits pêchés d'une taxe de 2 1/2 o/o dite philanthropique et d'un droit de sortie de 10 o/o.

La Crète a interdit la pêche au scaphandre en 1899, Chypre en 1901, l'Egypte vers la même époque (C. Flegel); dans ce dernier pays, d'après les *Mitth. d. deutschen Seefischerei Vereins*, le scaphandre est prohibé et la drague n'y est tolérée que dans les fonds supérieurs à 80 mètres. Sur les côtes de la Dalmatie la pêche à la foène est actuellement autorisée pendant deux années consécutives sur un même banc, interdite la troisième ; les autres engins sont interdits. Le capitaine et la plus grande partie de l'équipage des bateaux de pêche doivent être autrichiens ; ils n'ont à acquitter qu'une taxe modique. Tous les engins sont autorisés en Tripolitaine, mais chaque appareil de scaphandre est imposé d'un droit de 735 francs ; celui-ci est de 70 à 140 francs pour les gangaves et de 92 francs pour les kamakis.

L'Italie et la Tunisie autorisent tous les engins. En Tunisie cependant la pêche à la gangave et au scaphandre est interdite du 1er novembre au 31 décembre, et le nombre des patentes à délivrer aux scaphandriers est limité depuis 1902 ; aucune distinction de nationalité n'est faite et le droit de pêche est subordonné à la délivrance d'une patente assez élevée. En Italie le capitaine et les deux tiers de l'équipage doivent être italiens, aucune patente n'est exigée autre qu'une *licenza* de 5 francs et tous les engins y sont autorisés. En présence du dépeuplement des fonds de Gallipoli le gouvernement italien est plutôt disposé à interdire la pêche pendant une certaine période qu'à réglementer les engins (1).

En France, quand des recherches ont été entreprises sur les côtes de Corse et de Provence, c'est au scaphandre qu'on a eu recours ; faute d'équipages français entraînés on a autorisé les armateurs à pêcher en Corse avec des plongeurs grecs, moyennant obligation d'embaucher les inscrits maritimes français qui le demanderaient : aucun de ceux-ci ne s'est présenté. C'est aussi au scaphandre, avec plongeurs grecs, qu'on a eu recours sur les côtes d'Espagne (Dive).

(1) Lettre du Ministère de la Marine d'Italie, avril 1905.

À Cuba la pêche est libre, sauf du 1er mars au 31 mai, pour toute personne domiciliée dans l'île ; un minimum de taille est imposé pour les produits pêchés, colportés ou mis en vente : 46 centimètres de circonférence pour les communes, 30 pour les *machos de seda* ou *peludos*, 25 pour les *machos finos*. Ce minimum est un peu différent pour les éponges pêchées dans la zone maritime du port de Caibarién. La drague et le scaphandre sont prohibés.

Les habitants permanents de la Floride ont seuls le droit de s'intéresser à la pêche des éponges, sauf paiement d'une redevance annuelle de 260 francs. L'emploi de la drague est interdit dans le golfe du Mexique, jusqu'à une distance du littoral de trois lieues marines, et dans la région connue sous le nom de *terres d'éponges* le long du littoral de la Floride, entre Pensacola et le cap Florida ; le scaphandre a fait aussi l'objet de mesures d'interdiction. Un diamètre minimum de 0^m10 est fixé pour les éponges pêchées ou mises en vente, et on a demandé plusieurs fois que ce diamètre soit élevé à 5 pouces (0^m1275).

Préparation des éponges. — Une fois pêchées les éponges doivent être préparées le plus tôt possible. En Tunisie la plupart des indigènes pratiquent la *pêche noire* et vendent à l'état brut les éponges pêchées dans la journée, mais la pêche universellement pratiquée dans les autres pays est la *pêche blanche*, dans laquelle on n'apporte sur les marchés, à intervalles éloignés, que les squelettes débarrassés des tissus de l'animal. On empile les éponges pendant un certain nombre d'heures de manière à commencer un travail de putréfaction qui rend les éléments aisément dissociables. Il suffit alors de piétiner les éponges, en les arrosant fréquemment, pour les nettoyer d'une manière convenable. En Amérique on les fait pourrir pendant une semaine dans des *crawls* (*coral* en cubain), espaces de mer en eaux peu profondes, près du rivage, fermés par des clayonnages. Dans le même pays on admet qu'un homme peut laver dans un jour 22 kilogrammes environ de grosses éponges (calculées sèches) et 7 kilogrammes d'éponges mélangées.

Puis on fait sécher les produits en les attachant, en chapelets, aux vergues des bateaux ou à des cordes maintenues par des piquets, à terre. Les éponges bien lavées ont une couleur plus claire, elles absorbent plus d'eau car leurs mailles ont été bien débarrassés des tissus de l'animal, aussi les marchands apprécient-ils la valeur des éponges qu'ils achètent aux pêcheurs en examinant les quantités d'eau de mer qu'elles peuvent absorber. Le dimanche les équipages descendent leur récolte à terre et, pour en compléter la dessication, l'étalent souvent sur le sable du rivage, d'autant plus volontiers que lorsque les éponges s'achètent au poids le sable qui pénètre dans les trous des éponges augmente les bénéfices de la campagne. Parfois même le sable est volontairement introduit par un malaxage savant, et aucun traitement ultérieur ne peut en débarrasser alors complètement les éponges. Le sable blanc de l'Afrique passe pour donner à celles-ci une belle couleur. Le sable est parfois remplacé par de la poudre de marbre, de la chaux, de la glycérine, de la litharge (Ruge), du plomb. La poudre de marbre est très difficile à enlever ultérieurement, la litharge encore plus et elle a en outre l'avantage de posséder une couleur voisine souvent de celle de l'éponge brute.

Le sablage des éponges, qui augmente leur poids dans des proportions variant de 25 à 100 o/o, a donné lieu à de tels abus que les Américains n'achètent plus qu'au nombre ou au volume les éponges de l'Atlantique : en Europe les Anglais prennent les éponges sablées, la France et l'Allemagne les préfèrent non sablées.

A cet état les éponges sont encore dites brutes : leur couleur est encore trop foncée, elles possèdent à leur base des restes de leur support, à leur surface ou à leur intérieur des débris de coquilles, des tubes de serpules, des faisceaux de fibres ou de feuilles de posidonies, etc. C'est cependant ainsi, généralement, qu'elles sont expédiées des centres de production, parce qu'un certain nombre de gouvernements, pour favoriser le commerce national, grèvent les éponges préparées de droits beaucoup plus élevés que les éponges brutes. On les met en ballots dans des sacs. En Méditerranée les balles sont cylindriques, de 0ᵐ 50 de diamètre et de 1ᵐ 25 de hauteur et pèsent de 20 à 30 kilogrammes. Les éponges y sont tassées, pressées avec le pied par un homme qui à cet effet monte debout dans le sac. Aux Etats-Unis on fait des balles carrées, pressées à la presse à main et mesurées au cube.

On vend à part les éponges trop petites, mal venues ou altérées pour diverses raisons et qui constituent les *écarts* (*scarti*). Quant aux éponges *roulées* (*rolling sponges, rodadoras*), qui ont été roulées un certain temps dans la mer avant d'être pêchées, elles peuvent souvent être vendues avec les autres ; parfois elles sont mises avec les *écarts*.

Pour préparer les éponges il faut les rogner pour leur donner une forme régulière, les ébarber, les fragmenter si elles sont volumineuses. L'*oreille d'éléphant*, qui n'est utilisée que dans l'industrie, est toujours débitée en morceaux. On enlève les restes du support, on bat longuement les éponges pour faire tomber ou pour fragmenter les corps étrangers, on enlève les corps calcaires avec un acide (acide chlorhydrique à 10 o/o), enfin on procède au blanchiment. La décoloration est malheureusement obtenue par l'emploi de produits chimiques énergiques qui ne sont pas sans influence sur la solidité et sur la durée des fibres de spongine. On emploie le permanganate de potasse et de soude, suivi de lavages à l'hyposulfite de soude en présence d'un acide ou au bisulfite de soude ; on utilise aussi l'acide oxalique, les lessives de soude et de potasse, les hypochlorites, etc., suivant la teinte définitive que l'on veut conserver au produit. Enfin les éponges sont passées à l'eau de chaux, qui leur donne ces tons jaune doré qui attirent l'œil des acheteurs. Les taches rouille si fréquentes sont enlevées par un traitement de 12 heures à l'acide sulfurique à 5 o/o.

Commerce. — Les principaux marchés pour le commerce de ce produit sont éloignés des lieux de pêche. Autrefois Venise et Marseille ont joué un grand rôle dans ce commerce et elles ont donné leur nom à certaines sortes. Les produits pêchés sont d'abord groupés et triés dans un certain nombre de ports, voisins des lieux de pêche ou qui sont des centres d'armement : Tripoli, Beyrouth en Syrie, dans le Levant Halkis, Symi, Hydra, Calymnos, Kramidi, Kharki, Egine, qui centralisent en grande partie les pêches de la Méditerranée orientale et centrale. Les éponges de Chypre vont en Grèce et à Rhodes, toutefois le marché de cette dernière île a bien perdu de son importance et les Anglais cherchent à le transporter à Chypre : en 1901 Rhodes n'a plus exporté que 43.000 francs d'éponges, dont 30.000 en Egypte et 13.900 en Turquie, et en 1903 elle en a importé de Turquie pour 14.000 francs. La plupart des places précédemment citées sont entre les mains des Grecs ; à Egine cependant les négociants anglais sont les plus puissants. La Grèce expédie, par ordre d'importance, en Autriche-Hongrie, en France, aux Etats-Unis, en Angleterre.

Trieste accapare les éponges de l'Adriatique ; Tripoli de Barbarie expédie en France, directement ou par la voie de Sfax, près de la moitié de ses récoltes ; le reste est ramené par les pêcheurs dans les îles

grecques ou turques de l'Archipel. Sfax monopolise les éponges tunisiennes; Lampédouse et par suite Naples, où se trouvent un grand
nombre d'armateurs pour la pêche des éponges, font des efforts pour
créer en Italie un marché important.

Les trois grandes places de débit en Europe sont Londres, Paris
et Trieste. Londres reçoit de la Turquie d'Asie, de l'Archipel, de
Rhodes et fait venir aussi de Trieste (pour 375.000 francs vers 1890).
Elle réexpédie un tiers de ses importations à New-York, et à Paris
pour une valeur de 500.000 francs vers 1895. Paris fait venir en grandes
quantités les sortes les plus chères de Mandroucha, de Crète, d'Hydra,
d'Egine, de Grèce, et monopolise presque le commerce des plus belles
éponges du Levant; Marseille possède aussi quelques maisons fort importantes. En 1904 la France a importé pour près de douze millions de
francs d'éponges, dont un tiers américaines. Trieste a une importance
bien moindre, ses importations ne dépassent guère 2.500.000 francs, et
elle s'occupe surtout des qualités moyennes. Le marché belge et celui
de Hambourg sont de plus en plus actifs.

Dans le golfe du Mexique Key-West, et quelque peu Apalachicola
et Saint-Marks, groupent les produits de la pêche, qui se vendent
surtout à la Nouvelle-Orléans et à New-York. C'est dans cette dernière ville que se trouve le grand marché américain. Nassau est le
centre de vente le plus important des Bahamas et de toutes les
Antilles, son principal débouché est à New-York ; en 1902 l'exportation a été ainsi dirigée :

États-Unis	51 o/o
France	14 o/o
Hollande	12 o/o
Grande-Bretagne	9 o/o

Cuba expédie en France plus de la moitié de ce qui est apporté
sur ses marchés; le reste va, par ordre d'importance, aux États-Unis,
en Angleterre et en Espagne (Statistiques cubaines, 1901-3). Le Honduras anglais envoie aux États-Unis les quelques milliers de francs
d'éponges qu'il retire de ses eaux.

Les noms commerciaux des éponges ont une origine très variable.
Les uns sont fournis par les points d'embarquement ou les centres
principaux du commerce, telles sont les anciennes appellations de
levantines, de *venise*, d'*éponges de Marseille*. D'autres sont tirés du

H   17 mode de pêche : *gangaves, yalés, kamakis,* de la nationalité des pêcheurs : *siciliennes.* Le nom de *gerbis,* primitivement donné aux exemplaires qui venaient de Djerba, sert actuellement à désigner toutes les éponges en provenance de Tunisie et de Tripolitaine. Lampédouse distingue d'après les bancs : *banco ponente, b. nuovo, mezzo giorno, fango,* etc. Il résulte de la combinaison de ces appellations diverses un fouillis de noms dans lequel les initiés peuvent seuls se reconnaître, d'autant plus que chaque maison d'expédition possède parfois une nomenclature spéciale. Aussi croyons-nous devoir fournir ici quelques renseignements sur les principales sortes commerciales.

Les éponges expédiées par le Levant portent le nom générique de *levantines.* La variété la plus fine est appelée *fine douce de Syrie* et *coupe turque ;* elle n'a presque pas de prix, sa valeur moyenne (1) oscille entre 70 et 150 francs le kilo, mais les individus de choix peuvent atteindre des chiffres bien plus élevés.

La *fine douce de l'Archipel* est un peu moins recherchée, les oscules sont plus gros et moins nombreux, la résistance de l'éponge est moindre : elle vaut de 50 à 100 francs. Cette sorte, ainsi que la précédente, est fournie par *E. off. mollissima.*

Les *venise* sont des squelettes d'*Hip. eq. elastica ;* on distingue dans le commerce la *venise fine* ou *blonde de Syrie,* de forme régulière, à tissu léger et solide et qui se vend de 30 à 50 francs, et la *venise commune* ou *blonde de l'Archipel,* un peu plus rêche et plus colorée que la précédente, à face supérieure plus bombée et dont le prix oscille entre 15 et 30 francs. D'une manière générale les éponges fournies par les îles de l'Archipel sont appelées *archipelagos.*

Les *Hippospongia* d'origine africaine portaient autrefois le nom d'*éponges de Marseille* ou de *brunes de Barbarie ;* elles sont plus souvent désignées à l'heure actuelle sous le nom de *gerbis.* Les *Benghazi* de belle qualité valent de 40 à 60 francs, même prix pour les *Mandroucha,* les qualités communes ne s'élèvent qu'à une trentaine de francs ; les *Tripoli* valent 20 francs environ. En Tunisie on distingue les *Kerkennis,* les *Foros,* les *Moustapha,* les *Fitcho,* les *golfe* ou *Tragan* (banc de *Dragana*), etc., suivant les bancs d'où proviennent les éponges. On les a vendues en 1905 : les *gangaves* de 15 à 16 francs, ce dernier prix étant généralement atteint par les éponges pêchées par les Grecs, les

(1) Les prix s'appliquent aux éponges brutes et au commerce du gros.

éponges récoltées par les scaphandriers de 17 à 18 francs, les *kamakis* prises par les Italiens autour des Kerkennah et appelées *siciliennes*, de 21 à 23 francs, les *kamakis* harponnées par les Grecs de 16 à 17 francs ; les *écarts* valent de 2 à 3 francs seulement.

A *Eusp. zimocca* peuvent être rapportées plusieurs sortes : la *fine dure de Syrie*, la *fine grecque*, qui se paie de 12 à 20 francs, la *géline de Barbarie*, l'*hadjemi* tunisienne.

Les éponges d'origine américaine sont généralement importées en France sous le nom de *havane*. En première ligne il faut citer la *sheepswool* (*Hip. canal. gossypina*), appelée *indienne* en France, et qui comprend les *abaco wool*, valant 22 francs, et les *wool cay*, qui ne se paient guère que 15 francs ; puis viennent les *velvet* (*Hip. eq. meandriniformis*), qui se divisent en *abaco velvet*, plus souples, dont le prix atteint 20 francs, et les *velvet cay*, plus ordinaires, qui se négocient à 14 francs. Ce que nous appelons en France *fine antille* est fourni par *Eusp. irreg. pertusa* ; les meilleures sortes, sous le nom de *reef* (1), se vendent de 15 à 18 francs, les autres, plus spécialement désignées sous le nom habituel de *glove*, valent de 10 à 12 francs. Les *yellow*, ou *boulet* (*Eusp. off. rotunda*), valent environ 8 francs ; une variété plus dure, à laquelle est réservé le nom de *hard head*, s'échange aux environs de 6 francs. Enfin les *grass* ou *afrique* (*Hip. canal. flabellum*) ne se paient que de 2 fr. 50 à 6 francs, encore ce dernier prix n'est-il atteint que par une variété plus résistante et plus souple appelée *grass silkis*.

Les noms donnés à Cuba sont d'origine espagnole ; la plupart des commerçants cubains se servent pour leurs transactions des appellations anglaises et françaises que nous avons données plus haut. Nous croyons cependant devoir donner la synonymie des noms cubains. Les éponges les plus grossières sont appelées *machos* (mâles) ; nous avons ainsi les *machos de cueva* (*grass*), les *machos peludos* ou *machos de seda* (*grass silkis*), les *machos finos* (*yellow*), dont une variété, dite *nuevita*, correspond à la *hard head*, et dont une autre variété très souple porte le nom de *cayo*, les *machos guante* (*glove*) ; l'*antilla* est la *reef*. Les éponges les plus fines, les *sheepswool*, sont appelées *hembras* (femelles) ; citons encore les *aforadas* (*velvet*). La synonymie des autres termes cubains nous est inconnue.

(1) Aux Bahamas on distingue les *white reef* et les *dark reef*, celles-ci à racine foncée.

Synonymie des sortes commerciales d'éponges

NOMS LATINS	NOMS FRANÇAIS	NOMS ANGLO-AMÉRICAINS	NOMS CUBAINS	NOMS DIVERS
Euspongia officinalis mollissima.	Fine douce de Syrie, coupe turque.	....	....	Abiaud, mélati (Emp. ott.)
» *adriatica*...	Fine douce de l'Archipel.			Psathouria (Grèce), Levantiner-Ohrenlappen, Honigschwamme (Allem.).
» *lamella*. ...	Fine douce de l'Adriatique. / Oreille d'éléphant.	....	....	
» *rotunda*....	Boulet.	Yellow. / Hard head.	Macho fino Batabano. / » » nuevita.	
» *zimocca*..........	Chinmousse : fine dure de Syrie, fine grecque, géline de Barbarie.	Zimocca.	Cayo.	Achmar, tsimouri (Emp. ott.), zimocca (Dalmatie), hadjemi (Tunisie).
» *irreg. pertusa*.....	Fine Antille.	Reef. / Glove.	Antilla. / Macho guante.	
Hippospongia equina elastica...	Venise : fine ou blonde de Syrie, commune ou blonde de l'Archipel. / Ep. de Marseille, ou brune de Barbarie, Gerbis, etc.			Cabar (Emp. ott.).
» *meandriniformis*..		Abaco velvet. / Velvet cay.	Aforada.	
» *canaliculata gossypina*	Indienne.	Sheepswool : abaco wool / wool cay.	Hembra de ojo.	
» *flabellum*.	Afrique.	Grass. / Grass silkis.	Macho de cueva. / » peludo ou de seda	

Applications. — Les applications des éponges sont innombrables. Leur emploi pour la toilette absorbe tout ce que peuvent rapporter les pêcheurs dans les plus belles variétés ; elles étaient déjà ainsi utilisées du temps d'Homère, cependant les textes n'en font mention en France que depuis le xvie siècle. Les grosses pièces sont employées comme éponges de bain. L'éponge *équine* fait l'objet d'une grande consommation pour la toilette, les usages domestiques, la carrosserie, etc., aussi est-ce avec l'éponge *fine douce* celle dont la vente est le plus facile.

Avec les rognures et les *écarts* on a essayé de faire des matelas qui n'ont pas donné de bons résultats. Actuellement on fait avec les *chimousses* des filtres pour l'eau des chaudières, à bord des navires ; on met des éponges à l'intérieur des lampes à essence bon marché, etc. On les utilise dans la corroierie, les fabriques de porcelaine (écarts des *fines douces*), les tanneries ; les manufactures d'armes s'en servent pour le bronzage des canons, les fabriques de rubans pour le moirage. Les fabriques de chapeaux réclament les *hard head* les plus dures pour le lustrage des chapeaux, surtout de ceux de feutre. On emploie aussi les éponges dans la dorure, le vernissage, la miroiterie, etc. On utilise les *oreilles d'éléphant* pour le polissage des boîtiers de montre, etc.

Les usages médicinaux ont bien diminué d'importance : l'antisepsie a détrôné les éponges pour le lavage des plaies et les a remplacées par le tampon d'ouate ; les anciennes éponges à la ficelle, comprimées à l'état humide par des tours serrés de cordelette et qui servaient à dilater les trajets fistuleux, ont été abandonnées pour les tiges de laminaire et ne se trouvent plus que dans les fonds de tiroir des vieilles pharmacies. Il en est de même de l'éponge à la cire, comprimée jusqu'après refroidissement dans de la cire fondue et qui servait aux mêmes usages que la précédente. L'éponge calcinée a été longtemps employée contre le goitre et la scrofule : on faisait torréfier dans un brûloir à café les éponges fines « dépoudrées et non lavées ». L'iode mis en liberté, se combinant à la chaux du calcaire inclus dans l'éponge, formait de l'iodure de calcium. On préfère actuellement employer des produits iodés plus faciles à préparer et d'action plus certaine.

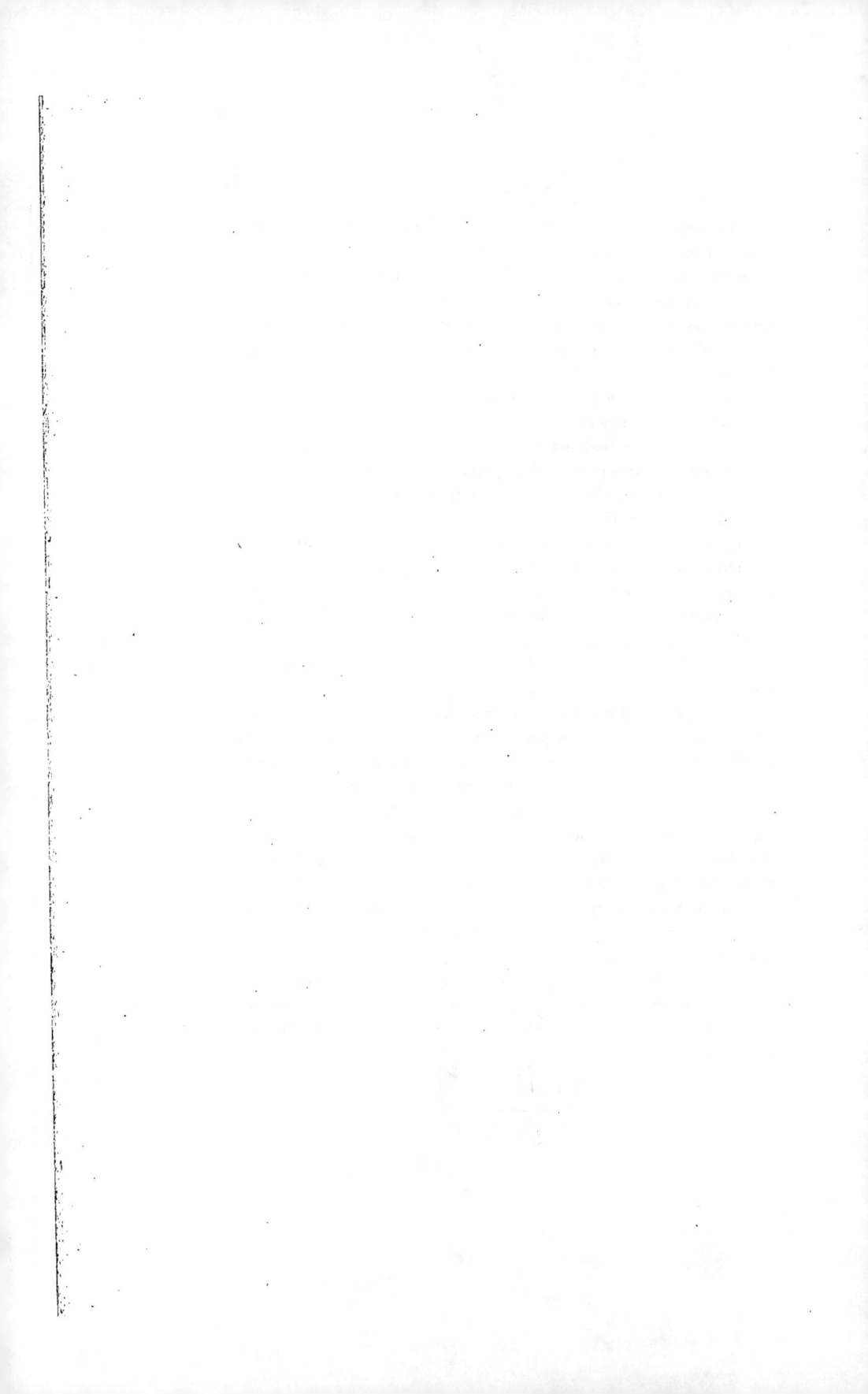

TABLE DES MATIÈRES

	Pages
Préface.	7
Introduction.	9
Les Poissons.	44
Les Mammifères marins	82
Les Reptiles.	86
Les Crustacés	100
Les Mollusques	110
Les Echinodermes.	180
Le Corail	185
Les Éponges	210

INDEX DES ILLUSTRATIONS

Figure 1. — Coupe dans le bord du manteau d'une Méléagrine. .	135
Figure 2. — Anatomie de la *Meleagrina vulgaris*.	138
Figure 3. — Larve et naissain de *Meleagrina vulgaris*.	139
Figure 4. — Accroissement de la coquille chez *Meleagrina vulgaris*.	140
Figure 5. — Scolex de *Tetrarhynchus unionifactor*.	146
Figure 6. — Perles du Queensland	171
Planche I. — Holothuries comestibles	180-181
Figure 7. — Coupe schématique dans une éponge	212
Planche II. — Eponges du commerce.	228-229
Planche III. — Eponges du commerce	236-237
Figure 8. — Pêche à la foène. Manœuvre du miroir.	248

Marseille. — Typ. et Lith. BARLATIER, rue Venture, 19.

TABLE DES MATIÈRES

	Pages
Préface.	7
Introduction.	9
Les Poissons.	44
Les Mammifères marins	82
Les Reptiles.	86
Les Crustacés	100
Les Mollusques	110
Les Echinodermes	180
Le Corail	185
Les Éponges	210

INDEX DES ILLUSTRATIONS

Figure 1. — Coupe dans le bord du manteau d'une Méléagrine. .	135
Figure 2. — Anatomie de la *Meleagrina vulgaris*.	138
Figure 3. — Larve et naissain de *Meleagrina vulgaris*.	139
Figure 4. — Accroissement de la coquille chez *Meleagrina vulgaris*.	140
Figure 5. — Scolex de *Tetrarhynchus unionifactor*.	146
Figure 6. — Perles du Queensland	171
Planche I. — Holothuries comestibles	180-181
Figure 7. — Coupe schématique dans une éponge	212
Planche II. — Eponges du commerce.	228-229
Planche III. — Eponges du commerce	236-237
Figure 8. — Pêche à la foène. Manœuvre du miroir.	248

Marseille. — Typ. et Lith. BARLATIER, rue Venture, 19.

IMPRIMERIE·DV·SEMAPHORE·
MARSEILLE